高等学校数据结构课程系列教材

数据结构

LeetCode在线编程实训（C/C++语言）

全程视频讲解版

◎ 李春葆 主编

尹为民 蒋晶珏 喻丹丹 蒋林 编著

清华大学出版社

北京

内 容 简 介

本书是《数据结构教程(第 6 版·微课视频·题库版)》(李春葆主编,清华大学出版社出版,简称《教程》)的配套在线编程实训指导书,详细给出了《教程》中所有在线编程题(共 143 道在线编程题,均来自 LeetCode 网站)的解题思路和参考源代码,提供了全部题目的讲解视频。书中在线编程题不仅涵盖数据结构课程的基本知识点,还融合了各个知识点的运用和扩展,学习、理解和借鉴这些参考答案是掌握和提高数据结构知识的最佳途径。本书自成一体,可以脱离《教程》单独使用。

本书适合高等院校计算机及相关专业学生使用,也适合 IT 企业面试者和编程爱好者研习。

图书在版编目(CIP)数据

数据结构 LeetCode 在线编程实训：C/C++语言：全程视频讲解版/李春葆主编.—北京：清华大学出版社,2022.10(2024.1 重印)
高等学校数据结构课程系列教材
ISBN 978-7-302-60520-1

Ⅰ. ①数… Ⅱ. ①李… Ⅲ. ①计算机算法－高等学校－教材 Ⅳ. ①TP301.6

中国版本图书馆 CIP 数据核字(2022)第 055873 号

策划编辑：魏江江
责任编辑：王冰飞
封面设计：刘　键
责任校对：时翠兰
责任印制：沈　露

出版发行：清华大学出版社
　　　网　　　址：https://www.tup.com.cn,https://www.wqxuetang.com
　　　地　　　址：北京清华大学学研大厦 A 座　　　邮　　编：100084
　　　社 总 机：010-83470000　　　邮　　购：010-62786544
　　　投稿与读者服务：010-62776969,c-service@tup.tsinghua.edu.cn
　　　质量反馈：010-62772015,zhiliang@tup.tsinghua.edu.cn
　　　课件下载：https://www.tup.com.cn,010-83470236
印 装 者：三河市龙大印装有限公司
经　　　销：全国新华书店
开　　本：185mm×260mm　　印　　张：21.25　　字　　数：514 千字
版　　次：2022 年 10 月第 1 版　　印　　次：2024 年 1 月第 2 次印刷
印　　数：2001～3000
定　　价：79.80 元

产品编号：093984-01

前言

在计算机学科中数据结构无处不在，学好数据结构是快速进步的基石，同时数据结构又是一门实践性非常强的课程，仅能够说出几个数据结构名词或者纸上谈兵式地给出几行代码，不深入掌握数据结构的实现原理和数据结构应用的基本方法，很难在计算机专业的道路上走得更远。如何真正领会数据结构的精髓呢？刷题是一个非常有效的途径，好的刷题网站不仅能够帮助刷题者提高自信心和锻炼专业技能，而且可以培养其解决问题的思维能力。LeetCode 网站力扣中国(https://leetcode-cn.com/)就是这样一个全球领先的在线编程学习平台，其中许多题目来自 IT 大公司的真实面试题，大量题目与数据结构课程内容密切关联，可以利用数据结构课程中学习的知识点求解，而且题目难度较为适中。

本书是《数据结构教程(第 6 版·微课视频·题库版)》(李春葆主编，清华大学出版社出版，简称《教程》)的配套在线编程实训指导书，全部(143 道)在线编程题均来自 LeetCode 网站。全书分为 10 章，与《教程》的前 10 章相对应，各章题目是从 LeetCode 网站众多相同知识点的题目中精心挑选的，涵盖数据结构课程的绝大部分内容。节标题后的星号(★)示意题目的难度系数，一星到三星分别对应简单、中等和困难级别。附录 A 中按编号顺序列出了所有在线编程题的题名和相关说明。附录 B 给出了一个在线编程实验报告的示例。本书所有题目的源代码均提交通过，单机调试采用的是 Dev C++ 5.11 编程环境，题目解析提供了完整的视频讲解(含 169 个视频，累计 30 小时)。书中同时列出了全部的题目解读(详细的题目描述参见 LeetCode 网站)，因此自成一体，可以脱离《教程》单独使用。

视频获取方式：扫描封底的文泉云盘防盗码，再扫描书中相应章节中的二维码，可以在线学习。

感谢力扣中国网站的大力支持！由于编者水平所限，尽管不遗余力，本书仍可能存在不足之处，敬请广大师生批评指正。

编　者
2022 年 8 月

目录

配套资源

第 3 章　栈和队列　/58

第 4 章　串　/94

第 5 章　递归　/104

第 6 章　数组和矩阵　/117

第 1 章 绪论

1.1 LeetCode 网站在线编程说明 ✳

视频讲解

1. 为什么选择 LeetCode 网站

目前国内外有许多在线编程平台，其中大部分与 ACM 竞赛相关，在学习数据结构课程时选用 LeetCode 网站进行在线编程实训的主要理由如下：

（1）LeetCode 网站是全球领先的在线编程学习平台，许多在线编程题目来自 IT 大公司的真实面试题。

（2）LeetCode 网站的部分在线编程题目与数据结构内容密切关联，可以利用数据结构课程中学习的知识点求解，而且题目难度较为适中。

（3）LeetCode 网站中完成在线编程时主要设计求解算法，不用处理输入与输出，以便将主要精力集中在解决具体问题上。

（4）LeetCode 网站中提交通过的程序均给出执行时间和空间，方便用户了解自己的代码在所有提交代码中运行效率的排名。

（5）LeetCode 网站提供了用户讨论平台，方便交流学习，可以参考别人好的求解问题的思路。

（6）支持多种主流语言，例如 C/C++、Java 和 Python 等。

2. 利用 LeetCode 网站实训的步骤

利用 LeetCode 网站进行在线编程实训的步骤如下：

（1）登录 https://leetcode-cn.com/网站注册免费用户（可以升级为 VIP 用户获取更多的服务）。

（2）单击"题库"，可以按题目名称、内容或者编号查询，也可以按标签分类查询。选中相应的题目进入"题目描述"页面，此时可以阅读题目的任务、目的和提示信息等，若单击上方的"题解"标签，可以阅读其他用户发布的解题思路。

（3）题目描述页面的右边是代码提交框，先在右上方语言框中选择相应的编程语言，例如"C"或者"C++"语言等，再在代码提交框中编辑或者粘贴代码。

（4）单击右下角的"提交"按钮，平台执行程序，如果出错，给出"编译出错"、"执行出错"或者超时等信息；如果程序正确执行，给出类似以下的通过信息：

> 执行结果：通过 显示详情
> 执行用时：16ms，在所有 C 提交中击败了 90.92% 的用户
> 内存消耗：5.7MB，在所有 C 提交中击败了 89.79% 的用户

（5）用户可以单击"显示详情"查看别人提交通过的代码。

3. 如何建立自己的编程环境

除非有足够的把握，一般是先在单机上编写好代码并且验证题目中的测试数据，再将代码粘贴到代码提交框中提交。这就需要在本地建立自己的编程环境，主要包括如下部分。

（1）安装程序编译器，如果选择 C 或者 C++语言，建议本机安装 Dev C++5.11 版本的编译器。

（2）建立程序测试环境，LeetCode 网站在线编程题主要是设计求解算法（函数），对于单链表、二叉树和图等编程题，先在本机上设计相关数据结构的基本运算算法，例如创建和输出等，再完成题目要求的算法，构成一个含输入与输出的完整程序，这样便于程序测试，因为 LeetCode 网站的免费用户是不能在线调试代码的。

（3）设计常用数据结构的通用代码，如果选择 C 语言，由于 C 语言没有提供栈、队列等数据结构，在编程中用到它们时需要自己实现，为此可以事先在本机设计好这些常用数据结构的通用代码，在需要时重复使用即可。C++语言的 STL 包含这些常用的数据结构，在需要时可以直接使用。这就是为什么求解在线编程题时大多数人选择 C++语言而不是 C 语言的原因。

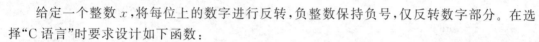

1.2.1 LeetCode7——整数反转★

视频讲解

【题目解读】

给定一个整数 x，将每位上的数字进行反转，负整数保持负号，仅反转数字部分。在选择"C 语言"时要求设计如下函数：

int reverse(int x) { }

例如 123 的反转结果为 321，而 −123 的反转结果为 −321。

【解题思路】

int 类型的变量 x 的取值范围是 −2 147 483 648（INT_MIN）到 2 147 483 647（INT_MAX），采用辗转相除法实现反转，但反转中可能发生溢出，为此将 x 转换为 long 类型的整数 y，flag 表示 x 的符号，y 取其绝对值，将 y 的反转结果存放在 ans 中，置 ans＝flag * ans，若 ans 不在 int 类型取值范围内，返回 0，否则返回 ans。

由于 int 类型的整数最多为 10 个十进制位，采用辗转相除法实现反转时最多循环 10 次，可以看成是 $O(1)$ 的时间。

【设计代码】

```
int reverse(int x)
{    long ans＝0;
     long y＝x;                        //long 类型:防止反转过程溢出
     int d, flag;
     flag＝(x<0?−1:1);
     if (x<0) y＝−y;                   //y 为 x 的绝对值
     while (y!＝0)                     //辗转相除法,循环次数最多为 10
     {    d＝y%10;
          y＝y/10;
          ans＝ans * 10＋d;            //低位变为高位实现反转
     }
     ans＝flag * ans;
     if (ans<INT_MIN || ans>INT_MAX)  //判定是否在 int 可表达的有效范围内
```

```
        return 0;
    return ans;
}
```

上述算法的时间复杂度为 $O(1)$，空间复杂度为 $O(1)$。

【提交结果】

执行结果：通过。执行用时 4ms，内存消耗 5.6MB（编程语言为 C 语言）。

【扩展】

实际上不必专门取出符号，辗转相除法可以带符号运算，正、负整数的处理方式相同，对应的函数如下：

```
int reverse(int x)
{   long ans=0;
    long y=x;                                  //long 类型:防止反转过程溢出
    int d;
    while (y!=0)                                //辗转相除法
    {   d=y%10;
        y=y/10;
        ans=ans*10+d;                          //低位变为高位实现反转
    }
    if (ans<INT_MIN || ans>INT_MAX)            //判定是否在 int 可表达的有效范围内
        return 0;
    return ans;
}
```

视频讲解

1.2.2　LeetCode66——加一★

【题目解读】

采用数组 digits[0..n−1] 表示一个非负整数，每一位用一个整数元素表示，digits[0] 表示最高位，digits[n−1] 表示最低位。例如 digits[0..2]=[1,2,3]，表示的整数是 123，实现加 1 运算后为 124，对应的数组为 [1,2,4]。在选择"C 语言"时要求设计如下函数：

```
int * plusOne(int * digits, int digitsSize, int * returnSize) { }
```

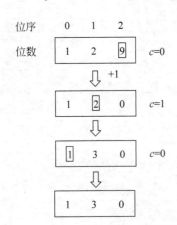

位序　　0　1　2

图 1.1　digits=[1,2,9] 的求解过程

其中，返回的数组必须用 malloc() 函数分配其空间，用 * returnSize 形参表示返回的数组的长度。

【解题思路】

用 ans 数组存放 digits 加 1 的结果，分为两种情况：

（1）digits 中的全部元素为 9 时，ans 的长度为 $n+1$（只有这种情况导致加 1 的结果的位数增加，其他情况位数不变），并且结果只能是 1 加上 n 个 0，也就是说 ans[0] 为 1，其他位均为 0。

（2）其他情况 ans 的长度均为 n。从 digits 的最低位（即 digits[n−1]）开始加 1，用 c 表示进位（初始为 0），直到 digits[0] 处理完毕。例如 digits=[1,2,9] 加 1 的过程如图 1.1 所示。

【设计代码】

```
int * plusOne(int * digits, int digitsSize, int * returnSize)
{   int cnt=0;                                              //累计为9的元素的个数
    for (int i=0;i<digitsSize;i++)
        if (digits[i]==9) cnt++;
    if (cnt==digitsSize)                                    //全部元素均为9
    {   int * ans=(int * )malloc((digitsSize+1) * sizeof(int));   //定义结果数组
        ans[0]=1;
        for (int j=1;j<digitsSize+1;j++)
            ans[j]=0;
        * returnSize=digitsSize+1;
        return ans;
    }
    else
    {   int * ans=(int * )malloc(digitsSize * sizeof(int));      //定义结果数组
        int c=0;                                            //表示进位
        for (int i=digitsSize-1;i>=0;i--)
        {   if (i== digitsSize-1)                            //处理最低位
            {   ans[i]=digits[i]+1;                          //最低位加1
                c=ans[i]/10;
                ans[i]=ans[i]%10;
            }
            else                                            //处理其他位
            {   ans[i]=digits[i]+c;
                c=ans[i]/10;
                ans[i]=ans[i]%10;
            }
        }
        * returnSize= digitsSize;
        return ans;
    }
}
```

上述算法的时间复杂度为 $O(n)$,空间复杂度为 $O(n)$。

【提交结果】

执行结果:通过。执行用时 4ms,内存消耗 5.7MB(编程语言为 C 语言)。

1.2.3　LeetCode1——两数之和★

视频讲解

【题目解读】

设计一个算法在整数数组 nums 中找到唯一存在的满足 nums$[i]$+nums$[j]$== target 条件的 i 和 j,并且 $i<j$,返回$[i,j]$。假设给定的测试数据中有且仅有一个答案。在选择"C"语言时要求设计如下函数:

```
int * twoSum(int * nums, int numsSize, int target, int * returnSize) { }
```

其中,返回的数组必须用 malloc()函数分配空间,* returnSize 表示返回的数组的长度。例如 nums=$[2,7,11,15]$,target=9,返回结果为$[0,1]$,因为 nums$[0]$+nums$[1]$=2+7=9。

解法 1

【解题思路】

定义含两个int元素的动态数组 ans 存放结果。用 i 和 $j(i<j)$ 遍历数组 nums，找到满足条件 nums[i]+nums[j]==target 的 i 和 j，置 ans[0]=i,nums[1]=j，最后返回 ans。例如 nums=[3,2,5,1],target=3 的求解过程如图1.2所示。

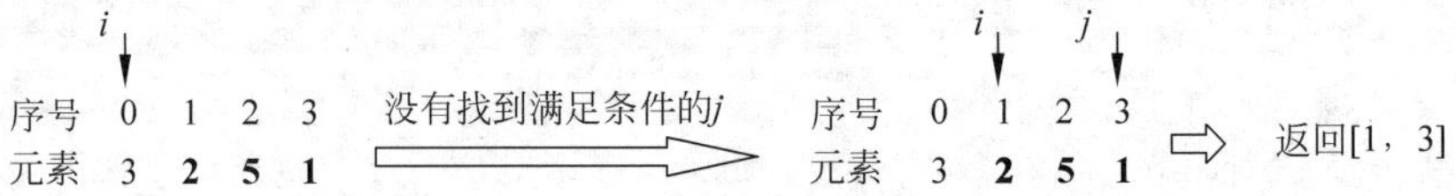

图 1.2　nums=[3,2,5,1],target=3 的求解过程

【设计代码】

```
int * twoSum(int * nums, int numsSize, int target, int * returnSize)
{   int * ans=(int * )malloc(2 * sizeof(int));
    for (int i=0;i<numsSize;i++)
        for (int j=i+1;j<numsSize;j++)
        {   if (nums[i]+nums[j]==target)          //找到结果
            {   ans[0]=i;
                ans[1]=j;
            }
        }
    * returnSize=2;
    return ans;
}
```

上述算法的时间复杂度为 $O(n^2)$，空间复杂度为 $O(1)$。

【提交结果】

执行结果：通过。执行用时28ms，内存消耗5.8MB(编程语言为C语言)。

解法 2

【解题思路】

思路与解法1相同，改为找到结果时退出外循环。

【设计代码】

```
int * twoSum(int * nums, int numsSize, int target, int * returnSize)
{   int * ans=(int * )malloc(2 * sizeof(int));
    bool flag=false;
    for (int i=0;i<numsSize;i++)
        for (int j=i+1;j<numsSize;j++)
        {   if (nums[i]+nums[j]==target)          //找到结果
            {   ans[0]=i;
                ans[1]=j;
                flag=true;
            }
            if(flag) break;
        }
```

```
    * returnSize＝2;
    return ans;
}
```

【提交结果】

执行结果：通过。执行用时 8ms,内存消耗 5.8MB(编程语言为 C 语言)。

1.2.4　LeetCode1588——所有奇数长度子数组的和★

视频讲解

【题目解读】

给定一个正整数数组 arr,设计一个算法求其中所有长度为奇数的子数组的元素和。在选择"C 语言"时要求设计如下函数:

int sumOddLengthSubarrays(int * arr, int arrSize) { }

例如,arr＝[1,4,2,5,3],输出结果为 58。

解法 1

【解题思路】

用 ans 存放结果(初始为 0),找到所有长度为奇数的子数组 $arr[i..j]$($0 \leq i \leq j \leq n-1$),长度 $len = j - i + 1$ 为奇数,求出所有这样的子数组的元素和,并且累计到 ans 中。

采用枚举法。求出任意长度为奇数的子序列 $arr[i..j]$ 的元素和 tmp,将其累计到 ans 中,最后返回 ans。

【设计代码】

```
int sumOddLengthSubarrays(int * arr, int arrSize)
{   int ans＝0,tmp;
    for(int i＝0; i< arrSize; i++)
    {   for(int j＝i; j< arrSize; j++)
        {   if((j−i+1)%2==1)              //arr[i..j]子数组的长度为奇数
            {   tmp＝0;
                for (int k＝i;k<=j;k++)
                    tmp+＝arr[k];
                ans+＝tmp;
            }
        }
    }
    return ans;
}
```

上述算法的时间复杂度为 $O(n^3)$,空间复杂度为 $O(1)$。

【提交结果】

执行结果：通过。执行用时 8ms,内存消耗 6MB(编程语言为 C 语言)。

解法 2

【解题思路】

改进解法 1,对于每个 i($0 \leq i \leq n-1$),累计 $arr[i..j]$ 的元素和 tmp,若其长度为奇数,将 tmp 累计到 ans 中,这样避免了一些没有必要的重复求和。对应的算法如下:

【设计代码】

```
int sumOddLengthSubarrays(int * arr, int arrSize)
{   int ans=0,tmp;
    for(int i=0; i<arrSize; i++)
    {   tmp=0;                          //对于每个 i,tmp 从 0 开始
        for(int j=i; j<arrSize; j++)
        {   tmp+=arr[j];                //求 tmp=arr[i..j]
            if((j-i+1)%2==1)            //arr[i..j]子数组的长度为奇数
                ans+=tmp;
        }
    }
    return ans;
}
```

上述算法的时间复杂度为 $O(n^2)$，空间复杂度为 $O(1)$。

【提交结果】

执行结果：通过。执行用时 4ms,内存消耗 5.7MB(编程语言为 C 语言)。

解法 3

【解题思路】

设置一个前缀和数组 preSum（含 arrSize+1 个元素），其中 preSum$[i]$表示 arr 中前 i 个元素的和,求 preSum 的过程如下：

preSum$[0]=0$

preSum$[i+1]=$preSum$[i]+$arr$[i]$

这样有：

preSum$[i]=$arr$[0]+$arr$[1]+\cdots+$arr$[i-1]$

preSum$[j+1]=$arr$[0]+$arr$[1]+\cdots+$arr$[i-1]+$arr$[i]+\cdots+$arr$[j]$

两式相减：

preSum$[j+1]-$preSum$[i]=$arr$[i]+\cdots+$arr$[j]$

因此,对于长度为奇数的子数组 arr$[i..j]$($i \leqslant j$),通过求 preSum$[j+1]-$preSum$[i]$ 得到其元素的和。对应的算法如下：

【设计代码】

```
int sumOddLengthSubarrays(int * arr, int arrSize)
{   int * preSum=(int *)malloc(sizeof(int) * (arrSize+1));
    preSum[0]=0;
    for (int i=0;i<arrSize;i++)             //求前缀和数组 preSum
        preSum[i+1]=preSum[i]+arr[i];
    int ans=0;
    for(int i=0; i<arrSize; i++)
        for(int j=i;j<arrSize;j++)
        {   if((j-i+1)%2==1)                //arr[i..j]子数组的长度为奇数
            ans+=preSum[j+1]-preSum[i];
        }
```

```
    free(preSum);
    return ans;
}
```

上述算法的时间复杂度为 $O(n^2)$，空间复杂度为 $O(1)$。

【提交结果】

执行结果：通过。执行用时 0ms，内存消耗 6MB（编程语言为 C 语言）。

第 2 章　线性表

2.1 顺序表及其应用

2.1.1 顺序表的实现

顺序表是线性表的一种顺序存储结构,一般采用 C/C++语言的数组实现。

视频讲解

1. 直接用数组实现顺序表

一个含 n 个元素的线性表 $L=(a_1,a_2,\cdots,a_n)$,可以直接采用数组 $a[\text{MaxSize}]$ 存储 L 中的元素,MaxSize 为数组容量(或者大小),n 表示长度(为实际元素的个数,满足 $n \leqslant$ MaxSize)。注意只有 a 和 n 合起来才是顺序表,即 (a,n)。

当数组 a 作为函数参数时,在函数中可以修改 a 中元素和 n 的值,但不能改变 a 的容量。一般通过函数的返回值返回 n,这样 $a[0..n-1]$ 才是函数执行后的顺序表元素。

例如,以下程序通过调用 add()函数实现顺序表 (a,n) 的修改,即将顺序表(1,2,3)修改为(1,2,3,4)。

```
#include<stdio.h>
int add(int a[],int n,int x)                //在(a,n)的末尾添加元素 x
{    a[n]=x;
     return n+1;
}
void display(int a[],int n)                 //输出顺序表(a,n)
{    for(int i=0;i<n;i++)
       printf("%2d",a[i]);
     printf("\n");
}
int main()
{    int a[]={1,2,3}, n=3;
     printf("顺序表: "); display(a,n);       //输出为"顺序表: 1 2 3"
     int x=4;
     printf("末尾添加%d\n",x);
     n=add(a,n,x);                          //执行 add()函数后顺序表的长度变为 4
     printf("顺序表: "); display(a,n);       //输出为"顺序表: 1 2 3 4"
     return 0;
}
```

说明:如果 LeetCode 在线编程题中选择的语言是"C 语言",顺序表均直接采用数组表示,需要采用类似上述 add()的方式实现题目要求的功能。为了巩固基本功,本章中所有在线编程题均采用"C 语言"描述算法。

2. 用 STL 中的 vector 向量容器实现顺序表

vector 向量容器是一个 C++类模板,相当于动态数组,可以从末尾快速地插入与删除元素,快速地随机访问元素,但是在序列中间插入、删除元素较慢,因为需要移动插入或删除处后面的所有元素。如果初始分配的空间不够,当超过空间大小时会重新分配更大的空间(通常按两倍大小扩展),此时可能需要进行大量元素的复制,从而降低了性能。

定义 vector 容器的几种方式如下：

- vector < int > v1;   //定义元素为 int 的向量 v1
- vector < int > v2(10);   //指定向量 v2 的初始大小为 10 个 int 元素
- vector < double > v3(10,1.23);   //指定 v3 的 10 个初始元素的初值为 1.23
- vector < int > v4(a,a+5);   //用数组 a[0..4]共 5 个元素初始化 v4

vector 容器提供了一系列的成员函数，主要的成员函数如表 2.1 所示。

表 2.1　vector 容器的主要成员函数及其功能说明

成员函数	功能说明
empty()	判断当前向量容器是否为空
size()	返回当前向量容器中的实际元素个数
[ ]	返回指定下标的元素
reserve(n)	为当前向量容器预分配 n 个元素的存储空间
capacity()	返回当前向量容器所能容纳的元素个数
resize(n)	调整当前向量容器的大小，使其能容纳 n 个元素
push_back()	在当前向量容器的尾部添加一个元素
insert(pos,e)	在 pos 位置插入元素 e，即将元素 e 插入迭代器 pos 指定元素之前
front()	获取当前向量容器的第一个元素
back()	获取当前向量容器的最后一个元素
erase()	删除当前向量容器中某个迭代器或者迭代器区间指定的元素
clear()	删除当前向量容器中的所有元素
begin()	用于正向遍历，返回容器中第一个元素的位置
end()	用于正向遍历，返回容器中最后一个元素后面的一个位置
rbegin()	用于反向遍历，返回容器中最后一个元素的位置
rend()	用于反向遍历，返回容器中第一个元素前面的一个位置

例如，以下程序说明 vector 容器的应用。

```
#include < stdio.h >
#include < vector >
using namespace std;
int main()
{    vector < int > myv;                        //定义 vector 容器 myv
     vector < int >::iterator it;              //定义 myv 的正向迭代器 it
     myv.push_back(1);                        //在 myv 末尾添加元素 1
     myv.push_back(2);                        //在 myv 末尾添加元素 2
     myv.push_back(3);                        //在 myv 末尾添加元素 3
     it=myv.begin()+1;
     myv.erase(it);                             //删除元素 2
     for (it=myv.begin();it!=myv.end();++it)
         printf("%d ", * it);                   //输出:1 3
     return 0;
}
```

从中看出，vector 容器不仅存储了线性表的数据（并具有动态扩容功能），而且提供了众多的运算，比直接使用数组更加方便。

说明：如果 LeetCode 在线编程题中选择的语言是"C++语言"，顺序表均采用 STL 中的 vector 容器表示，并且求解题目要求采用面向对象方式描述算法。

2.1.2　LeetCode67——二进制求和★

【题目解读】

每个字符串（用字符数组表示）表示一个二进制数，例如 $a[0..3]=$ "1010"，$a[0]=$ '1'是高位，$a[3]=$ '0'是低位，a 对应的十进制数 $=1\times2^3+0\times2^2+1\times2^1+0\times2^0=10$。给出两个字符串 a 和 b，求 $c=a+b$，c 仍然采用这样的表示形式。在选择"C语言"时要求设计如下函数：

视频讲解

```
char * addBinary(char * a, char * b) { }
```

例如，$a=$ "1010"，$b=$ "1011"，相加结果 $c=$ "10101"。

【解题思路】

用 ans 字符串存放结果。相加运算是从低位向高位计算的，为了按低位对齐（均从 0 号位置开始），将 a 和 b 翻转，求它们的最大长度 maxn，为 ans 分配 maxn+2 个字符的空间。采用同步二路归并求出结果串 ans，最后翻转 ans 并返回。例如两个二进制数 1101 和 111 相加的过程如图 2.1 所示。

```
a: 1 1 0 1 (13)
b: 1 1 1    (7)
      ⇩ 翻转
a: 1 0 1 1
b: 1 1 1
      ⇩ 相加
c: 0 0 1 0 1
      ⇩ 翻转
c: 1 0 1 0 0 (20)
```

图 2.1　两个二进制数 1101 和 111 相加的过程

【设计代码】

```c
void reverse(char * a, int n)                //长度为 n 的字符串翻转
{   int i=0, j=n-1;
    char tmp;
    while (i<j)
    {   tmp=a[i]; a[i]=a[j]; a[j]=tmp;       //交换 a[i]和 a[j]
        i++; j--;
    }
}
char * addBinary(char * a, char * b)         //求解算法
{   int m=strlen(a), n=strlen(b);
    reverse(a,m);
    reverse(b,n);
    int maxn=(m>n?m:n);                       //求 m、n 中的较大值
    char * ans=(char *)malloc(sizeof(char)*(maxn+2));
    int c=0;                                  //表示进位
    int i=0,j=0,k=0;                          //i、j 分别遍历 a 和 b，k 为 ans 中元素的个数
    while (i<m && j<n)
    {   int d=(a[i]-'0')+(b[j]-'0')+c;
        ans[k]=d%2+'0'; c=d/2;
        i++; j++; k++;
    }
    while (i<m)                               //若 a 比较长
    {   int d=(a[i]-'0')+c;
        ans[k]=d%2+'0'; c=d/2;
        i++; k++;
    }
```

```
while (j < n)                          //若b比较长
{   int d=(b[j]-'0')+c;
    ans[k]=d%2+'0';c=d/2;
    j++; k++;
}
if (c==1)                              //最后有进位,插入'1'
{   ans[k]='1';
    k++;
}
ans[k]='\0';                           //插入结尾符
reverse(ans,k);
return ans;
}
```

【提交结果】

执行结果：通过。执行用时 4ms,内存消耗 5.6MB(编程语言为 C 语言)。

2.1.3 LeetCode27——移除元素★

视频讲解

【题目解读】

给定一个可能包含重复元素的无序数组,设计一个空间复杂度为 $O(1)$ 的算法,删除其中所有值为 val 的元素(可能有多个值为 val 的元素),返回删除后的元素(即保留的元素)个数 k,新数组中前面的 k 个元素恰好是保留的全部元素,不必考虑后面的元素。在选择"C 语言"时要求设计如下函数:

```
int removeElement(int *  nums, int numsSize, int val) { }
```

例如,给定 nums=[3,2,2,3],val=3,函数返回新的长度 2,并且 nums 更新为[2,2,…],前面两个元素是保留的元素。若 nums=[0,1,2,2,3,0,4,2],val=2,函数返回新的长度 5,并且 nums 更新为[0,1,3,0,4,…],前面 5 个元素是保留的元素。

解 法 1

【解题思路】

采用整体建表法的思路(参考《教程》中例 2.3 的解法 1)。相当于新建一个包含删除后元素的结果数组,由于是删除操作,结果数组可以与 nums 共享空间,以提高空间性能,这样空间复杂度为 $O(1)$,因此满足题目的要求。

用 k 累计保留的元素个数(初始为 0),用 i 遍历 nums 数组,若 nums$[i] \neq$ val,则将 nums$[i]$ 插入 nums$[k]$ 中(保留元素的条件是值不等于 val),置 $k++$；若 nums$[i]==$ val,则跳过表示删除元素 nums$[i]$(删除元素的条件是值等于 val)。最后返回 k 表示 nums 数组中前 k 个元素是保留的元素,尽管 nums 数组中可能还有其他元素,但是它们可以看成无效的元素。

例如,nums=[2,1,2,2,3],val=2,删除过程如图 2.2 所示(图中方框部分为结果数组的元素),函数返回 2,nums=[1,3,2,2,3],前面两个元素[1,3]表示删除后的结果,后面的[2,2,3]是无效的元素。

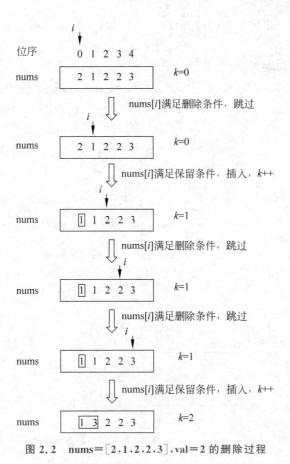

图 2.2　nums＝[2,1,2,2,3],val＝2 的删除过程

【设计代码】

```
int removeElement(int * nums, int numsSize, int val)
{    int k＝0;
    for (int i＝0;i<numsSize;i++)
    {    if (nums[i]!＝val)
        {    nums[k]＝nums[i];
            k++;
        }
    }
    return k;
}
```

上述算法的时间复杂度为 $O(n)$,空间复杂度为 $O(1)$。

【提交结果】

执行结果:通过。执行用时 4ms,内存消耗 6.1MB(编程语言为 C 语言)。

解法 2

【解题思路】

采用《教程》中例 2.3 的解法 2,即前移法的思路。用 k 累计当前等于 val 的元素个数(初始为 0),用 i 遍历 nums 数组,当 nums[i]＝＝val 时置 k++(当前等于 val 的元素个数增1)，当 nums[i]≠val 时将 nums[i]前移 k 个位置(保留值不等于 val 的元素)，最后返回 numsSize−k(删除了 k 个值等于 val 的元素，将其他值不等于 val 的 numsSize−k 个元素移动到 nums 数组的前端部分)。

例如，nums＝[2,1,2,2,3]，val＝2，删除过程如图 2.3 所示(图中方框部分为结果数组的元素)，函数返回 2，nums＝[1,3,2,2,3]，前面两个元素[1,3]表示删除后的结果，后面的 [2,2,3]是无效的元素。

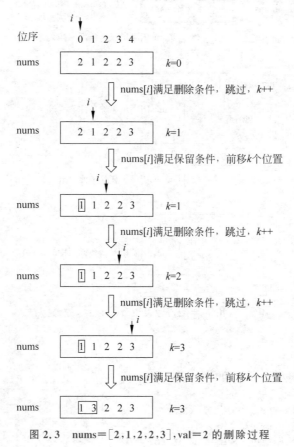

图 2.3　nums＝[2,1,2,2,3]，val＝2 的删除过程

【设计代码】

```
int removeElement(int * nums, int numsSize, int val)
{    int k=0;
    for (int i=0;i<numsSize;i++)
    {    if (nums[i]==val)
            k++;
        else
            nums[i-k]=nums[i];
    }
    return numsSize-k;
}
```

上述算法的时间复杂度为 $O(n)$，空间复杂度为 $O(1)$。

【提交结果】

执行结果：通过。执行用时 4ms，内存消耗 6MB（编程语言为 C 语言）。

2.2　有序顺序表及其应用 ❋

有序线性表是指元素有序的线性表，有序顺序表是有序线性表的顺序存储结构，这里的有序顺序表采用 (a,n) 表示，a 为数组，n 为长度。

2.2.1　LeetCode26——删除有序数组中的重复项★

视频讲解

【题目解读】

给定一个可能包含重复元素的递增有序数组，设计一个空间复杂度为 $O(1)$ 的算法，要求删除其中重复的元素，也就是说多个相同值的元素仅保留一个，返回保留的元素个数 k，新数组中前面的 k 个元素恰好是保留的全部元素。在选择"C 语言"时要求设计如下函数：

int removeDuplicates(int * nums, int numsSize) { }

例如，给定 nums＝[0,0,1,1,1,2,2,3,3,4]，函数返回新的长度 5，并且 nums 更新为 [0,1,2,3,4,…]，前面 5 个元素是保留的元素。

解法 1

【解题思路】

采用《教程》中例 2.3 的解法 1，即整体建表法的思路。相当于新建一个包含全部保留元素的结果数组，由于是删除操作，结果数组可以与 nums 共享空间。由于 nums 数组是递增有序的，两个值相同的元素一定是相邻的，两个或者多个值相同的元素仅保留一个，不妨总是保留第一个，这样保留元素的条件是其值不等于前驱元素。

显然 nums[0]是一定要保留的，i 从 1 开始遍历 nums，k 累计结果数组中的元素个数（初始为 1，表示将 nums[0]存放到结果数组 nums 中），若 nums[i]≠nums[$i-1$]（或者 nums[i]不等于当前结果数组中的末尾元素 nums[$k-1$]），将 nums[i]元素插入 nums[k] 中，置 $k++$，跳过等于 nums[$i-1$]的元素 nums[i]。最后返回 k。

例如，nums＝[1,1,2,3,3,3]，删除过程如图 2.4 所示，函数返回 3，nums 更新为[1,2,3,3,3,3]，前面 3 个元素表示删除后的结果。

【设计代码】

```
int removeDuplicates(int * nums, int numsSize)
{   if (numsSize==0 || numsSize==1)
        return numsSize;
    int k=1;
    for (int i=1;i<numsSize;i++)
    {   if (nums[i]!=nums[i-1])              //或者改为 if (nums[i]!=nums[k-1])
        {   nums[k]=nums[i];
            k++;
        }
```

```
    }
    return k;
}
```

上述算法的时间复杂度为 $O(n)$，空间复杂度为 $O(1)$。

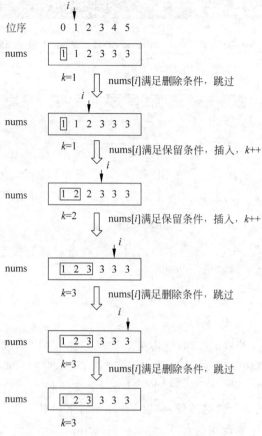

图 2.4   nums＝[1,1,2,3,3,3]的删除过程

【提交结果】

执行结果：通过。执行用时 28ms，内存消耗 8.3MB(编程语言为 C 语言)。

解法 2

【解题思路】

采用《教程》中例 2.3 的解法 2，即前移法的思路。用 i 从 1 开始遍历 nums(初始结果数组 nums 中保留 nums[0])，k 累计删除的元素个数(初始为 0)，若 nums[i]＝＝nums[i-1]，置 k＋＋，否则将 nums[i]前移 k 个位置(nums[i-k]＝nums[i])，最后返回 numsSize-k。

同样，nums＝[1,1,2,3,3,3]，执行后返回 3，nums 更新为[1,2,3,3,3,3]。

【设计代码】

```
int removeDuplicates(int * nums，int numsSize)
{    if (numsSize＝＝0 || numsSize＝＝1)
        return numsSize;
```

```
int k=0;
for (int i=1;i<numsSize;i++)
{   if (nums[i]==nums[i-1])
        k++;
    else
        nums[i-k]=nums[i];
}
return numsSize-k;
}
```

上述算法的时间复杂度为 $O(n)$,空间复杂度为 $O(1)$。

【提交结果】

执行结果:通过。执行用时 28ms,内存消耗 8.2MB(编程语言为 C 语言)。

2.2.2 LeetCode80——删除有序数组中的重复项Ⅱ ★★

视频讲解

【题目解读】

给定一个可能包含重复元素的递增有序数组,设计一个算法实现这样的删除操作:不重复或者仅重复两次的元素全部保留,重复两次以上的元素仅保留两个。算法返回保留的元素个数 k,新数组中前面的 k 个元素恰好是保留的全部元素,并且要求算法的空间复杂度为 $O(1)$。

在选择"C 语言"时要求设计如下函数:

int removeDuplicates(int * nums, int numsSize) { }

例如,给定 nums=[1,1,1,2,2,3],函数返回新的长度 5,并且 nums 更新为[1,1,2,2,3,…],前面 5 个元素是保留的元素。

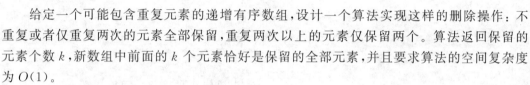

【解题思路】

采用《教程》中例 2.3 的解法 1,即整体建表法的思路。相当于新建一个包含全部保留元素的结果数组,由于是删除操作,结果数组可以与 nums 共享空间。由于 nums 数组是递增有序的,两个值相同的元素一定是相邻的,两个以上值相同的元素仅保留两个,不妨总是保留前面两个,这样当结果数组末尾的两个元素相同(假设均为 x)时,若当前元素值等于 x,则删除该元素,否则保留该元素。

显然 nums[0]和 nums[1]是一定要保留的,i 从 2 开始遍历 nums,k 累计结果数组中的元素个数(初始值为 2)。对于 nums[i],如果满足删除条件 nums[$k-2$]==nums[$k-1$] && nums[i]==nums[$k-1$](其中 nums[$k-2$]==nums[$k-1$]表示结果数组末尾的两个元素相等,nums[i]==nums[$k-1$]表示 nums[i]等于结果数组末尾的元素),则跳过该元素;否则满足保留条件,将 nums[i]插入 nums[k]中,置 $k++$。最后返回 k。

例如,nums=[1,1,1,2,2,3],执行过程如图 2.5 所示,函数返回 5,nums 更新为[1,1,2,2,3,3]。

能不能将删除的条件改为 nums[$i-2$]==nums[$i-1$] && nums[i]==nums[$i-1$]呢? 答案是不能,例如在图 2.5 中,当 $i=4$ 时,nums 数组为 1,1,2,2,**2**,3,$k=3$,此时

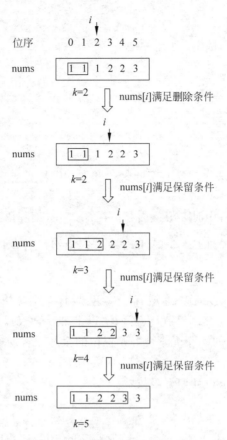

图 2.5 nums＝[1,1,1,2,2,3]的删除过程

nums[4]＝2 满足该条件,但 nums[4]应该是要保留的元素。

【设计代码】

```
int removeDuplicates(int * nums, int numsSize)
{   if (numsSize==0 || numsSize==1 || numsSize==2)
        return numsSize;
    int k=2;
    for (int i=2;i<numsSize;i++)
    {   if (!(nums[k-2]==nums[k-1] && nums[i]==nums[k-1]))
        {  nums[k]=nums[i];                  //不满足删除条件,即满足保留条件
           k++;
        }
    }
    return k;
}
```

上述算法的时间复杂度为 $O(n)$,空间复杂度为 $O(1)$。

【提交结果】

执行结果:通过。执行用时 16ms,内存消耗 6.5MB(编程语言为 C 语言)。

解法 2

【解题思路】

采用《教程》中例 2.3 的解法 2,即前移法的思路。用 i 从 2 开始遍历 nums(初始结果数组 nums 中保留 nums[0]和 nums[1]),k 累计要删除的元素个数(初始为 0)。对于 nums[i],此时结果数组 nums 中有 $i-k$ 个保留的元素,若 nums[$i-k-2$]==nums[$i-k-1$](最后两个元素相等)并且 nums[i]==nums[$i-k-1$],则 nums[i]是要删除的元素,k++,否则将 nums[i]前移 k 个位置,最后返回 numsSize$-k$。

同样,nums=[1,1,1,2,2,3],函数执行后的返回值为 5,nums 更新为[1,1,2,2,3,3]。

【设计代码】

```
int removeDuplicates(int * nums, int numsSize)
{    if (numsSize==0 || numsSize==1 || numsSize==2)
        return numsSize;
    int k=0;
    for (int i=2;i<numsSize;i++)
    {    if (!(nums[i-k-2]==nums[i-k-1] && nums[i]==nums[i-k-1]))
            nums[i-k]=nums[i];
        else
            k++;
    }
    return numsSize-k;
}
```

上述算法的时间复杂度为 $O(n)$,空间复杂度为 $O(1)$。

【提交结果】

执行结果:通过。执行用时 12ms,内存消耗 6.7MB(编程语言为 C 语言)。

2.2.3 LeetCode88——合并两个有序数组★

视频讲解

【题目解读】

两个递增有序整数数组为 nums1[$m+n$]和 nums2[n],分别含 m 和 n 个元素,设计一个算法将全部 $m+n$ 个元素有序合并到 nums1 中。在选择"C 语言"时要求设计如下函数:

void merge(int * nums1, int nums1Size, int m, int * nums2, int nums2Size, int n) { }

例如,nums1=[1,2,3,0,0,0],m=3,nums2=[2,5,6],n=3,合并后 nums1 为[1,2,2,3,5,6]。

【解题思路】

采用二路归并将 nums1 和 nums2 的全部元素归并到 nums1 中,nums1 中存放最后的 $m+n$ 个有序元素(nums1 有足够的空间)。

为了防止元素覆盖,归并的元素应该优先放在 nums1 后面的空位置,即 nums1 中从后往前放元素,这样二路归并时会优先归并较大的元素。

【设计代码】

```
void merge(int * nums1, int nums1Size, int m, int * nums2, int nums2Size, int n)
{    int i=m-1,j=n-1;
```

```
int k=m+n-1;
while(i>=0 && j>=0)
{   if(nums1[i]>nums2[j])               //归并较大的 nums1[i]
    {   nums1[k]=nums1[i];
        i--; k--;
    }
    else                                //归并较大的 nums2[j]
    {   nums1[k]=nums2[j];
        j--; k--;
    }
}
while(i>=0)                             //nums1 没有改变完时
{   nums1[k]=nums1[i];
    i--; k--;
}
while(j>=0)                            //nums2 没有改变完时
{   nums1[k]=nums2[j];
    j--; k--;
}
}
```

上述算法的时间复杂度为 $O(m+n)$，空间复杂度为 $O(1)$。

【提交结果】

执行结果：通过。执行用时 4ms，内存消耗 6.2MB(编程语言为 C 语言)。

视频讲解

2.2.4　LeetCode4——寻找两个正序数组的中位数★★★

【题目解读】

一个有序数组 $a[n]$ 的中位数的定义是，若 n 为奇数，那么唯一的中位数是 $a[n/2]$；若 n 为偶数，中位数有两个，分别是 $a[n/2-1]$ 和 $a[n/2]$。

给定两个递增有序数组 nums1[n1] 和 nums2[n2]，设计一个算法，当 n1+n2 为奇数时返回其中唯一的中位数，当 n1+n2 为偶数时中位数有两个，返回它们的平均值。在选择"C 语言"时要求设计如下函数：

double findMedianSortedArrays(int * nums1, int nums1Size, int * nums2, int nums2Size) { }

例如，nums1=[1,3]，nums2=[2]，合并后数组=[1,2,3]，中位数为 2，结果为 2.00000。如果 nums1=[1,2]，nums2=[3,4]，合并后数组=[1,2,3,4]，中位数为(2+3)/2=2.5，结果为 2.50000。

【解题思路】

最简单的做法是采用二路归并将 nums1 和 nums2 的全部元素有序合并到 a 中，再求满足题目定义的中位数。

为了提高性能，不必求出合并数组 a。设两个有序数组的总元素个数为 n，采用二路归并，用 k 表示归并的次数。若 n 为奇数，中位数 mid 是唯一的，当 $k==n/2$ 时置 mid 为当前归并的元素，并且结束归并过程；若 n 为偶数，中位数有两个，即 mid1 和 mid2，当 $k==n/2-1$ 时置 mid1 为当前归并的元素，当 $k==n/2$ 时置 mid2 为当前归并的元素，并且结束归并过程。最后返回 mid 或者(mid1+mid2)/2 的结果。

【设计代码】

```
int mid, mid1, mid2;                              //全局变量,存放中位数
bool findmid(int n, int k, int x)                 //求中位数
{   if (n%2==1)                                   //总元素个数为奇数
    {   if (k==n/2)
        {   mid=x;                                //求出唯一的中位数
            return true;                          //返回 true
        }
    }
    else                                          //总元素个数为偶数
    {   if (k==n/2-1)                             //找到第一个中位数
            mid1=x;                               //求出第一个中位数
        else if (k==n/2)                          //找到第二个中位数
        {   mid2=x;                               //求出第二个中位数
            return true;                          //两个中位数都求出后返回 true
        }
    }
    return false;                                 //其他情况返回 false
}
double findMedianSortedArrays(int * nums1, int nums1Size, int * nums2, int nums2Size)
{   int n=nums1Size+nums2Size;                    //总的元素个数
    int i=0, j=0, k=0;
    bool flag=false;                             //表示中位数是否已经求出
    while (i<nums1Size && j<nums2Size)            //二路归并
    {   if (nums1[i]<nums2[j])                    //nums1[i]较小,则归并 nums1[i]
        {   flag=findmid(n, k, nums1[i]);
            if (flag) break;                     //求出中位数后退出循环
            i++;
        }
        else                                     //nums2[j]较小,则归并 nums2[j]
        {   flag=findmid(n, k, nums2[j]);
            if (flag) break;                     //求出中位数后退出循环
            j++;
        }
        k++;
    }
    while (i<nums1Size && !flag)
    {   flag=findmid(n, k, nums1[i]);
        k++; i++;
    }
    while (j<nums2Size && !flag)
    {   flag=findmid(n, k, nums2[j]);
        k++; j++;
    }
    if (n%2==1)                                  //总元素个数为奇数
        return mid;                              //返回唯一的中位数
    else                                         //总元素个数为偶数
        return (1.0 * mid1+mid2)/2;              //返回两个中位数的平均值
}
```

上述算法的时间复杂度为 $O(m+n)$，空间复杂度为 $O(1)$。

【提交结果】

执行结果：通过。执行用时 20ms，内存消耗 6.5MB（编程语言为 C 语言）。

一个更简洁的二路归并算法如下：

```
int mid1,mid2;                                  //全局变量,存放中位数
double findMedianSortedArrays(int * nums1,int nums1Size,int * nums2,int nums2Size)
{   int n=nums1Size+nums2Size;
    int mid1,mid2;
    int i=0,j=0;                                //i、j 分别遍历 nums1 和 nums2
    int k=0;                                     //k 记录归并的次数
    while ((i<nums1Size || j<nums2Size) && k<=n/2)
    {   if (j>=nums2Size || (i<nums1Size && nums1[i]<=nums2[j]))
        {   if (k==n/2) mid1=nums1[i];          //取 n/2 序号的元素
            else if (k==n/2-1) mid2=nums1[i];
            i++;
        }
        else
        {   if (k==n/2) mid1=nums2[j];
            else if (k==n/2-1) mid2=nums2[j];
            j++;
        }
        k++;
    }
    if (n%2==1)                                 //总元素个数为奇数
        return mid1;                            //返回唯一的中位数
    else                                        //总元素个数为偶数
        return (mid1+mid2)/2.0;                 //返回两个中位数的平均值
}
```

【提交结果】

执行结果：通过。执行用时 20ms，内存消耗 6.2MB（编程语言为 C 语言）。

2.3 链表的实现

为了巩固基本功，本章中的链表均采用 C 语言实现。

视频讲解

2.3.1 LeetCode707——设计链表★★

【题目解读】

实现一个链表，每个结点存放一个整数 val，整个链表存放整数序列 $(a_0,a_1,\cdots,a_{n-1})$，注意这里的序号或者索引 index 从 0 开始，并且包含如下功能。

（1）get(index)：获取链表中第 index 个结点的值。如果索引无效，则返回 -1。

（2）addAtHead(val)：在链表的第一个元素之前添加一个值为 val 的结点，插入后新

结点将成为链表的第一个结点。

（3）addAtTail(val)：将值为 val 的结点添加到链表的最后一个结点之后。

（4）addAtIndex(index,val)：在链表中的第 index 个结点之前添加值为 val 的结点。如果 index 等于链表的长度，则该结点将附加到链表的末尾；如果 index 大于链表的长度，则不会插入结点；如果 index<0，则在头部插入结点。

（5）deleteAtIndex(index)：如果索引 index 有效，则删除链表中的第 index 个结点。

解法 1

【解题思路】

题目没有规定是哪种形式的链表。从理论上讲，采用单链表、双链表或者循环链表均可，链表可以带头结点，也可以不带头结点。

解法 1 采用带头结点的单链表，头结点为 obj(obj -> next == NULL 时为空表)，基本运算原理参见《教程》中的 2.3.2 节。唯一不同之处是这里的序号(索引)均从 0 开始，所以序号 index 比《教程》中的相应序号 i 少 1。例如，单链表(1,2,3)如图 2.6 所示。

图 2.6　一个单链表

【设计代码】

```
typedef struct Node
{   int val;                                        //存放结点值
    struct Node * next;                             //下一个结点的指针
} MyLinkedList;                                      //单链表结点类型
/* 初始化,创建头结点 obj */
MyLinkedList *  myLinkedListCreate( )
{   MyLinkedList * obj=(MyLinkedList * )malloc(sizeof(MyLinkedList));
    obj -> next=NULL;
    return obj;
}
/* 取链表 obj 中序号为 index 的结点值,如果 index 无效则返回−1 */
int myLinkedListGet(MyLinkedList *  obj, int index)
{   int j=0;
    MyLinkedList * p=obj -> next;                   //p指向头结点,j置为0(即头结点的序号为0)
    if (index<0) return −1;                          //i错误返回假
    while (j<index && p!=NULL)                       //找第i个结点p
    {   j++;
        p=p -> next;
    }
    if (p==NULL)   return −1;                        //不存在第i个数据结点,返回 false
    else return p -> val;                            //存在第i个数据结点,返回 true
}
/* 在链表表头插入一个值为 val 的结点 */
```

```
void myLinkedListAddAtHead(MyLinkedList * obj, int val)
{    MyLinkedList * s=(MyLinkedList * )malloc(sizeof(MyLinkedList));
     s->val=val;                              //创建新结点 s
     s->next=obj->next;                       //将结点 s 插入表头
     obj->next=s;
}
/* 在链表末尾插入一个值为 val 的结点 */
void myLinkedListAddAtTail(MyLinkedList * obj, int val)
{    MyLinkedList * p=obj;
     while (p->next!=NULL)                     //查找尾结点 p
         p=p->next;
     MyLinkedList * s=(MyLinkedList * )malloc(sizeof(MyLinkedList));
     s->val=val; s->next=NULL;                 //创建新结点 s
     p->next=s;
}

/* 插入值为 val 的结点 s 作为序号为 index 的结点 */
void myLinkedListAddAtIndex(MyLinkedList * obj, int index, int val)
{    MyLinkedList * s=(MyLinkedList * )malloc(sizeof(MyLinkedList));
     s->val=val;
     if (index<0)                             //此时将结点 s 插入表头
     {   s->next=obj->next;
         obj->next=s;
     }
     else
     {   int j=-1;
         MyLinkedList * p=obj;                //p 指向头结点,j 置为-1(即头结点的序号为-1)
         while (j<index-1 && p!=NULL)         //查找第 i-1 个结点 p
         {   j++;
             p=p->next;
         }
         if (p==NULL)                         //未找到第 i-1 个结点,返回
            return;
         else                                 //找到第 i-1 个结点 p,插入新结点并返回 true
         {   s->next=p->next;                 //将结点 s 插入结点 p 之后
             p->next=s;
         }
     }
}

/* 在链表中删除序号为 index 的结点 */
void myLinkedListDeleteAtIndex(MyLinkedList * obj, int index)
{    if (index<0) return;                     //i<0 返回
     int j=-1;
     MyLinkedList * p=obj, * q;               //p 指向头结点,j 置为-1(即头结点的序号为-1)
     while (j<index-1 && p!=NULL)             //查找第 i-1 个结点
     {   j++;
         p=p->next;
     }
```

```
        if (p==NULL)                          //未找到第 i-1 个结点时返回
            return;
        else                                  //找到第 i-1 个结点 p
        {   MyLinkedList * q=p->next;          //q 指向第 i 个结点
            if (q==NULL) return;               //若不存在第 i 个结点,返回 false
            p->next=q->next;                   //从单链表中删除 q 结点
            free(q);                           //释放 q 结点
        }
    }
    /*销毁链表*/
    void myLinkedListFree(MyLinkedList * obj)
    {   MyLinkedList * pre=obj;
        MyLinkedList * p=pre->next;           //pre 指向结点 p 的前驱结点
        while (p!=NULL)                        //扫描单链表 L
        {   free(pre);                         //释放 pre 结点
            pre=p;                             //pre、p 同步后移一个结点
            p=pre->next;
        }
        free(pre);                             //循环结束时,p 为 NULL,pre 指向尾结点,释放它
    }
```

【提交结果】

执行结果:通过。执行用时 52ms,内存消耗 13.5MB(编程语言为 C 语言)。

解法2

【解题思路】

采用带头结点的双链表,头结点为 obj(obj->next==NULL 时为空表),基本运算原理参见《教程》中的 2.3.3 节。唯一不同之处是这里的序号(索引)均从 0 开始,所以序号 index 比《教程》中的相应序号 i 少 1。例如,双链表(1,2,3)如图 2.7 所示。

图 2.7 一个双链表

【设计代码】

```
typedef struct Node
{   int val;
    struct Node * prev;                       //前驱结点指针
    struct Node * next;                       //后继结点指针
} MyLinkedList;                               //双链表结点类型
/*初始化,创建头结点 obj*/
MyLinkedList * myLinkedListCreate()
{   MyLinkedList * obj=(MyLinkedList * )malloc(sizeof(MyLinkedList));
    obj->next=NULL;
    return obj;
}
```

```
/* 取链表 obj 中序号为 index 的结点值,如果 index 无效则返回-1 */
int myLinkedListGet(MyLinkedList * obj, int index)
{    int j=0;
     MyLinkedList * p=obj->next;              //p 指向头结点,j 置为 0(即头结点的序号为 0)
     if (index<0) return -1;                   //i 错误返回假
     while (j<index && p!=NULL)                //找第 i 个结点 p
     {    j++;
          p=p->next;
     }
     if (p==NULL)                              //不存在第 i 个数据结点,返回 false
          return -1;
     else                                      //存在第 i 个数据结点,返回 true
          return p->val;
}
/* 在链表表头插入一个值为 val 的结点 */
void myLinkedListAddAtHead(MyLinkedList * obj, int val)
{    MyLinkedList * s=(MyLinkedList * )malloc(sizeof(MyLinkedList));
     s->val=val;                               //创建新结点 s
     s->next=obj->next;                        //将结点 s 插入表头
     if (obj->next!=NULL)
          obj->next->prev=s;
     obj->next=s;
     s->prev=obj;
}

/* 在链表末尾插入一个值为 val 的结点 */
void myLinkedListAddAtTail(MyLinkedList * obj, int val)
{    MyLinkedList * p=obj;
     while (p->next!=NULL)                     //查找尾结点 p
          p=p->next;
     MyLinkedList * s=(MyLinkedList * )malloc(sizeof(MyLinkedList));
     s->val=val; s->next=NULL;                 //创建新结点 s
     p->next=s;
     s->prev=p;
}
/* 插入值为 val 的结点 s 作为序号为 index 的结点 */
void myLinkedListAddAtIndex(MyLinkedList * obj, int index, int val)
{    MyLinkedList * s=(MyLinkedList * )malloc(sizeof(MyLinkedList));
     s->val=val;
     if (index<0)                              //此时将结点 s 插入表头
     {    s->next=obj->next;
          if (obj->next!=NULL)
               obj->next->prev=s;
          obj->next=s;
          s->prev=obj;
     }
     else
     {    int j=-1;
          MyLinkedList * p=obj;                //p 指向头结点,j 置为-1(即头结点的序号为-1)
          while (j<index-1 && p!=NULL)          //查找第 i-1 个结点 p
          {    j++;
               p=p->next;
```

```
            }
        if (p==NULL)                            //未找到第 i−1 个结点,返回
            return;
        else                                    //找到第 i−1 个结点 p,插入新结点并返回 true
        {   s-> next=p-> next;                  //将结点 s 插入结点 p 之后
            if (p-> next!=NULL)
                p-> next-> prev=s;
            p-> next=s;
            s-> prev=p;
        }
    }
}
/ * 在链表中删除序号为 index 的结点 * /
void myLinkedListDeleteAtIndex(MyLinkedList * obj, int index)
{   if (index<0) return;                        //i 小于 0 返回
    int j=−1;
    MyLinkedList * p=obj, * q;                  //p 指向头结点,j 置为−1(即头结点的序号为−1)
    while (j<index−1 && p!=NULL)                //查找第 i−1 个结点
    {   j++;
        p=p-> next;
    }
    if (p==NULL)                                //未找到第 i−1 个结点时返回
        return;
    else                                        //找到第 i−1 个结点 p
    {   MyLinkedList * q=p-> next;              //q 指向第 i 个结点
        if (q==NULL) return;                    //若不存在第 i 个结点,返回 false
        p-> next=q-> next;                      //从单链表中删除 q 结点
        if (q-> next!=NULL)
            q-> next-> prev=p;
        free(q);                                //释放 q 结点
    }
}
/ * 销毁链表 * /
void myLinkedListFree(MyLinkedList * obj)
{   MyLinkedList * pre=obj;
    MyLinkedList * p=pre-> next;                //pre 指向结点 p 的前驱结点
    while (p!=NULL)                             //扫描单链表 L
    {   free(pre);                              //释放 pre 结点
        pre=p;                                  //pre、p 同步后移一个结点
        p=pre-> next;
    }
    free(pre);                                  //循环结束时,p 为 NULL,pre 指向尾结点,释放它
}
```

【提交结果】

执行结果:通过。执行用时 40ms,内存消耗 13.8MB(编程语言为 C 语言)。

说明:本题采用带头结点的循环双链表实现时间性能最优。

2.3.2 LeetCode382——链表随机结点★★

【题目解读】

给定一个不带头结点的单链表 head,由 head 创建一个随机链表,该随机链表可以随机
返回一个结点值,并且保证每个结点被选的概率一样。要求设计如下函数:

视频讲解

```
typedef struct { } Solution;                          //定义随机链表类型
Solution * solutionCreate(struct ListNode * head) { }  //由 head 创建随机链表
int solutionGetRandom(Solution * obj) {    }           //随机返回一个结点值
void solutionFree(Solution * obj) {    }               //销毁随机链表
```

示例：

```
ListNode head＝new ListNode(1);                //初始化一个单链表[1,2,3]
head.next＝new ListNode(2);
head.next.next＝new ListNode(3);
Solution solution＝new Solution(head);
solution.getRandom();                         //等概率地随机返回 1、2、3 中的一个
```

【解题思路】

将 head 单链表作为随机链表，为此定义随机链表类型 Solution 中仅包含单链表 head 的首结点成员 h。

solutionGetRandom()的实现过程是，求出随机链表的结点个数 n，随机生成 $0 \sim n-1$ 的随机数 m，返回序号（从 0 开始）为 m 的结点值。

【设计代码】

```
typedef struct
{
    struct ListNode * h;
} Solution;
Solution * solutionCreate(struct ListNode * head)        //由 head 创建随机链表
{    Solution * obj＝(Solution * )malloc(sizeof(Solution));
    obj -> h＝head;
    return obj;
}
int solutionGetRandom(Solution * obj)                    //随机返回一个结点值
{    int n＝0;
    struct ListNode *  p＝obj -> h;
    while(p!＝NULL)                                       //求单链表的长度 n
    {    n++;
        p＝p -> next;
    }
    int m＝rand()％n;                                     //产生 0～n-1 的随机数 m
    p＝obj -> h;
    int i＝0;
    while(i < m)                                          //找到序号（从 0 开始）为 m 的结点 p
    {    i++;
        p＝p -> next;
    }
    return p -> val;                                      //返回结点 p 的值
}
void solutionFree(Solution *  obj)                       //销毁随机链表
{
    free(obj);
}
```

执行结果：通过。执行用时 32ms，内存消耗 11.8MB(编程语言为 C 语言)。

2.4 单链表及其应用

在 C++ STL 中提供了 list 链表容器，该容器是采用循环双链表实现的。在选择"C 语言"时默认情况下，给定的链表是不带头结点的单链表，通过单链表首结点的地址 head 标识，单链表中的结点类型如下：

```
struct ListNode
{    int val;
     struct ListNode * next;
};
```

2.4.1 LeetCode203——移除链表元素★

【题目解读】

给定的单链表中可能存在值相同的结点，设计一个算法删除其中所有值为 val 的结点(值为 val 的结点可能有多个)。在选择"C 语言"时要求设计如下函数：

struct ListNode * removeElements(struct ListNode * head, int val) { }

例如，head＝[1,2,6,3,4,5,6]，val＝6，删除后 head 为[1,2,3,4,5]。

视频讲解

解法 1

【解题思路】

采用遍历删除方法。为了方便，在单链表中添加一个头结点 h，采用双指针(pre，p)遍历，初始时 pre 指向头结点 h，p 总是指向其后继结点。

(1) 若结点 p 的值等于 val，通过前驱结点 pre 删除结点 p，并且置 $p＝pre->next$。

(2) 否则将 p、pre 同步后移，即执行 $pre＝p$，$p＝pre->next$。

最后返回 $h->next$。

【设计代码】

```
struct ListNode *  removeElements(struct ListNode *  head, int val)
{    struct ListNode *  h＝(struct ListNode * )malloc(sizeof(struct ListNode));
     h->next＝head;                    //为了方便，添加一个头结点
     struct ListNode *  pre＝h, * p＝pre->next;
     while (p!＝NULL)
     {    if (p->val＝＝val)             //找到值为 val 的结点 p
          {    pre->next＝p->next;       //删除结点 p
               free(p);
               p＝pre->next;
          }
          else                          //结点 p 的值不等于 val
```

```
        {    pre＝p;                        //pre 和 p 结点同步后移
             p＝pre－>next;
        }
    }
    return h－>next;
}
```

上述算法的时间复杂度为 $O(n)$，空间复杂度为 $O(1)$。

【提交结果】

执行结果：通过。执行用时 16ms，内存消耗 7.9MB（编程语言为 C 语言）。

解法 2

【解题思路】

采用尾插法建表的方法。创建一个带头结点 h 的单链表，初始为空，用 p 遍历原来的单链表 head，将值不等于 val 的结点采用尾插法插入 h 中，最后返回 h －> next 即可。

【设计代码】

```
struct ListNode * removeElements(struct ListNode * head, int val)
{    struct ListNode * h＝(struct ListNode * )malloc(sizeof(struct ListNode));
     struct ListNode * r＝h;
     struct ListNode * p＝head, * q;
     while (p!＝NULL)
     {    if(p－>val!＝val)
          {    r－>next＝p;                        //将保留的结点插入 h 中
               r＝p;
          }
          p＝p－>next;
     }
     r－>next＝NULL;
     return h－>next;
}
```

上述算法没有释放删除后的结点，算法的时间复杂度为 $O(n)$，空间复杂度为 $O(1)$。

【提交结果】

执行结果：通过。执行用时 16ms，内存消耗 7.9MB（编程语言为 C 语言）。

2.4.2 LeetCode237——删除链表中的结点 ★

视频讲解

【题目解读】

给定的单链表中至少包含两个结点，并且所有结点的值都是唯一的，但没有给出单链表的首结点地址，而是给定其中一个非尾结点的地址 node，设计一个算法删除 node 指向的结点。在选择"C 语言"时要求设计如下函数：

```
void deleteNode(struct ListNode * node) { }
```

例如单链表为 $[4,5,1,9]$，若 node 为结点 5 的地址，删除后单链表变为 $[4,1,9]$。

【解题思路】

采用结点值替换的删除方法。将结点 node 的后继结点值复制到 node 中，再将其后继结点删除。例如单链表[4,5,1,9]中删除结点 5 的过程如图 2.8 所示,删除后单链表为 [4,1,9]。

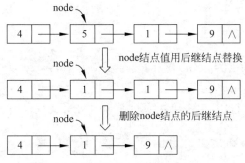

图 2.8 删除 node 所指结点的过程

【设计代码】

```
void deleteNode(struct ListNode * node)
{    struct ListNode * p＝node-> next;
     node-> val＝p-> val;
     node-> next＝p-> next;
     free(p);
}
```

上述算法的时间复杂度为 $O(1)$,空间复杂度为 $O(1)$。

【提交结果】

执行结果:通过。执行用时 0ms,内存消耗 6.4MB(编程语言为 C 语言)。

2.4.3 LeetCode206——翻转链表 ★

视频讲解

【题目解读】

若单链表为 $(a_0, a_1, \cdots, a_{n-2}, a_{n-1})$,翻转后变为 $(a_{n-1}, a_{n-2}, \cdots, a_1, a_0)$。在选择"C 语言"时要求设计如下函数:

```
struct ListNode * reverseList(struct ListNode * head) { }
```

例如,单链表 head 为[1,2,3,4,5],翻转后变为[5,4,3,2,1]。

【解题思路】

采用头插法重新建立单链表的方法。为了方便,先建立一个带头结点 h 的空单链表作为结果单链表,用 p 遍历原来的单链表,采用头插法方式将结点 p 插入 h 中,最后返回 $h->$ next。由于用头插法建立的单链表的次序与初始次序相反,从而达到翻转单链表的目的。

【设计代码】

```
struct ListNode * reverseList(struct ListNode * head)
{    struct ListNode *  p＝head, * q;
     struct ListNode * h＝(struct ListNode * )malloc(sizeof(struct ListNode));
     h-> next＝NULL;                    //建立一个带头结点的空链表 h
     while (p!＝NULL)
     {    q＝p-> next;                  //记录结点 p 的后继结点
```

```
        p->next=h->next;                    //将结点 p 插入表头
        h->next=p;
        p=q;
    }
    return h->next;
}
```

上述算法的时间复杂度为 $O(n)$，空间复杂度为 $O(1)$。

【提交结果】

执行结果：通过。执行用时 4ms，内存消耗 6.4MB（编程语言为 C 语言）。

2.4.4 LeetCode92——翻转链表Ⅱ★★

视频讲解

【题目解读】

若含 $k(k>1)$ 个结点的单链表为 $(a_1,a_2,\cdots,a_{k-1},a_k)$，规定序号从 1 开始，设计一个算法将其中的 $a_m \sim a_n (1 \leqslant m \leqslant n \leqslant$ 链表长度 $k)$ 部分翻转。在选择"C 语言"时要求设计如下函数：

struct ListNode * reverseBetween(struct ListNode * head, int m, int n) { }

例如，单链表为 $[1,2,3,4,5]$，$m=2$，$n=4$，翻转后的结果单链表为 $[1,4,3,2,5]$。

【解题思路】

采用删除＋头插法。为了方便，在单链表中添加一个头结点 h，注意这里的结点的序号是从 1 开始的，头结点可以看成序号 0 的结点。采用双指针 (pre,p) 找到序号 m 的结点 p 及其前驱 pre（当 $m=1$ 时，pre 指向头结点），然后将序号 $m+1$ 到序号 n 的每个结点 q 删除并插入结点 pre 之后，最后返回 $h->next$。

例如，单链表为 $[1,2,3,4,5]$，$m=2$，$n=4$，实现题目要求的翻转操作是，在添加头结点 h 后，先查找到序号 2 的结点 p，pre 指向其前驱结点，q 遍历序号 3 到序号 4 的结点，对于每个这样的结点 q，通过其前驱结点 p 删除结点 q，再将结点 q 插入结点 pre 之后。如图 2.9 所示为删除序号 3 的结点 q 并插入 pre 结点之后。

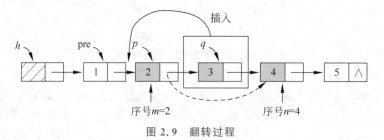

图 2.9 翻转过程

【设计代码】

```
struct ListNode * reverseBetween(struct ListNode * head, int m, int n)
{   if (head==NULL || head->next==NULL) return head;
    if (m==n) return head;
    struct ListNode * h=(struct ListNode * )malloc(sizeof(struct ListNode));
    h->next=head;                       //为了方便，添加一个头结点
```

```
    struct ListNode * pre=h, * p=pre->next, * q;
    int j=0;
    while (j<m-1 && p!=NULL)    //查找位置 m 的结点 p 及其前驱 pre
    {   j++;
        pre=p;
        p=p->next;
    }
    while (j<n-1 && p!=NULL)    //将位置 m+1 到位置 n 的结点插入 pre 之后
    {   q=p->next;
        p->next=q->next;        //删除结点 q
        q->next=pre->next;      //将结点 q 插入结点 pre 之后
        pre->next=q;
        j++;
    }
    return h->next;
}
```

上述算法的时间复杂度为 $O(n)$,空间复杂度为 $O(1)$,其中 n 为单链表的结点个数。

【提交结果】

执行结果:通过。执行用时 0ms,内存消耗 6MB(编程语言为 C 语言)。

2.4.5 LeetCode328——奇偶链表★★

视频讲解

【题目解读】

若单链表为 $(a_1, a_2, \cdots, a_{n-1}, a_n)$,规定序号从 1 开始,链表的第一个结点(即序号为 1 的结点)视为奇数结点,第二个结点视为偶数结点,以此类推。设计一个算法将奇数结点和偶数结点分别排在一起,并且保持奇数结点和偶数结点的相对顺序,同时算法的空间复杂度为 $O(1)$。在选择"C 语言"时要求设计如下函数:

struct ListNode * oddEvenList(struct ListNode * head) { }

例如,单链表 head=[1,2,3,4,5],执行后单链表变为[1,3,5,2,4]。若单链表 head=[2,1,3,5,6,4,7],执行后单链表变为[2,3,6,7,1,5,4]。

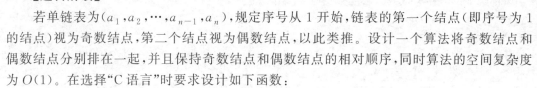

解 法 1

【解题思路】

采用删除合并方法。创建一个带头结点 h 的偶数序号的单链表,初始为空表。用 p 遍历原来的单链表 head,将所有偶数序号的结点删除并连接到单链表 h 中,同时找到原来单链表的尾结点 tail。再将 h 连接到 head 的尾部,即执行 tail->next=h->next,最后返回 head 即可。

例如,单链表 head=[1,2,3,4,5],实现奇偶链表的过程如图 2.10 所示,head=[1,3, 5,2,4]。

【设计代码】

struct ListNode * oddEvenList(struct ListNode * head)
{   if (head==NULL || head->next==NULL) return head;
    struct ListNode * p=head, * q, * r, * tail;

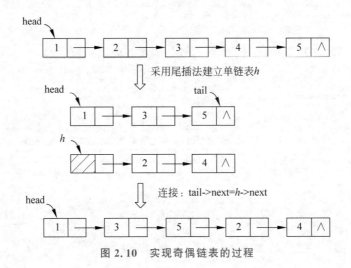

图2.10　实现奇偶链表的过程

```
struct ListNode *  h＝(struct ListNode * )malloc(sizeof(struct ListNode));
r＝h;                              //h 为偶数序号的单链表
p＝head;
while (p!＝NULL)
{    tail＝p;                       //tail 记录原来单链表的尾结点
     q＝p－>next;                  //q 指向偶数序号的结点
     if(q!＝NULL)
     {    p－>next＝q－>next;       //删除结点 q
          r－>next＝q; r＝q;        //采用尾插法插入 h 中
          p＝p－>next;
     }
     else break;                    //结点 p 为尾结点时结束
}
r－>next＝NULL;
tail－>next＝h－>next;               //将偶数序号的单链表连接到尾部
return head;
}
```

上述算法的时间复杂度为 $O(n)$，空间复杂度为 $O(1)$，其中 n 为单链表的结点个数。

【提交结果】

执行结果：通过。执行用时 8ms，内存消耗 6.7MB(编程语言为 C 语言)。

◀ 解法2 ▶

【解题思路】

采用拆分合并方法。先建立两个带头结点的空单链表，$h1$ 为奇数单链表，$h2$ 为偶数单链表，遍历 head，采用尾插法将奇数序号的结点插入 $h1$ 中，将偶数序号的结点插入 $h2$ 中，再将 $h1$ 和 $h2$ 依次连接起来。最后返回 $h1－>next$。

例如，单链表 head＝[1,2,3,4,5]，实现奇偶链表的过程如图 2.11 所示，$h1－>next$ 为 [1,3,5,2,4]。

【设计代码】

struct ListNode * oddEvenList(struct ListNode * head)

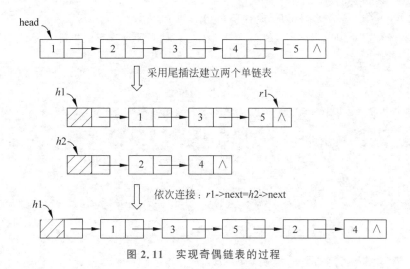

图 2.11　实现奇偶链表的过程

```
{   struct ListNode *  h1＝(struct ListNode * )malloc(sizeof(struct ListNode));
    struct ListNode *  r1＝h1;                    //奇数单链表的尾结点指针
    struct ListNode *  h2＝(struct ListNode * )malloc(sizeof(struct ListNode));
    struct ListNode *  r2＝h2;                    //偶数单链表的尾结点指针
    struct ListNode  * p＝head;
    while (p!＝NULL)
    {   r1－>next＝p; r1＝p;
        p＝p－>next;
        if (p!＝NULL)
        {   r2－>next＝p; r2＝p;
            p＝p－>next;
        }
    }
    r2－>next＝NULL;                              //尾结点的 next 域置为空
    r1－>next＝h2－>next;                         //h1 和 h2 连接起来
    return h1－>next;
}
```

上述算法的时间复杂度为 $O(n)$，空间复杂度为 $O(1)$，其中 n 为单链表的结点个数。

【提交结果】

执行结果：通过。执行用时 8ms，内存消耗 6.9MB(编程语言为 C 语言)。

2.4.6　LeetCode86——分隔链表 ★★

视频讲解

【题目解读】

设计一个算法将单链表 head 中所有小于 x 的结点移动到大于或等于 x 的结点之前，并且保持它们在原来单链表中的相对次序。在选择"C 语言"时要求设计如下函数：

struct ListNode * partition(struct ListNode * head, int x) { }

例如，单链表 head＝[1,4,3,2,5,2]，$x＝3$，输出为[1,2,2,4,3,5]。

【解题思路】

采用拆分合并方法。遍历 head 单链表，将小于 x 的结点连接到带头结点单链表 $h1$

中,将大于或等于 x 的结点连接到带头结点单链表 $h2$ 中,最后将两个单链表合并起来。

例如,单链表 head＝[1,4,3,2,5,2], x＝3,实现分隔链表的过程如图 2.12 所示, $h1->$ next 为[1,2,2,4,3,5]。

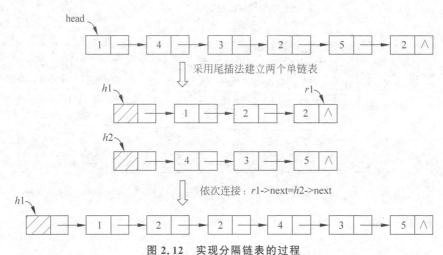

图 2.12　实现分隔链表的过程

【设计代码】

```
struct ListNode *  partition(struct ListNode *  head, int x)
{    if (head==NULL || head-> next==NULL) return head;
     struct ListNode *  h1=(struct ListNode * )malloc(sizeof(struct ListNode));
     struct ListNode *  r1=h1;                    //h1 为结点小于 x 的单链表
     struct ListNode *  h2=(struct ListNode * )malloc(sizeof(struct ListNode));
     struct ListNode *  r2=h2;                    //h2 为结点大于或等于 x 的单链表
     struct ListNode *  p=head;
     while (p!=NULL)
     {    if (p-> val< x)
          {    r1-> next=p; r1=p;
               p=p-> next;
          }
          else
          {    r2-> next=p; r2=p;
               p=p-> next;
          }
     }
     r1-> next=NULL;
     r2-> next=NULL;
     if (h1-> next!=NULL)
     {    head=h1-> next;
          r1-> next=h2-> next;
     }
     else head=h2-> next;
     free(h1); free(h2);
     return head;
}
```

上述算法的时间复杂度为 $O(n)$，空间复杂度为 $O(1)$，其中 n 为单链表的结点个数。

【提交结果】

执行结果：通过。执行用时 4ms，内存消耗 6MB（编程语言为 C 语言）。

2.4.7 LeetCode24——两两交换链表中的结点 ★★

视频讲解

【题目解读】

设计一个算法对单链表 head 两两交换相邻的结点，交换方式是结点地址交换而不是结点值交换。在选择"C 语言"时要求设计如下函数：

struct ListNode * swapPairs(struct ListNode * head) { }

例如，单链表 head=[1,2,3,4]，交换后 head 变为[2,1,4,3]。若单链表 head=[1,2,3,4,5]，交换后 head 变为[2,1,4,3,5]。

解 法 1

【解题思路】

采用尾插法建表。先创建一个只有头结点的单链表 h，r 作为单链表 h 的尾结点指针（初始时 $r=h$），用 p 遍历原来单链表 head 的结点。当 p 不空时循环，置 oldr=r，将结点 p 插入结点 r 之后，r 指向结点 p，p 指针后移一个结点，若 p 不空，再将结点 p 插入 oldr 之后，如图 2.13 所示。

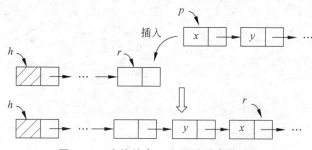

图 2.13 交换结点 p 和后继结点的过程

【设计代码】

```
struct ListNode * swapPairs(struct ListNode * head)
{   if (head==NULL || head->next==NULL)
        return head;                    //单链表 head 为空或者只有一个结点的情况
    struct ListNode * h, * r, * oldr, * p, * q;
    h=(struct ListNode * )malloc(sizeof(struct ListNode));
    r=h;
    p=head;
    while(p!=NULL)                       //遍历原来单链表的全部结点
    {   oldr=r;
        r->next=p; r=p;                 //插入奇数序号的结点 p
        p=p->next;
        if (p!=NULL)
        {   q=p->next;
```

```
            p -> next = r;                    //插入偶数序号的结点 p
            oldr -> next = p;
            p = q;
        }
    }
    r -> next = NULL;
    return h -> next;                         //返回交换后的单链表
}
```

上述算法的时间复杂度为 $O(n)$，其中 n 为单链表的结点个数，空间复杂度为 $O(1)$。

【提交结果】

执行结果：通过。执行用时 4ms，内存消耗 5.8MB（编程语言为 C 语言）。

解法 2

【解题思路】

采用删除插入法。先为单链表添加一个头结点 h，采用双指针（pre，p），初始时 pre 指向头结点，p 指向 pre 结点的后继结点。当 p 不空时循环，让 q 指向结点 p 的后继结点。若 q 不空则删除结点 q，再将结点 q 插入 pre 结点之后，然后置 pre = p，p = pre -> next 继续；若 q 为空说明结点 p 为尾结点，结束循环。最后，返回 h -> next。删除插入法如图 2.14 所示。

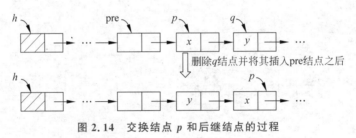

图 2.14　交换结点 p 和后继结点的过程

【设计代码】

```
struct ListNode * swapPairs(struct ListNode * head)
{   if (head == NULL || head -> next == NULL)
        return head;                          //单链表 head 为空或者只有一个结点的情况
    struct ListNode * h, * pre, * p, * q;
    h = (struct ListNode * )malloc(sizeof(struct ListNode));
    h -> next = head;                         //添加一个头结点 h
    pre = h; p = pre -> next;
    while(p != NULL)                          //遍历原来单链表的全部结点
    {   q = p -> next;
        if (q != NULL)
        {   p -> next = q -> next;            //删除结点 q
            q -> next = p;
            pre -> next = q;                  //将结点 q 插入 pre 和 p 结点之间
            pre = p; p = pre -> next;
        }
        else break;                           //结点 p 没有后继结点时循环结束
```

```
        }
        return h -> next;                    //返回交换后的单链表
    }
```

上述算法的时间复杂度为 $O(n)$，其中 n 为单链表的结点个数，空间复杂度为 $O(1)$。

【提交结果】

执行结果：通过。执行用时 4ms，内存消耗 5.9MB（编程语言为 C 语言）。

解法 3

【解题思路】

采用三指针法。若不带头结点单链表 head 存放的元素为 $(a_0, a_1, \cdots, a_{n-1})$，$n \geq 2$，采用三指针 p、q、r，初始时分别指向 head 开头的 3 个结点，先将前面两个结点交换，交换后 head 指向 a_1 的结点，last 指向 a_0 的结点，然后让 p、q、r 分别指向其后的 3 个相邻结点，如图 2.15 所示，若 p 或者 q 为空则结束，否则交换结点 p 和 q。

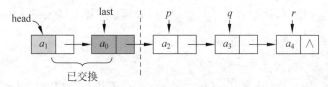

图 2.15　两两结点交换的过程

【设计代码】

```
struct ListNode * swapPairs(struct ListNode * head)
{   if (head==NULL || head -> next==NULL)
        return head;                         //单链表 head 为空或者只有一个结点的情况
    struct ListNode * p, * q, * r, * last;
    p=head;                                  //p 指向 a0
    q=head -> next;                          //q 指向 a1
    r=q -> next;                             //r 指向 a2
    head=q; p -> next=r;                     //交换 p 和 q 结点，head 指向新的首结点
    head -> next=p;
    last=p;
    while(true)
    {   p=r;
        if (p==NULL || p -> next==NULL)
            break;                           //单链表 p 为空或者只有一个结点的情况
        q=p -> next;
        r=q -> next;
        last -> next=q; p -> next=r;         //交换 p 和 q 结点
        q -> next=p; p -> next=r;
        last=p;                              //重新设置 last
    }
    return head;                             //返回交换后的单链表
}
```

上述算法的时间复杂度为 $O(n)$，其中 n 为单链表的结点个数，空间复杂度为 $O(1)$。

【提交结果】

执行结果：通过。执行用时 4ms，内存消耗 5.7MB（编程语言为 C 语言）。

2.4.8 LeetCode876——链表的中间结点 ★

视频讲解

【题目解读】

若 head$=(a_0,a_1,\cdots,a_{n-1})$，这里序号从 0 开始，$n$ 为单链表中的结点个数。设计一个算法，当 n 为奇数时求唯一的中间结点，当 n 为偶数时求第二个中间结点。在选择"C 语言"时要求设计如下函数：

struct ListNode * middleNode(struct ListNode * head) { }

例如，head$=[1,2,3,4,5]$，$n=5$ 为奇数，求出序号为 $5/2(=2)$ 的结点，即结点 3。若 head$=[1,2,3,4,5,6]$，$n=6$ 为偶数，有两个中间结点，序号分别是 $n/2-1(=2)$ 和 $n/2(=3)$，这里求出序号为 3 的结点，即结点 4。归纳起来，本题是求序号为 $n/2$ 的结点 p。

解法 1

【解题思路】

采用遍历法。先求出单链表 head 的结点个数 n，再从头到尾遍历找到序号为 $n/2$ 的结点 p，返回 p 即可。

【设计代码】

```
struct ListNode * middleNode(struct ListNode * head)
{   int n=0,i=0;
    struct ListNode * p=head;
    while(p!=NULL)                    //求单链表中的结点个数 n
    {   n++;
        p=p->next;
    }
    p=head;
    while (i<n/2)                     //查找序号为 n/2 的结点 p
    {   i++;
        p=p->next;
    }
    return p;
}
```

上述算法的时间复杂度为 $O(n)$，其中 n 为单链表的结点个数，空间复杂度为 $O(1)$。

【提交结果】

执行结果：通过。执行用时 0ms，内存消耗 5.4MB（编程语言为 C 语言）。

解法 2

【解题思路】

采用快慢指针法。首先慢指针 slow 和快指针 fast 均指向首结点 head，当 fast 不空并且 fast->next 不空时循环，每次循环 slow 后移一个结点，fast 后移两个结点。循环结束后

slow 指向题目要求的结点,返回 slow。如图 2.16 和图 2.17 所示分别是 n 为偶数和奇数的示例。

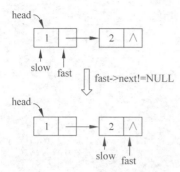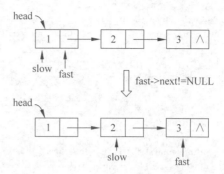

图 2.16　$n=2$ 为偶数的情况　　　　图 2.17　$n=3$ 为奇数的情况

【设计代码】

```
struct ListNode * middleNode(struct ListNode * head)
{   if (head==NULL) return head;
    if (head->next==NULL)                //只有一个结点时
        return head;
    if (head->next->next==NULL)          //只有两个结点时
        return head->next;
    struct ListNode * slow=head;         //定义慢指针
    struct ListNode * fast=head;         //定义快指针
    while (fast!=NULL && fast->next!=NULL)
    {   slow=slow->next;                 //slow 后移一个结点
        fast=fast->next->next;           //fast 后移两个结点
    }
    return slow;
}
```

上述算法的时间复杂度为 $O(n)$,其中 n 为单链表的结点个数,空间复杂度为 $O(1)$。

【提交结果】

执行结果:通过。执行用时 0ms,内存消耗 5.8MB(编程语言为 C 语言)。

2.4.9　LeetCode234——回文链表 ★

视频讲解

【题目解读】

设计一个算法判断单链表 head 是否为回文链表,所谓回文链表,就是从前向后和从后向前读的结果相同。在选择"C 语言"时要求设计如下函数:

bool isPalindrome(struct ListNode * head) { }

例如,head=[1,2]的结果为 false。head=[1,2,1]的结果为 true。

 解法 1

【解题思路】

求出 head 单链表的结点个数 n,定义长度为 n 的数组 a,遍历单链表 head,将所有结点值存放到 a 中,若数组 a 是对称的返回 true,否则返回 false。

【设计代码】

```
bool symmetry(int * a, int n)                    //判断 a[0..n-1]是否对称
{    int i=0, j=n-1;
     while (i<j)
     {   if (a[i]!=a[j]) return false;
         i++; j--;
     }
     free(a);
     return true;
}
bool isPalindrome(struct ListNode * head)
{    if (head==NULL) return true;
     if (head->next==NULL)                       //只有一个结点时
         return true;
     if (head->next->next==NULL)                 //只有两个结点时
         return head->val==head->next->val;
     struct ListNode * p=head;
     int n=0;
     while (p!=NULL)                             //求单链表 head 的长度 n
     {   n++;
         p=p->next;
     }
     int * a=(int *)malloc(n * sizeof(int));     //定义一个数组 a
     int k=0;
     p=head;
     while (p!=NULL)                             //将单链表 head 的结点值存放到 a 中
     {   a[k]=p->val; k++;
         p=p->next;
     }
     return symmetry(a, n);
}
```

上述算法的时间复杂度为 $O(n)$，空间复杂度为 $O(n)$，其中 n 为单链表的结点个数。

【提交结果】

执行结果：通过。执行用时 16ms，内存消耗 9.9MB（编程语言为 C 语言）。

解法 2

【解题思路】

采用 LeetCode876 的快慢指针法求出 head 单链表的中间位置结点 mid，但改为当结点个数为偶数时求第一个中间结点。将后一半结点构成单链表 head2，前一半结点仍然为单链表 head，显然 head 单链表的结点个数大于或等于 head2 单链表的结点个数。将 head2 翻转，再看 head 和 head2 的结点是否依次相等。

例如，head=[1,2,2,1]，判断其是否为回文链表的过程如图 2.18 所示。

【设计代码】

```
struct ListNode * middleNode(struct ListNode * head)    //求中间位置的结点
{    struct ListNode * slow=head;
     struct ListNode * fast=head;
     while (fast->next!=NULL && fast->next->next!=NULL)
     {   slow=slow->next;                                //slow 后移一个结点
```

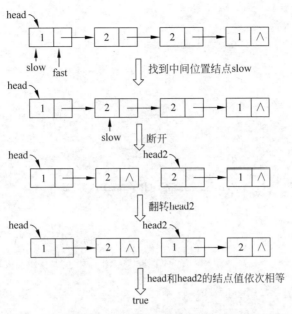

图 2.18　判断 head＝[1,2,2,1]是否为回文链表的过程

```
        fast＝fast－>next－>next;              //fast 后移两个结点
    }
    return slow;
}
struct ListNode * reverseList(struct ListNode *  head)    //翻转不带头结点的单链表 head
{   struct ListNode *  p＝head, * q;
    struct ListNode *  h＝(struct ListNode * )malloc(sizeof(struct ListNode));
    h－>next＝NULL;                          //建立一个带头结点的空链表 h
    while (p!＝NULL)
    {   q＝p－>next;
        p－>next＝h－>next;
        h－>next＝p;
        p＝q;
    }
    return h－>next;                         //返回翻转后的不带头结点的单链表
}
bool isPalindrome(struct ListNode *  head)               //求解算法
{   if (head＝＝NULL) return true;
    if (head－>next＝＝NULL)                  //只有一个结点时
        return true;
    if (head－>next－>next＝＝NULL)           //只有两个结点时
        return head－>val＝＝head－>next－>val;
    struct ListNode *  mid＝middleNode(head);
    struct ListNode * head2＝mid－>next;      //构造后一半结点的单链表 head2
    head2＝reverseList(head2);                //翻转 head2(前一半结点的单链表为 head)
    while (head2!＝NULL)                      //head 的结点个数≥head2 的结点个数
    {   if (head－>val!＝head2－>val) return false;
        head＝head－>next;
        head2＝head2－>next;
```

```
        }
    if (head2==NULL)
        return true;
    else
        return false;
}
```

上述算法的时间复杂度为 $O(n)$，空间复杂度为 $O(1)$，其中 n 为单链表的结点个数。

【提交结果】

执行结果：通过。执行用时 12ms，内存消耗 9.4MB（编程语言为 C 语言）。

2.4.10　LeetCode143——重排链表★★

视频讲解

【题目解读】

给定一个单链表 L 为 $L_0 \to L_1 \to \cdots \to L_{n-1} \to L_n$，设计一个算法将其重新排列后变为 $L_0 \to L_n \to L_1 \to L_{n-1} \to L_2 \to L_{n-2} \to \cdots$。在选择"C 语言"时要求设计如下函数：

void reorderList(struct ListNode * head) { }

例如，head＝[1,2,3,4]，重新排列为[1,4,2,3]。若 head＝[1,2,3,4,5]，重新排列为 [1,5,2,4,3]。

【解题思路】

采用 LeetCode876 的快慢指针法求出 head 单链表的中间位置结点 mid，但改为当结点个数为偶数时求第一个中间结点。将后一半结点构成单链表 head2，前一半结点仍然为单链表 head，显然 head 单链表的结点个数大于或等于 head2 单链表的结点个数。将 head2 翻转，再将 head 和 head2 的结点依次连接起来得到结果单链表 head。

例如，head＝[1,2,3,4]，重新排列为[1,4,2,3]的过程如图 2.19 所示。

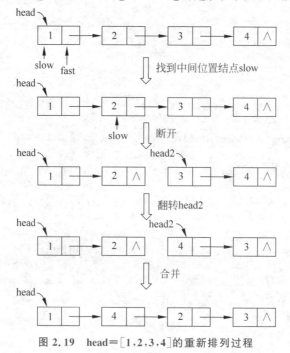

图 2.19　head＝[1,2,3,4]的重新排列过程

【设计代码】

```
struct ListNode *  middleNode(struct ListNode *  head)     //求中间位置的结点
{    struct ListNode *  slow=head;
     struct ListNode *  fast=head;
     while (fast-> next!=NULL && fast-> next-> next!=NULL)
     {    slow=slow-> next;                        //slow 后移一个结点
          fast=fast-> next-> next;                 //fast 后移两个结点
     }
     return slow;
}

struct ListNode *  reverseList(struct ListNode *  head)     //翻转不带头结点的单链表 head
{    struct ListNode *  p=head, * q;
     struct ListNode *  h=(struct ListNode * )malloc(sizeof(struct ListNode));
     h-> next=NULL;                               //建立一个带头结点的空链表 h
     while (p!=NULL)
     {    q=p-> next;
          p-> next=h-> next;
          h-> next=p;
          p=q;
     }
     return h-> next;
}

void reorderList(struct ListNode *  head)              //求解算法
{    if (head==NULL || head-> next==NULL)          //只有一个结点时
          return;
     struct ListNode *  mid=middleNode(head);
     struct ListNode *  head2=mid-> next;          //构造后一半结点的单链表 head2
     mid-> next=NULL;                             //断开
     head2=reverseList(head2);                     //翻转 head2(前一半结点的单链表为 head)
     struct ListNode *  h=(struct ListNode * )malloc(sizeof(struct ListNode));
     struct ListNode *  r=h;                       //r 为尾结点指针
     struct ListNode *  p=head;
     struct ListNode *  q=head2;
     while (p!=NULL && q!=NULL)        //head 的结点个数大于或等于 head2 的结点个数
     {    r-> next=p; r=p;
          p=p-> next;
          r-> next=q; r=q;
          q=q-> next;
     }
     if (p!=NULL)
     {    r-> next=p; r=p;
          p=p-> next;
     }
     r-> next=NULL;
     head=h-> next;                              //改为不带头结点的单链表
}
```

上述算法的时间复杂度为 $O(n)$,空间复杂度为 $O(1)$,其中 n 为单链表的结点个数。

【提交结果】

执行结果：通过。执行用时 24ms,内存消耗 8.8MB(编程语言为 C 语言)。

2.4.11 LeetCode147——对链表进行插入排序★★

视频讲解

【题目解读】

设计一个算法对单链表 head 进行插入排序,其过程是从第一个元素开始,该链表可以被认为已经部分排序。每次迭代时,从输入数据中移除一个元素,并原地将其插入已排好序的链表中。重复操作,直到所有输入数据插入完为止。在选择"C 语言"时要求设计如下函数：

struct ListNode * insertionSortList(struct ListNode * head) { }

例如 head=[4,2,1,3],排列为[1,2,3,4]。若 head=[-1,5,3,4,0],排列为[-1,0,3,4,5]。

【解题思路】

为了方便,给单链表添加一个头结点 h,首先将 h 变为只有头结点和首结点的单链表,显然这是一个有序单链表,用 p 遍历其余的结点,并且将结点 p 有序地插入单链表 h 中。

例如,head=[4,2,1,3],重新排序为[1,2,3,4]的过程如图 2.20 所示。

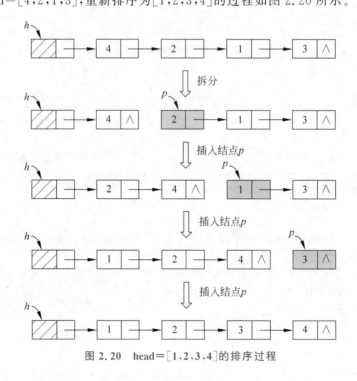

图 2.20 head=[1,2,3,4]的排序过程

【设计代码】

```
struct ListNode * insertionSortList(struct ListNode * head)
{    if (head==NULL || head->next==NULL)
        return head;
    struct ListNode * h=(struct ListNode * )malloc(sizeof(struct ListNode));
```

```
    h -> next = head;                //为了方便,添加一个头结点
    struct ListNode *  p, * pre, * q;
    p = h -> next -> next;           //p指向第二个数据结点
    h -> next -> next = NULL;        //构造只含一个数据结点的有序表
    while (p! = NULL)
    {   q = p -> next;               //q保存p结点的后继结点的指针
        pre = h;                     //从有序表的开头进行比较,pre指向插入结点的前驱结点
        while (pre -> next! = NULL && pre -> next -> val < p -> val)
            pre = pre -> next;       //在有序表中找插入p所指结点的前驱结点(pre所指向)
        p -> next = pre -> next;     //在pre所指结点之后插入p所指结点
        pre -> next = p;
        p = q;                       //遍历原单链表余下的结点
    }
    return h -> next;
}
```

上述算法的时间复杂度为 $O(n^2)$,空间复杂度为 $O(1)$,其中 n 为单链表的结点个数。

【提交结果】

执行结果:通过。执行用时 44ms,内存消耗 6.6MB(编程语言为 C 语言)。

2.4.12　LeetCode25——k 个一组翻转链表★★★

【题目解读】

设计一个算法将单链表 head 中的所有结点依次分为若干个组,每组最多 k 个结点,最后一个组的结点个数可能少于 k。仅翻转长度等于 k 的组,如果结点总数不是 k 的整数倍,那么将最后剩余的结点保持原有顺序,再将各个组依次合并。在选择"C 语言"时要求设计如下函数:

```
struct ListNode *  reverseKGroup(struct ListNode *  head, int k) { }
```

例如,head=[1,2,3,4,5],k=2,这里 n=5,分组为[1,2]、[3,4]、[5],组数=3,各组翻转后为[2,1]、[4,3]、[5],合并起来得到翻转后的结果是[2,1,4,3,5]。

【解题思路】

为了方便,给单链表添加一个头结点 h,用(front,rear)表示一个翻转组,front 表示该翻转组首结点的前驱结点,rear 表示该翻转组的尾结点,n 累计访问的结点个数(初始为 0)。

当 rear 不空时循环,如果 $++n \% k == 0$ 成立表示找到一个翻转组(front,rear),此时将 p 设置为 front -> next,即指向该翻转组的首结点,循环 $k-1$ 次每次删除结点 p 之后的一个结点 q,并且将结点 q 插入结点 front 之后,例如 k=3 时的翻转过程如图 2.21 所示。这样翻转一个翻转组后,结点 p 成为尾结点,同时结点作为下一个翻转组的 front 继续类似的操作。最后返回 h -> next。

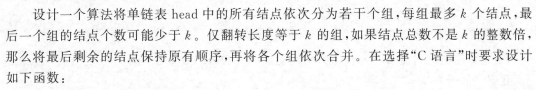

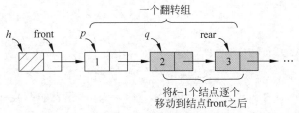

图 2.21　翻转过程

【设计代码】

```
struct ListNode *  reverseKGroup(struct ListNode *  head, int k)
{    int n=0;
     struct ListNode *  h=(struct ListNode * )malloc(sizeof(struct ListNode));
     h->next=head;                              //为了方便,添加一个头结点
     struct ListNode *  front=h;
     struct ListNode *  rear=front->next;
     while (rear!=NULL)
     {    if(++n % k == 0)                       //找到一个翻转组(front,rear)
          {    struct ListNode *  p=front->next;  //p指向该翻转组的首结点
               for(int i=1;i<k;i++)              //将k-1个结点插入front结点之后
               {    struct ListNode *  q=p->next; //q指向结点p的后继结点
                    p->next=q->next;             //删除结点q
                    q->next=front->next;         //将结点q插入front结点之后
                    front->next =q;
               }
               front=p;                          //将前一个翻转组的尾结点作为
               rear=front->next;                 //下一个翻转组的首结点
          }
          else                                   //一个翻转组没有找完
               rear=rear->next;                  //rear指针后移
     }
     return h->next;
}
```

上述算法的时间复杂度为 $O(n)$,空间复杂度为 $O(1)$,其中 n 为单链表的结点个数。

【提交结果】

执行结果：通过。执行用时 8ms,内存消耗 7MB(编程语言为 C 语言)。

2.4.13　LeetCode725——分隔链表★★

视频讲解

【题目解读】

给定一个头结点为 root 的链表,设计一个算法将链表分隔为 k 个连续的部分,每部分的长度应该尽可能相等,任意两部分的长度差距不能超过 1,也就是说可能有些部分为空。这 k 个部分应该按照在链表中出现的顺序进行输出,并且排在前面的部分的长度应该大于或等于后面的长度。返回一个符合上述规则的链表的列表。在选择"C 语言"时要求设计如下函数：

```
struct ListNode * * splitListToParts(struct ListNode *  root, int k, int *  returnSize) { }
```

例如 root=[1,2,3,4],k=5,结果为[[1],[2],[3],[4],NULL]。若 root=[1,2,3,4,5,6,7,8,9,10],k=3,结果为[[1,2,3,4],[5,6,7],[8,9,10]]。

【解题思路】

先求出 root 单链表的长度 n,置 size=n/k,restsize=n % k(余数)。创建长度为 k 的数组 ans,其中每个元素为 struct ListNode * 类型,初始时每个元素置为 NULL。

遍历 root 将其分割为 k 个单链表,前面 restsize 个单链表的结点个数为 size+1,其他单链表的结点个数为 size,用 cursize 表示当前分割的单链表的结点个数。为了方便,分割

的单链表带头结点 h,采用尾插法建立,最后将 $h->\text{next}$ 插入 $\text{ans}[\text{ansi}]$ 中。

　　例如,head=[1,2,3,4],$k=3$。$n=4$,size$=n/k=1$,restsize$=n\%k=1$,则分割为 3 个单链表,0 号单链表的长度$=1+1=2$,1 号单链表的长度$=1$,2 号单链表的长度$=1$,分隔结果如图 2.22 所示。

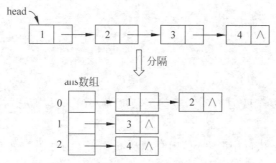

图 2.22　head=[1,2,3,4],$k=3$ 的分隔链表的结果

【设计代码】

```
typedef struct ListNode SNode;
int getlength(SNode * head)               //求不带头结点的单链表 head 的长度
{   int n=0;
    while(head)
    {   head=head->next;
        n++;
    }
    return n;
}
SNode * * splitListToParts(struct ListNode * root, int k, int * returnSize)
{   int n=getlength(root);
    SNode * * ans=(SNode * *)malloc(sizeof(SNode * ) * k);
    int ansi=0;
    for(int i=0; i<k; i++)                //初始化所有 k 个单链表为空
        ans[i]=NULL;
    * returnSize=k;
    int size=n/k;                         //整除结果
    int restsize=n % k;                   //余数
    int cursize;
    SNode * h=(SNode * )malloc(sizeof(SNode));  //创建一个头结点
    SNode * r=h;                          //尾结点指针指向头结点
    SNode * p=root, * q;
    while(k>0)
    {   cursize=size+(restsize>0?1:0);    //当前单链表的长度
        restsize--;
        if(cursize<=0) break;             //此时后面的单链表均为空
        while(p!=NULL)                    //建立当前单链表 h
        {   q=p->next;                    //临时保存结点 p 的后继结点
            r->next=p; r=p;               //将结点 p 链接到当前单链表 h 的末尾
            cursize--;
            if(cursize==0)                //当前单链表 h 创建完毕
            {   r->next=NULL;
                ans[ansi++]=h->next;      //将当前单链表 h 连接到 ans[ansi]
```

```
            h->next=NULL;                    //复位临时链表h
            r=h;
            p=q;
            break;
         }
         else p=q;
      }
      k--;
   }
   return ans;
}
```

上述算法的时间复杂度为 $O(n)$，空间复杂度为 $O(1)$，其中 n 为单链表的结点个数。

【提交结果】

执行结果：通过。执行用时 8ms，内存消耗 6.3MB（编程语言为 C 语言）。

2.5 有序单链表及其应用

视频讲解

2.5.1　LeetCode83——删除有序链表中的重复元素★

【题目解读】

单链表 head 中可能存在结点值重复的结点，设计一个算法使多个值相同的结点仅保留一个，删除其他重复的结点。在选择"C 语言"时要求设计如下函数：

struct ListNode * deleteDuplicates(struct ListNode * head) { }

例如 head 为[1,1,2]，删除后为[1,2]。若 head 为[1,1,2,3,3]，删除后为[1,2,3]。

【解题思路】

递增有序单链表中两个值相同的结点一定是相邻的，用一对同步指针(pre,p)遍历单链表 head（俗称双指针方法），初始时 pre=head，p=pre->next。当 $p \neq$ NULL 时循环，若结点 p 的值与结点 pre 的值相同，通过结点 pre 删除结点 p，否则同步后移。

例如，head 为[1,1,2]的删除过程如图 2.23 所示，结果单链表为[1,2]。

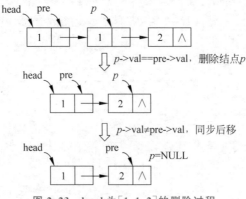

图 2.23　head 为[1,1,2]的删除过程

【设计代码】

```
struct ListNode * deleteDuplicates(struct ListNode * head)
{   if (head==NULL || head->next==NULL)
        return head;
    struct ListNode * pre=head;
    struct ListNode * p=pre->next;
    while (p!=NULL)
    {   if (p->val==pre->val)              //结点 p 为重复值结点
        {   pre->next=p->next;            //删除结点 p
            p=pre->next;
        }
        else
        {   pre=p;                        //pre 和 p 同步后移
            p=pre->next;
        }
    }
    return head;
}
```

上述算法的时间复杂度为 $O(n)$,空间复杂度为 $O(1)$,其中 n 为单链表的结点个数。

【提交结果】

执行结果:通过。执行用时 8ms,内存消耗 6.3MB(编程语言为 C 语言)。

2.5.2 LeetCode82——删除有序链表中的重复元素Ⅱ★★

视频讲解

【题目解读】

单链表 head 中有的结点值可能重复,有的结点值可能唯一,设计一个算法删除所有结点值重复的结点,仅保留结点值唯一的结点。在选择"C 语言"时要求设计如下函数:

struct ListNode * deleteDuplicates(struct ListNode * head) { }

例如,head=[1,2,3,3,4,4,5],其中结点值 1 出现一次,2 出现一次,3 出现两次,4 出现两次,5 出现一次,保留仅出现一次的结点,删除其他结点,结果 head 为[1,2,5]。

【解题思路】

为了方便,在单链表中添加一个头结点 h。递增有序单链表中两个值相同的结点一定是相邻的,采用双指针(pre,p)遍历,pre 首先指向头结点 h,p 总是指向结点 pre 的后继结点,分为两种情况。

(1) 若结点 p 是重复值结点(即结点 p 存在后继结点并且满足 $p->val==p->next->val$),则置 $y=p->val$,通过结点 pre 将后面所有值为 y 的结点删除,如图 2.24 所示。

(2) 若结点 p 不是重复结点,则 pre 和 p 同步后移。

当 p 为 NULL 时结束,最后返回 $h->next$。

【设计代码】

```
struct ListNode * deleteDuplicates(struct ListNode * head)
{   if (head==NULL || head->next==NULL)
        return head;
    struct ListNode * h=(struct ListNode * )malloc(sizeof(struct ListNode));
    h->next=head;                          //为了方便,添加一个头结点
```

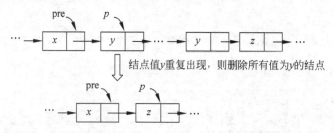

图 2.24　删除所有值为 y 的重复结点

```
struct ListNode * pre=h;
struct ListNode * p=pre->next;
while (p!=NULL)
{   if (p->next!=NULL && p->next->val==p->val)        //结点 p 的值重复
    {   int y=p->val;
        while (p!=NULL && p->val==y)     //删除连续的值为 y 的结点
        {   pre->next=p->next;                //删除结点 p
            free(p);
            p=pre->next;
        }
    }
    else                                      //结点 p 是非重复结点
    {   pre=p;                                //pre 和 p 同步后移
        p=pre->next;
    }
}
return h->next;
}
```

上述算法的时间复杂度为 $O(n)$，空间复杂度为 $O(1)$，其中 n 为单链表的结点个数。

【提交结果】

执行结果：通过。执行用时 12ms，内存消耗 6.5MB（编程语言为 C 语言）。

2.5.3　LeetCode21——合并两个有序链表★

视频讲解

【题目解读】

设计一个算法，将两个递增有序单链表 l1 和 l2 中的全部结点合并为一个递增有序单链表。在选择"C 语言"时要求设计如下函数：

```
struct ListNode * mergeTwoLists(struct ListNode * l1, struct ListNode * l2) { }
```

例如，$l1=[1,2,4]$，$l2=[1,3,4]$，结果为单链表$[1,1,2,3,4,4]$。

【解题思路】

采用二路归并方法。为了方便，创建一个带头结点的单链表 h 作为结果单链表，将每次归并的结点采用尾插法链接到 h 的末尾，最后返回 $h->$ next。

【设计代码】

```
struct ListNode * mergeTwoLists(struct ListNode * l1, struct ListNode * l2)
{   if (l1==NULL) return l2;
    if (l2==NULL) return l1;
```

```
    struct ListNode * h=(struct ListNode * )malloc(sizeof(struct ListNode));
    struct ListNode * r=h;                    //r指向带头结点的单链表h的尾结点
    struct ListNode * p=l1, * q=l2;
    while (p!=NULL && q!=NULL)
    {   if (p->val<q->val)                    //结点p的值较小,归并结点p
        {   r->next=p; r=p;
            p=p->next;
        }
        else                                  //结点q的值较小,归并结点q
        {   r->next=q; r=q;
            q=q->next;
        }
    }
    if (p!=NULL) r->next=p;                    //p指向没有归并完的结点
    if (q!=NULL) r->next=q;                    //q指向没有归并完的结点
    return h->next;
}
```

上述算法的时间复杂度为 $O(m+n)$,空间复杂度为 $O(1)$,其中 m 和 n 分别为 l1 和 l2 单链表的结点个数。

【提交结果】

执行结果：通过。执行用时 4ms,内存消耗 5.9MB(编程语言为 C 语言)。

2.5.4　LeetCode23——合并 k 个升序链表★★★

视频讲解

【题目解读】

通过数组 lists[0..k−1]给定 k 个均不带头结点的递增有序单链表,设计一个算法将全部结点合并为一个递增有序单链表。在选择"C 语言"时要求设计如下函数：

```
struct ListNode * mergeKLists(struct ListNode * * lists, int k) { }
```

例如,lists[0..2]=[[1,4,5],[1,3,4],[2,6]],结果为[1,1,2,3,4,4,5,6]。

解法 1

【解题思路】

采用二路归并方法。设计一个二路归并算法 merge($h1, h2$),其功能是将两个不带头结点的单链表 $h1$ 和 $h2$ 合并为一个有序单链表。用 ans 存放最后归并的单链表,先置 ans 为 lists[0],然后将 ans 与 lists[i]($1 \leqslant i < k$)合并,结果仍然存放在 ans 中,最后返回 ans。

【设计代码】

```
struct ListNode * merge(struct ListNode * h1, struct ListNode * h2)
{   struct ListNode * h=(struct ListNode * )malloc(sizeof(struct ListNode));
    struct ListNode * r=h;                    //r指向带头结点的单链表h的尾结点
    struct ListNode * p=h1, * q=h2;
    while (p!=NULL && q!=NULL)
    {   if (p->val<q->val)                    //结点p的值较小,归并结点p
        {   r->next=p; r=p;
            p=p->next;
        }
```

```
    else                              //结点 q 的值较小,归并结点 q
    {   r->next=q; r=q;
        q=q->next;
    }
}
if (p!=NULL) r->next=p;              //p 指向没有归并完的结点
if (q!=NULL) r->next=q;              //q 指向没有归并完的结点
return h->next;
}
struct ListNode * mergeKLists(struct ListNode * * lists, int k)
{   if (k==0) return NULL;
    struct ListNode * ans=lists[0];
    for (int i=1;i<k;i++)
        if (lists[i]!=NULL)
            ans=merge(ans,lists[i]);
    return ans;
}
```

上述算法的时间复杂度为 $O(s\log_2 k)$,空间复杂度为 $O(k)$,其中 s 为全部的结点个数。

【提交结果】

执行结果：通过。执行用时 200ms,内存消耗 8.3MB(编程语言为 C 语言)。

解法 2

【解题思路】

采用 k 路归并方法。建立一个长度为 k 的一维数组 x,设 k 个升序链表的段号分别为 $0\sim k-1$,将单链表 i 的当前结点值存放到 $x[i]$ 中(若该单链表遍历完毕,存放∞)。在数组 x 中找到最小值的段号 mink(若该最小值为∞时归并结束),将该段号的遍历指针 list[mink] 后移一个结点,并且将新结点值存放到 $x[mink]$ 中(若该单链表遍历完毕,存放∞),继续上述过程,直到归并结束。

【设计代码】

```
#define MAXV 10010                   //元素的最大值∞
int Mink(int x[],int k)              //查找 x[0..k-1]中最小元素的段号
{   int mink=0;
    for (int i=1;i<k;i++)
        if (x[i]<x[mink])
            mink=i;
    if (x[mink]==MAXV)
        return -1;
    else
        return mink;
}
struct ListNode * mergeKLists(struct ListNode * * lists, int k)
{   if (k==0) return NULL;
    if (k==1) return lists[0];
    struct ListNode * h=(struct ListNode * )malloc(sizeof(struct ListNode));
    struct ListNode * r=h;                    //r 指向带头结点的单链表 h 的尾结点
    int * x=(int * )malloc(sizeof(int) * k);  //定义数组 x[0..k-1]
    for (int i=0;i<k;i++)
```

```
        x[i]=(lists[i]!=NULL?lists[i]->val:MAXV);
    while (true)
    {   int mink=Mink(x,k);
        if (mink==-1)                          //全部结点归并完毕
            break;
        r->next=lists[mink]; r=lists[mink];    //归并结点 lists[mink]
        lists[mink]=lists[mink]->next;         //对应指针后移
        x[mink]=(lists[mink]!=NULL?lists[mink]->val:MAXV);
    }
    r->next=NULL;
    return h->next;
}
```

上述算法的时间复杂度为 $O(s\log_2 k)$，空间复杂度为 $O(k)$，其中 s 为全部的结点个数。

【提交结果】

执行结果：通过。执行用时 376ms，内存消耗 8.1MB（编程语言为 C 语言）。

第 **3** 章 栈和队列

3.1 栈 的 实 现 ✳

3.1.1 LeetCode1381——设计一个支持增量操作的栈★★

视频讲解

【题目解读】

设计一个支持下述操作的栈,即支持增量操作的栈。

(1) CustomStack(int maxSize):用 maxSize 初始化对象,其中 maxSize 是栈中最多能容纳的元素数量,栈在增长到 maxSize 之后则不支持 push 操作。

(2) void push(int x):如果栈还未增长到 maxSize,就将 x 添加到栈顶。

(3) int pop():弹出栈顶元素,并返回栈顶的值,或栈为空时返回 -1。

(4) void inc(int k, int val):栈底的 k 个元素的值都增加 val。如果栈中元素总数小于 k,则栈中的所有元素都增加 val。

(5) free():销毁栈。

在选择"C 语言"时要求设计如下函数:

```
typedef struct { } CustomStack;
CustomStack * customStackCreate(int maxSize) { }
void customStackPush(CustomStack * obj, int x) { }
int customStackPop(CustomStack * obj) { }
void customStackIncrement(CustomStack * obj, int k, int val) { }
void customStackFree(CustomStack * obj) { }
```

例如:

```
CustomStack customStack = new CustomStack(3);    //栈是空的,即[]
customStack.push(1);                             //栈变为[1]
customStack.push(2);                             //栈变为[1, 2]
customStack.pop();                               //返回 2 ->返回栈顶值2,栈变为[1]
customStack.push(2);                             //栈变为[1, 2]
customStack.push(3);                             //栈变为[1, 2, 3]
customStack.push(4);                             //栈是[1, 2, 3],不能添加其他元素
customStack.increment(5, 100);                   //栈变为[101, 102, 103]
customStack.increment(2, 100);                   //栈变为[201, 202, 103]
customStack.pop();                               //返回 103 ->返回栈顶值103,栈变为[201, 202]
customStack.pop();                               //返回 202 ->返回栈顶值202,栈变为[201]
customStack.pop();                               //返回 201 ->返回栈顶值201,栈变为[]
customStack.pop();                               //返回-1 ->栈为空,返回-1
```

【解题思路】

采用顺序栈实现支持增量操作的栈,在初始化时指定容量,一旦指定后则不能改变其容量。顺序栈中存放栈元素的 data 数组采用动态数组,栈顶指针为 top(初始为 -1),另外设置一个表示容量的 capacity 成员。按照顺序栈的基本操作实现各个运算算法。

【设计代码】

```
typedef struct
{    int * data;                                          //存放栈元素的动态数组
     int capacity;                                        //data 数组的容量
     int top;                                             //栈顶指针
} CustomStack;
CustomStack *  customStackCreate(int maxSize)             //初始化
{    CustomStack *  obj＝(CustomStack * )malloc(sizeof(CustomStack));
     obj－>data＝(int * )malloc(sizeof(int) * maxSize);
     obj－>capacity＝maxSize;
     obj－>top＝－1;
     return obj;
}
void customStackPush(CustomStack * obj, int x)            //x进栈
{    if (obj－>top+1 < obj－>capacity)                     //没有出现上溢出时
     {    obj－>top++;
          obj－>data[obj－>top]＝x;
     }
}
int customStackPop(CustomStack *  obj)                    //出栈
{    if (obj－>top==－1)
          return －1;
     else
     {    int e＝obj－>data[obj－>top];
          obj－>top－－;
          return e;
     }
}
void customStackIncrement(CustomStack *  obj, int k, int val)   //增加元素值
{    int m＝(obj－>top+1<=k?obj－>top+1:k);
     for (int i＝0;i < m;i++)
          obj－>data[i]＋＝val;
}
void customStackFree(CustomStack *  obj)                  //销毁栈
{    free(obj－>data);
     free(obj);
}
```

【提交结果】

执行结果：通过。执行用时 44ms，内存消耗 13.6MB(编程语言为 C 语言)。

3.1.2 LeetCode155——最小栈★

【题目解读】

设计一个支持 push、pop、top 操作，并能在常数时间内检索到最小元素的栈，各个函数的功能如下。

（1）push(x)：将元素 x 推入栈中。

（2）pop()：删除栈顶元素。

（3）top()：获取栈顶元素。

（4）getMin()：检索栈中的最小元素。

例如：

```
MinStack minStack = new MinStack();
minStack.push(-2);
minStack.push(0);
minStack.push(-3);
minStack.getMin();          //返回-3
minStack.pop();
minStack.top();             //返回0
minStack.getMin();          //返回-2
```

解法 1

【解题思路】

采用链栈实现。由于题目中没有给出栈中的最多元素个数，特别适合采用链栈实现。

链栈中每个结点除了存放栈元素（data 域）以外，还存放当前最小元素（mindata 域），采用带头结点 obj 的单链表存放最小栈。

例如，若当前栈中从栈底到栈顶的元素为 $a_0, a_1, \cdots, a_i (i \geq 1)$，data 序列为 $a_0, a_1, \cdots, a_i$，mindata 序列为 $b_0, b_1, \cdots, b_i$，其中 b_i 恰好为 $a_0, a_1, \cdots, a_i$ 中的最小元素。简单地说，从栈顶到栈底 mindata 是递减序列，而 data 是满足栈先进后出的元素序列。

当栈非空时，进栈元素 a_i 时求 b_i 的过程如图 3.1 所示。

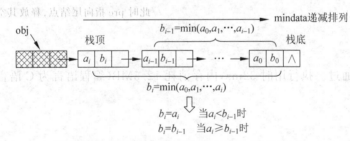

$$b_i = a_i \quad \text{当} a_i < b_{i-1} \text{时}$$
$$b_i = b_{i-1} \quad \text{当} a_i \geq b_{i-1} \text{时}$$

图 3.1 非空栈进栈元素 a_i 时求 b_i 的过程

【设计代码】

```
typedef struct SNode
{   int data;                                    //栈元素
    int mindata;                                 //栈中的最小元素
    struct SNode * next;                         //链栈结点类型
} MinStack;
MinStack * minStackCreate()                      //初始化
{   MinStack * obj = (MinStack *)malloc(sizeof(MinStack));
    obj -> next = NULL;                          //创建链栈头结点
    return obj;
}
void minStackPush(MinStack * obj, int x)         //元素 x 进栈
{   MinStack * p = (MinStack *)malloc(sizeof(MinStack));
    p -> data = x;                               //创建结点 p 存放 x
```

```
        if (obj -> next==NULL || obj -> next -> mindata>=x)
            p -> mindata=x;                              //栈空或者 x 小于或等于当前栈顶元素的情况
        else                                             //其他情况
            p -> mindata=obj -> next -> mindata;
        p -> next=obj -> next;                           //将结点 p 插入表头
        obj -> next=p;
    }
    void minStackPop(MinStack *  obj)                    //出栈
    {   MinStack  * p=obj -> next;                        //p 指向首结点
        obj -> next=p -> next;                            //删除结点 p
        free(p);
    }
    int minStackTop(MinStack *  obj)                     //取栈顶元素
    {
        return obj -> next -> data;                       //返回首结点值
    }
    int minStackGetMin(MinStack *  obj)                  //取最小元素
    {
        return obj -> next -> mindata;                    //返回栈顶结点的 mindata
    }
    void minStackFree(MinStack *  obj)                   //销毁栈
    {   MinStack * pre=obj, * p=obj -> next;              //pre 指向头结点,p 指向首结点
        while (p!=NULL)                                   //循环到 p 为空
        {   free(pre);                                    //释放 pre 结点
            pre=p;                                        //pre、p 同步后移
            p=pre -> next;
        }
        free(pre);                                        //此时 pre 指向尾结点,释放其空间
    }
```

【提交结果】

执行结果：通过。执行用时 32ms,内存消耗 12.5MB(编程语言为 C 语言)。

解法 2

【解题思路】

采用顺序栈实现。通过调试本题目中的最多进栈元素个数不超过 8 000,顺序栈中包含 data 和 mindata 两个数组,data 数组表示 data 栈(主栈),mindata 数组表示 mindata 栈,后者作为辅助栈存放当前最小元素。

minStackGetMin( )函数用于返回栈中的最小元素,其操作是取 mindata 栈的栈顶元素。

minStackPush(obj,x)进栈函数的操作是,先将 x 进 data 栈,当 data 栈只有一个元素或者 x 小于或等于当前栈中的最小元素时,还要将 x 进 mindata 栈。

minStackPop( )出栈函数的操作是,从 data 栈出栈元素 x,若 mindata 栈的栈顶元素等于 x,则同时从 mindata 栈出栈 x。

【设计代码】

```
# define MaxSize 8000
typedef struct
{   int data[MaxSize];                                   //data 栈数组
```

```
    int top;                                    //data 栈的栈顶指针
    int mindata[MaxSize];                       //min 栈数组
    int mintop;                                 //min 栈的栈顶指针
} MinStack;                                     //顺序栈类型
MinStack * minStackCreate()                     //初始化
{   MinStack * obj=(MinStack * )malloc(sizeof(MinStack));  //创建顺序栈
    obj -> top=-1;
    obj -> mintop=-1;
    return obj;
}
void minStackPush(MinStack * obj，int x)         //元素 x 进栈
{   obj -> top++;                               //将 x 进 data 栈
    obj -> data[obj -> top]=x;
    if (obj -> top==0 || x<=obj -> mindata[obj -> mintop])//只有一个元素或 x≤min 栈
    {   obj -> mintop++;                        //顶元素时将 x 进 min 栈
        obj -> mindata[obj -> mintop]=x;
    }
}
void minStackPop(MinStack * obj)                //出栈
{   int x=obj -> data[obj -> top];              //出栈元素 x
    obj -> top--;
    if (x==obj -> mindata[obj -> mintop])       //x 为当前最小元素
        obj -> mintop--;                        //将 x 从 min 栈出栈
}
int minStackTop(MinStack * obj)                 //取栈顶元素
{
    return obj -> data[obj -> top];
}
int minStackGetMin(MinStack * obj)              //取最小元素
{
    return obj -> mindata[obj -> mintop];
}
void minStackFree(MinStack * obj)               //销毁栈
{
    free(obj);
}
```

【提交结果】
执行结果：通过。执行用时 32ms，内存消耗 12.8MB(编程语言为 C 语言)。

3.2   栈 的 应 用

3.2.1　STL 中的 stack 栈容器

如果在算法设计中使用到栈，既可以采用《教程》中的方式手工实现栈，也可以使用

视频讲解

STL 中提供的 stack 栈容器。

　　stack 栈容器是一个栈类模板，和数据结构中讨论的栈一样，具有后进先出的特点。stack 容器不允许顺序遍历，所以 stack 容器没有 begin()/end() 和 rbegin()/rend() 这样的用于迭代器的成员函数。stack 容器的主要成员函数及其功能说明如表 3.1 所示。

表 3.1　stack 容器的主要成员函数及其功能说明

成员函数	功能说明
empty()	判断栈容器是否为空
size()	返回栈容器中的实际元素个数
push(e)	元素 e 进栈
top()	返回栈顶元素
pop()	元素出栈

　　例如有以下程序：

```
#include < stdio.h >
#include < stack >
using namespace std;
int main()
{   stack < int > st;
    st.push(1); st.push(2); st.push(3);
    printf("栈顶元素：%d\n",st.top());
    printf("出栈顺序：");
    while (!st.empty())            //栈不空时出栈所有元素
    {   printf("%d ",st.top());
        st.pop();
    }
    return 0;
}
```

　　在上述程序中建立了一个整数栈 st，进栈 3 个元素，取栈顶元素，然后出栈所有元素并输出。程序的执行结果如下：

```
栈顶元素：3
出栈顺序：3 2 1
```

　　说明：如果 LeetCode 在线编程题中选择的语言是"C 语言"，则只能手工实现栈；如果选择的语言是"C++语言"，则可以使用 stack 栈容器。

3.2.2　LeetCode20——有效的括号★

视频讲解

【题目解读】

　　判断一个只包括 '(',')','{','}','[',']' 的字符串中的各种类型的括号是否匹配。注意：空字符串被认为是有效字符串。在选择"C 语言"时要求设计如下函数：

```
bool isValid(char * s){ }
```

　　在选择"C++语言"时要求设计如下函数：

```
class Solution {
public:
    bool isValid(string s) { }
};
```

例如 $s=$"()",结果为 true;$s=$"()[ ]{}",结果为 true;$s=$"([)]",结果为 false。

解法 1

【解题思路】

选择"C 语言"。在有效字符串 s 中,每个右括号都是与前面最近的左括号配对的,即遵循最近匹配原则,为此采用一个栈 st 保存所有的左括号,当遇到一个右括号时,若栈顶是与之配对的左括号,则出栈该左括号并继续匹配,否则返回 false。当表达式遍历完毕,栈不空时返回 false,否则说明 s 是匹配的,返回 true。

栈有顺序栈和链栈两种存储结构,这里采用顺序栈。

【设计代码】

```
#define MaxSize 4000
/* 栈的定义及其基本运算算法:开始 */
typedef struct
{   char data[MaxSize];          //存放栈中的数据元素
    int top;                     //存放栈顶指针,即栈顶元素在 data 数组中的下标
} SqStack;                       //顺序栈类型
void InitStack(SqStack * st)     //初始化栈
{
    st -> top=-1;                //栈顶指针置为-1
}
bool StackEmpty(SqStack * st)    //判断栈是否为空
{
    return(st -> top==-1);
}
bool Push(SqStack * st, char e)  //进栈
{   if (st -> top==MaxSize-1)    //栈满的情况,即栈上溢出
        return false;
    st -> top++;                 //栈顶指针增 1
    st -> data[st -> top]=e;     //元素 e 放在栈顶指针处
    return true;
}
char Pop(SqStack * st)           //出栈
{   char e=st -> data[st -> top];  //取栈顶元素
    st -> top--;                 //栈顶指针减 1
    return e;
}
char GetTop(SqStack * st)        //取栈顶元素
{
    return st -> data[st -> top];  //取栈顶元素
}
/* 栈的定义及其基本运算算法:结束 */
bool isValid(char * s)           //求解算法
{   SqStack st;                  //定义一个顺序栈 st
```

```
        InitStack(&st);                              //初始化 st
        int n=strlen(s);                             //求字符串长度 n
        for(int i=0;i<n;i++)
        {   if(s[i]=='(' || s[i]=='[' || s[i]=='{')
                Push(&st,s[i]);                      //所有左括号进栈
            else
            {   if(StackEmpty(&st))                  //栈空时返回 false
                    return false;
                char e=GetTop(&st);                  //取栈顶元素
                if(s[i]==')')                        //遇到')'括号
                {   if(e!='(') return false;         //栈顶不是配对的'(',返回 false
                    else Pop(&st);                   //否则出栈'(',继续匹配
                }
                else if(s[i]==']')                   //遇到']'括号
                {   if(e!='[') return false;         //栈顶不是配对的'[',返回 false
                    else Pop(&st);                   //否则出栈'[',继续匹配
                }
                else if(s[i]=='}')                   //遇到'}'括号
                {   if(e!='{') return false;         //栈顶不是配对的'{',返回 false
                    else Pop(&st);                   //否则出栈'{',继续匹配
                }
            }
        }
        if(!StackEmpty(&st)) return false;           //栈不空返回 false
        return true;
}
```

【提交结果】

执行结果：通过。执行用时 0ms，内存消耗 5.5MB(编程语言为 C 语言)。

解法2

【解题思路】

选择"C++语言"。采用 STL 中的 stack 栈容器，算法设计思路与解法 1 相同。在使用 stack 容器 st 时需要注意两点：一是 st 出栈元素 x 的操作是 $x=pop()$；st.pop()；二是出栈操作不会自动检测栈空的情况，需要在出栈前判断栈是否为空，只有栈不空时才执行出栈或者取栈顶元素的操作。

【设计代码】

```
class Solution {
public:
    bool isValid(string s)
    {   stack<char> st;                              //定义一个栈容器 st
        int n=s.size();                              //求字符串长度 n
        for(int i=0;i<n;i++)
        {   if(s[i]=='(' || s[i]=='[' || s[i]=='{')
                st.push(s[i]);                       //所有左括号进栈
            else
            {   if(st.empty())                       //栈空时返回 false
                    return false;
```

```
        char e＝st.top();              //取栈顶元素
        if(s[i]＝＝')')                //遇到')'括号
        {   if(e!＝'(') return false; //栈顶不是配对的'(',返回 false
            else st.pop();            //否则出栈'(',继续匹配
        }
        else if(s[i]＝＝']')           //遇到']'括号
        {   if(e!＝'[') return false; //栈顶不是配对的'[',返回 false
            else st.pop();            //否则出栈'[',继续匹配
        }
        else if(s[i]＝＝'}')           //遇到'}'括号
        {   if(e!＝'{') return false; //栈顶不是配对的'{',返回 false
            else st.pop();;           //否则出栈'{',继续匹配
        }
            }
        }
        if(!st.empty()) return false; //栈不空返回 false
        return true;
    }
};
```

【提交结果】

执行结果:通过。执行用时 4ms,内存消耗 6.2MB(编程语言为 C++语言)。

【解法比较】

从解法 1 和解法 2 的代码看出,采用 STL 的 stack 栈容器使得算法更加简洁、清晰,而且 stack 栈容器具有良好的扩展性和可靠性,所以在栈应用中要尽可能使用 stack 栈容器。

3.2.3 LeetCode1249——移除无效的括号★★

视频讲解

【题目解读】

给定一个由'('、')'和小写字母组成的字符串 s,设计一个算法从 s 中删除最少数目的'('或者')'(可以删除任意位置的括号),使得剩下的括号字符串有效,并且返回任意一个合法字符串。有效括号字符串应当符合以下任意一条要求:

(1) 空字符串或只包含小写字母的字符串。

(2) 可以被写成 $AB(A$ 连接 $B)$ 的字符串,其中 A 和 B 都是有效括号字符串。

(3) 可以被写成 (A) 的字符串,其中 A 是一个有效的括号字符串。

在选择"C 语言"时要求设计如下函数:

```
char * minRemoveToMakeValid(char * s) { }
```

在选择"C++语言"时要求设计如下函数:

```
class Solution {
public:
    string minRemoveToMakeValid(string s) { }
};
```

例如,$s＝$"lee(t(c)o)de",其中括号不匹配,删除末尾的')'后有效,结果为"lee(t(c)o)de",或者"lee(t(co)de)"和"lee(t(c)ode)"。如 $s＝$"))((",结果为""。

解 法 1

【解题思路】

选择"C 语言"。定义一个字符栈 st（用字符数组 st 和 top 栈顶指针实现栈），循环处理 s 的每一个字符 ch=s[i]：

（1）如果 ch 为'('，将其序号 i 进栈。

（2）如果 ch 为右括号')'，且栈顶为'('时出栈栈顶元素，否则将其序号 i 进栈。

（3）其他字符直接跳过。

当 s 处理完毕，栈中的括号都是不匹配的。从栈顶到栈底处理所有栈中序号，依次从 s 中删除其相应的无效括号，最后返回 s。

【设计代码】

```c
char * minRemoveToMakeValid(char * s)
{   int n=strlen(s);
    int * st=(int * )malloc(n * sizeof(int));          //栈数组
    int top=-1;                                         //栈顶指针
    for (int i=0;i<n;i++)
    {   char ch=s[i];
        if (ch=='(')
        {   top++;
            st[top]=i;
        }
        else if (ch==')')
        {   if (top!=-1 && s[st[top]]=='(')
                top--;
            else
            {   top++;
                st[top]=i;
            }
        }
    }
    if(top==-1) return s;
    while (top!=-1)                                      //将 s 中的无效括号用特殊字符'#'替换
    {   int i=st[top]; top--;
        s[i]='#';
    }
    int i=0,k=0;
    while(i<n)                                           //从 s 中删除无效的括号
    {   if(s[i]=='#') k++;
        else s[i-k]=s[i];
        i++;
    }
    s[n-k]='\0';
    return s;
}
```

【提交结果】

执行结果：通过。执行用时 12ms，内存消耗 7.4MB（编程语言为 C 语言）。

解法 2

【解题思路】

选择"C++语言"。采用 STL 中的 stack 栈容器,算法设计思路与解法 1 相同,也是先通过栈记录不匹配的括号位置,再从 s 中删除其相应的无效括号,最后返回 s。

【设计代码】

```
class Solution {
public:
    string minRemoveToMakeValid(string s)
    {   stack < int > st;
        for (int i=0;i < s.size();i++)
        {   char ch=s[i];
            if (ch=='(')
                st.push(i);
            else if (ch==')')
            {   if (!st.empty() && s[st.top()]=='(')
                    st.pop();
                else
                    st.push(i);
            }
        }
        while (!st.empty())              //从 s 中删除无效的括号
        {   int i=st.top();
            st.pop();
            s.erase(s.begin()+i);
        }
        return s;
    }
};
```

【提交结果】

执行结果:通过。执行用时 44ms,内存消耗 10.7MB(编程语言为 C++语言)。

3.2.4 LeetCode946——验证栈序列★★

视频讲解

【题目解读】

设计一个算法,判断以 pushed 作为进栈序列(其中所有元素是唯一的),通过一个栈是否得到 popped 的出栈序列。在选择"C 语言"时要求设计如下函数:

```
bool validateStackSequences(int * pushed, int pushedSize, int * popped, int poppedSize) { }
```

在选择"C++语言"时要求设计如下函数:

```
class Solution {
public:
    bool validateStackSequences(vector < int > & pushed, vector < int > & popped) { }
};
```

例如,pushed=[1,2,3,4,5],popped=[4,5,3,2,1],结果为 true。若 pushed=[1,2,

3,4,5],popped＝[4,3,5,1,2],结果为 false。

解法 1

【解题思路】

选择"C 语言"。先考虑这样的情况,假设 a 和 b 数组中均含 n 个整数($n \geqslant 1$),都是 $1 \sim n$ 的某个排列,现在以 a 作为进栈序列是否可以得到合法的 b 出栈序列。

求解思路是,建立一个整型栈 st,用 i、j 分别遍历 a、b 序列(初始值均为 0),在 a 序列没有遍历完时循环:

(1) 将 $a[i]$ 进栈,$i++$。

(2) 栈不空并且栈顶元素与 $b[j]$ 相同时循环:出栈元素 e,$j++$。

在上述过程结束后,如果栈空表示 b 序列是 a 序列的出栈序列,返回 true;否则表示 b 序列不是 a 序列的出栈序列,返回 false。

【设计代码】

```c
bool validateStackSequences(int * pushed，int pushedSize，int * popped，int poppedSize)
{   int * st＝(int * )malloc(sizeof(int) * pushedSize);      //定义一个栈
    int top＝-1,i＝0,j＝0;                                   //top 为栈顶指针
    while (i＜pushedSize )                                    //遍历进栈序列
    {   top++;
        st[top]＝pushed[i++];                                //元素 pushed[i]进栈
        while (top!＝-1 && st[top]＝＝popped [j])
        {   top--;                                           //popped [j]与栈顶匹配时出栈
            j++;
        }
    }
    free(st);                                                //销毁栈 st
    return top＝＝-1;                                         //栈空返回 true,否则返回 false
}
```

【提交结果】

执行结果:通过。执行用时 8ms,内存消耗 6.1MB(编程语言为 C 语言)。

解法 2

【解题思路】

选择"C++语言"。用 stack 栈容器作为栈,思路与解法 1 相同。

【设计代码】

```cpp
class Solution {
public:
    bool validateStackSequences(vector < int > & pushed，vector < int > & popped)
    {   stack < int > st;                                    //定义一个栈
        int n＝pushed. size(),i＝0,j＝0;
        while (i＜n)                                          //输入序列没有遍历完
        {   st.push(pushed[i]);                              //元素 pushed[i]进栈
            i++;
            while (!st.empty() && st.top()＝＝popped[j])
            {   st.pop();                                    //popped[j]与栈顶匹配时出栈
```

```
                j++;
            }
        }
        return st.empty();                          //栈空返回 true,否则返回 false
    }
};
```

【提交结果】

执行结果:通过。执行用时 8ms,内存消耗 15MB(编程语言为 C++语言)。

3.2.5 LeetCode1441——用栈操作构建数组★

视频讲解

【题目解读】

给定一个目标数组 target 和一个整数 n,每次迭代需要从 list={1,2,3,…,n}中依序读取一个数字。使用下列操作来构建目标数组 target。

(1) Push:从 list 中读取一个新元素,并将其推入数组中。

(2) Pop:删除数组中的最后一个元素。

如果目标数组构建完成,就停止读取更多元素。目标数组 target 是严格递增的,并且只包含 1~n 的数字。设计一个算法返回构建目标数组所用的操作序列。题目数据保证答案是唯一的。在选择“C 语言”时要求设计如下函数:

char * * buildArray(int * target, int targetSize, int n, int * returnSize) { }

在选择“C++语言”时要求设计如下函数:

```
class Solution {
public:
    vector < string > buildArray(vector < int > & target, int n) { }
};
```

◀ 解 法 1

【解题思路】

假设进栈序列 a 是 1~n,可以得到多种合法的出栈序列 b,每种出栈序列都对应一个进栈(Push)和出栈(Pop)的操作序列。显然出栈序列 b 是 1~n 的排列,如果 b 是严格递增的,则 b 只有一种,即 b=a,对应的操作序列是 Push Pop,…,Push Pop。

现在以 st 作为一个栈,以 1~n 作为进栈序列,求最后 st 中从栈底到栈顶的元素恰好为 target(称为栈中序列)的操作序列。

例如,n=3,b=[1,3],即求以 1~3 为进栈序列得到栈中序列 b 的操作序列。操作是 1 进栈,2 进栈,2 出栈,3 进栈,此时栈中序列为[1,3],对应的操作序列是["Push","Push","Pop","Push"]。

选择“C 语言”。j 从 0 开始遍历 target,用 i 从 1 到 n 循环(遍历进栈序列):先将 i 进栈(每个 i 总是要进栈的,这里并没有真正设计一个栈,栈操作是通过"Push"和"Pop"体现的,存放在结果数组 ans 中),若当前进栈的元素 i 不等于 target[j],将 i 出栈,否则 j 加 1 继续比较。若 target 中的所有元素处理完毕,则退出循环。最后置 ans 中的元素个数 ansi 并且返回 ans。

【设计代码】

```
char * * buildArray(int * target, int targetSize, int n, int * returnSize)
{   char * * ans=(char * *)malloc(sizeof(char *) * 200);      //为结果数组分配空间
    int ansi=0,j=0;                              //累计 ans 中的元素个数,j 遍历 target 数组
    for(int i=1;i<=n;i++)
    {   ans[ansi]=(char *)malloc(sizeof(char) * 5);          //分配结果数组元素的空间
        strcpy(ans[ansi],"Push"); ansi++;
        if (i!=target[j])                        //target 数组的当前元素不等于 i
        {   ans[ansi]=(char *)malloc(sizeof(char) * 5);
            strcpy(ans[ansi],"Pop"); ansi++;
        }
        else j++;                                //target 数组的当前元素等于 i
        if (j==targetSize)                       //target 数组遍历完时退出循环
            break;
    }
    * returnSize=ansi;                           //置结果数组的元素个数
    return ans;
}
```

【提交结果】

执行结果：通过。执行用时 0ms,内存消耗 6MB(编程语言为 C 语言)。

解法2

【解题思路】

选择"C++语言"。进栈元素 x 从 1 开始,用 j 依次遍历 target 数组中的每个元素,若 $x<target[j]$,则 x 进栈后出栈,x 增 1,否则表示 $x==target[j]$ 成立,则 x 只进不出,x 增 1。如果 $x>n$,表示进栈序列遍历完毕,退出循环。用 ans 存放操作序列,最后返回 ans。

【设计代码】

```
class Solution {
public:
    vector<string> buildArray(vector<int> & target, int n)
    {   vector<string> ans;
        int x=1;                                 //进栈的元素(从 1 开始)
        for(int j=0;j<target.size();j++)         //遍历 target 数组
        {   while(x<target[j])                   //将小于 target[j] 的元素进栈后出栈
            {   ans.push_back("Push");
                ans.push_back("Pop");
                x++;
            }
            ans.push_back("Push");               //将等于 target[j] 的元素进栈
            x++;
            if (x>n) break;                      //进栈序列处理完毕,退出循环
        }
        return ans;
    }
};
```

【提交结果】

执行结果：通过。执行用时 0ms，内存消耗 7.6MB（编程语言为 C++语言）。

3.3 表达式求值

3.3.1 LeetCode150——逆波兰表达式求值★★

视频讲解

【题目解读】

给定一个正确的逆波兰表示法（即后缀表达式）tokens，设计一个算法求该表达式的值（整数除法均为整除，不会出现除 0 情况）。tokens 是已经拆分好的结果。在选择"C++语言"时要求设计如下函数：

```
class Solution {
public:
    int evalRPN(vector < string > & tokens) { }
};
```

例如，后缀表达式"2 1 ＋ 3 ＊"对应的 tokens 表示是["2","1","＋","3"," ＊"]，求值过程是((2＋1)＊3)＝9，结果是 9。

【解题思路】

直接利用《教程》中 3.1.4 节的表达式求值示例中求后缀表达式值的过程来求解，利用 stack＜int＞容器 st 作为运算数栈。

【设计代码】

```
class Solution {
public:
    int evalRPN(vector < string > & tokens)
    {   int a,b,c,d,e;
        stack < int > st;                    //定义一个运算数栈
        int i=0;                             //i遍历后缀表达式
        while (i< tokens.size())             //后缀表达式未扫描完时循环
        {   if (isoper(tokens[i]))           //若tokens[i]为运算符字符串
            {   switch (tokens[i][0])
                {
                case '+':                    //判定为'+'号
                    a=st.top(); st.pop();    //出栈元素a
                    b=st.top(); st.pop();    //出栈元素b
                    c=b+a;                   //计算c
                    st.push(c);              //将计算结果c进栈
                    break;
                case '-':                    //判定为'-'号
                    a=st.top(); st.pop();    //出栈元素a
                    b=st.top(); st.pop();    //出栈元素b
                    c=b-a;                   //计算c
                    st.push(c);              //将计算结果c进栈
                    break;
```

```
            case '*':                          //判定为'*'号
                a＝st.top(); st.pop();          //出栈元素 a
                b＝st.top(); st.pop();          //出栈元素 b
                c＝b * a;                        //计算 c
                st.push(c);                     //将计算结果 c 进栈
                break;
            case '/':                          //判定为'/'号
                a＝st.top(); st.pop();          //出栈元素 a
                b＝st.top(); st.pop();          //出栈元素 b
                c＝b/a;                          //计算 c
                st.push(c);                     //将计算结果 c 进栈
                break;
            }
        }
        else                                   //若 tokens[i]为整数字符串
            st.push(stoi(tokens[i]));          //转换为整数后进栈
        i＋＋;                                   //继续处理其他字符串
    }
    return st.top();                           //返回栈顶元素
}
bool isoper(string str)                         //判断 str 串是否为运算符
{   int n＝str.size();
    if (n＝＝1 && (str[0]＝＝'+' || str[0]＝＝'−' || str[0]＝＝'*' || str[0]＝＝'/'))
        return true;
    else
        return false;
    }
};
```

【提交结果】

执行结果：通过。执行用时 8ms，内存消耗 11.6MB(编程语言为 C++语言)。

视频讲解

3.3.2　LeetCode227——基本计算器Ⅱ★★

【题目解读】

给定一个简单算术表达式 s(中缀表达式)，其包含＋、−、＊、/共 4 种运算符以及正整数和空格，设计一个算法求表达式的值，整数除法仅保留整数部分。在选择"C++语言"时要求设计如下函数：

```
class Solution {
public:
    int calculate(string s) { }
};
```

例如 s="3＋2＊2"，计算结果为 7。s=" 3/2 "，计算结果为 1(除法是整除)。

解法 1

【解题思路】

直接利用《教程》中 3.1.4 节的表达式求值的过程来求解。先通过运算符栈 st(用 stack＜char＞容器实现)将字符串 s 转换为中缀表达式 postexp，再通过运算数栈(用 stack＜int＞

容器实现)对 postexp 求值,在求值中为了避免发生整数溢出,用 long 存放中间结果。
　　【设计代码】

```
class Solution {
public:
    int calculate(string s)                    //求解算法
    {   if (s.size()==1) return s[0]-'0';
        string postexp;
        postexp=trans(s);
        return compvalue(postexp);
    }
    string trans(string exp)                   //将算术表达式 exp 转换成后缀表达式 postexp
    {   int n=exp.size();
        stack<char> st;                        //定义运算符栈 st
        string postexp="";                     //存放后缀表达式
        char e;
        int i=0;                               //i 遍历 exp
        while (i<n)                            //exp 表达式未扫描完时循环
        {   switch(exp[i])
            {
            case ' ': i++; break;              //跳过空格
            case '+':                          //判定为'+'或'-'号
            case '-':
                while (!st.empty())            //栈不空时循环
                {   e=st.top();                //取栈顶元素 e
                    postexp+=e;                //将 e 存放到 postexp 中
                    st.pop();                  //出栈元素 e
                }
                st.push(exp[i++]);             //将'+'或'-'进栈
                break;
            case '*':                          //判定为'*'或'/'号
            case '/':
                while (!st.empty())            //栈不空时循环
                {   e=st.top();                //取栈顶元素 e
                    if (e=='*'||e=='/')        //将栈顶'*'或'/'出栈并存放到 postexp 中
                    {   postexp+=e;            //将 e 存放到 postexp 中
                        st.pop();              //出栈元素 e
                    }
                    else                       //e 为非'*'或'/'运算符时退出循环
                        break;
                }
                st.push(exp[i++]);             //将'*'或'/'进栈
                break;
            default:                           //处理数字字符
                while (exp[i]>='0' && exp[i]<='9')
                {   if (exp[i]==' ')
                    {   i++;
                        continue;              //跳过空格
                    }
                    postexp+=exp[i++];
```

```
            }
            postexp+='#';                          //用#标识一个数值串结束
        }
    }
    while (!st.empty())                            //此时exp扫描完毕,栈不空时循环
    {   e=st.top(); st.pop();                      //出栈元素e
        postexp+=e;                                //将e存放到postexp中
    }
    return postexp;
}
int compvalue(string postexp)                      //计算后缀表达式的值
{   long a,b,c,d,e;
    int n=postexp.size();
    stack<int> st;                                 //定义一个运算数栈st
    int i=0;                                       //i遍历postexp
    while (i<n)                                     //postexp字符串未扫描完时循环
    {   switch (postexp[i])
        {
        case '+':                                  //判定为'+'号
            a=st.top(); st.pop();                  //出栈元素a
            b=st.top(); st.pop();                  //出栈元素b
            c=b+a;                                 //计算c
            st.push(c);                            //将计算结果c进栈
            break;
        case '-':                                  //判定为'-'号
            a=st.top(); st.pop();                  //出栈元素a
            b=st.top(); st.pop();                  //出栈元素b
            c=b-a;                                 //计算c
            st.push(c);                            //将计算结果c进栈
            break;
        case '*':                                  //判定为'*'号
            a=st.top(); st.pop();                  //出栈元素a
            b=st.top(); st.pop();                  //出栈元素b
            c=b*a;                                 //计算c
            st.push(c);                            //将计算结果c进栈
            break;
        case '/':                                  //判定为'/'号
            a=st.top(); st.pop();                  //出栈元素a
            b=st.top(); st.pop();                  //出栈元素b
            c=b/a;                                 //计算c
            st.push(c);                            //将计算结果c进栈
            break;
        default:                                   //处理数字字符
            d=0;                                   //将连续的数字字符转换成对应的整数存放到d中
            while (i<n && postexp[i]>='0' && postexp[i]<='9')
            {   d=10*d+postexp[i]-'0';
                i++;
            }
            st.push(d);                            //将整数d进栈
            break;
        }
```

```
            i++;                              //继续处理其他字符
        }
        return st.top();                      //返回栈顶元素
    }
};
```

【提交结果】

执行结果：通过。执行用时 12ms，内存消耗 9.2MB（编程语言为 C++语言）。

解法2

【解题思路】

可以将中缀表达式转换为后缀表达式和后缀表达式求值两个步骤合并起来，即在中缀表达式转换为后缀表达式中出栈一个运算符时直接做计算。为此将运算符栈 opor 和运算数栈 opand 设计为类成员（相当于全局变量），计算由 comp(op) 函数实现，其过程是从运算数栈 opand 中依次出栈两个元素 a 和 b，再将 b op a 的结果进栈。

【设计代码】

```
class Solution {
    stack < char > opor;                        //定义运算符栈 opor
    stack < int > opand;                        //定义运算数栈 opand
public:
    int calculate(string s)                     //求解算法
    {   if (s.size()==1) return s[0]-'0';
        return compvalue(s);
    }

    void comp(char op)                          //根据 op 做一次计算
    {   long a,b,c;
        switch (op)
        {
        case '+':                               //判定为'+'号
            a=opand.top(); opand.pop();         //出栈元素 a
            b=opand.top(); opand.pop();         //出栈元素 b
            c=b+a;                              //计算 c
            opand.push(c);                      //将计算结果 c 进栈
            break;
        case '-':                               //判定为'-'号
            a=opand.top(); opand.pop();         //出栈元素 a
            b=opand.top(); opand.pop();         //出栈元素 b
            c=b-a;                              //计算 c
            opand.push(c);                      //将计算结果 c 进栈
            break;
        case '*':                               //判定为'*'号
            a=opand.top(); opand.pop();         //出栈元素 a
            b=opand.top(); opand.pop();         //出栈元素 b
            c=b*a;                              //计算 c
            opand.push(c);                      //将计算结果 c 进栈
            break;
        case '/':                               //判定为'/'号
            a=opand.top(); opand.pop();         //出栈元素 a
```

```
        b＝opand.top(); opand.pop();          //出栈元素 b
        c＝b/a;                                //计算 c
        opand.push(c);                        //将计算结果 c 进栈
        break;
    }
}

int compvalue(string exp)                      //求算术表达式 exp 的值
{   int n＝exp.size();
    long d;
    char e;
    int i＝0;                                  //i 遍历 exp
    while (i＜n)                               //exp 表达式未扫描完时循环
    {   switch(exp[i])
        {
        case ' ':
            i＋＋; break;                       //跳过空格
        case '＋':                             //判定为'＋'或'－'号
        case '－':
            while (!opor.empty())              //运算符栈不空时循环
            {   e＝opor.top();                 //取运算符栈的栈顶元素 e
                comp(e);                       //计算
                opor.pop();                    //运算符栈出栈元素 e
            }
            opor.push(exp[i＋＋]);             //将'＋'或'－'进栈
            break;
        case '＊':                             //判定为'＊'或'/'号
        case '/':
            while (!opor.empty())              //运算符栈不空时循环
            {   e＝opor.top();                 //取运算符栈的栈顶元素 e
                if (e＝＝'＊'|| e＝＝'/')        //若 e 为'＊'或'/'
                {   comp(e);                   //计算
                    opor.pop();                //出栈元素 e
                }
                else break;                    //e 为非'＊'或'/'运算符时退出循环
            }
            opor.push(exp[i＋＋]);             //将'＊'或'/'进运算符栈
            break;
        default:                               //处理数字字符
            d＝0;                              //将连续的数字字符转换成对应的整数 d
            while (exp[i]>='0' && exp[i]<='9')
            {   if (exp[i]＝＝' ')
                {   i＋＋;
                    continue;                  //跳过空格
                }
                d＝10＊d＋exp[i＋＋]－'0';
            }
            opand.push(d);                     //将整数 d 进运算数栈
            break;
        }
    }
    while (!opor.empty())                      //此时 exp 扫描完毕,运算符栈不空时循环
```

```
    {    e=opor.top();                    //取栈顶元素 e
         comp(e);                         //计算
         opor.pop();                      //出栈元素 e
    }
    int ans=opand.top();
    return ans;                           //返回运算数栈的栈顶元素
    }
};
```

【提交结果】

执行结果：通过。执行用时 4ms，内存消耗 6.7MB(编程语言为 C 语言)。

解法3

视频讲解

【解题思路】

设计一个运算数栈 st，遍历 s，当遇到一个或者多个数字字符时转换为整数，当遇到非空格的运算符 sign(初始时 sign='+'，因为第一个整数一定是正整数)或者到达最后一个位置时做如下处理：

(1) 遇到'+'，若其后的整数为 d，则将 d 进栈。

(2) 遇到'−'，若其后的整数为 d，则将 $−d$ 进栈。

(3) 遇到'*'，若其后的整数为 d，出栈整数 pre，则做一次乘法运算，即将 pre $*$ d 进栈。

(4) 遇到'/'，若其后的整数为 d，出栈整数 pre，则做一次除法运算，即将 pre$/d$ 进栈。

最后将栈中的全部元素相加得到表达式值 ans。

例如 s="3−2*2"，计算过程如下：

(1) 将'3'转换为整数，即 $d=3$，将 d 进栈(初始 sign='+')。

(2) 遇到'−'，将'2'转换为整数，即 $d=2$，将 $−2$ 进栈。

(3) 遇到'*'，将'2'转换为整数，即 $d=2$，s 到达最后一个位置，出栈 $−2$，执行 $−2*2=−4$，将结果 $−4$ 进栈。

此时栈中元素从栈底到栈顶是[3,−4]，出栈所有元素并做加法运算，ans$=−4+3=−1$，返回 $−1$。

说明：本方法只针对 s 中没有括号的情况，先依次做乘法和除法，最后出栈所有元素并相加，实际上就是后做加减法。

【设计代码】

```
class Solution {
public:
    int calculate(string s)
    {    stack < int > st;                        //定义运算数栈 st
         int d=0;
         char sign='+';
         for(int i=0;i < s.size();i++)
         {    if(s[i]>='0' && s[i]<='9')           //连续的数字字符转换为整数 d
                   d=d*10+(s[i]−'0');
              if(s[i]<'0' && s[i] !=' '|| i==s.size()−1) //遇到新运算符或者最后一个数字时
                                                  //处理前面 sign d
              {    int pre;
                   switch(sign)
```

```
                    {
                        case '+':
                            st.push(d);
                            break;
                        case '-':
                            st.push(-d);
                            break;
                        case '*':
                            pre=st.top(); st.pop();
                            st.push(pre * d);                //做一次乘法运算
                            break;
                        case '/':
                            pre =st.top(); st.pop();
                            st.push(pre/d);                  //做一次除法运算
                            break;
                    }
                    sign=s[i];                               //记录当前遇到的运算符
                    d=0;                                     //d重置为0
                }
            }
            int ans=0;
            while(!st.empty())                               //出栈所有元素做加法运算得到结果
            {   ans+=st.top();
                st.pop();
            }
            return ans;
        }
    };
```

【提交结果】

执行结果：通过。执行用时 8ms，内存消耗 8.5MB(编程语言为 C++语言)。

3.3.3　LeetCode224———基本计算器★★★

视频讲解

【题目解读】

给定一个中缀表达式 s，其中包含整数(含负整数)、+运算符、-运算符、括号和空格，求表达式的值。在选择"C++语言"时要求设计如下函数：

```
class Solution {
public:
    int calculate(string s) { }
};
```

例如，$s=$ " 2-1 + 2 "，结果为3；$s=$"-2+ 1"，结果为-1；$s=$"- (3 + (4 + 5))"，结果为-12。

解法1

【解题思路】

本题与3.3.2节的基本计算器Ⅱ问题类似，但有3点不同，即本题不含 *、/运算，含有括号，本题中的整数可能是负整数。

表达式 s 中有括号时也可以利用《教程》中3.1.4节的表达式求值的过程来求解，关键是如何区分负号和减法,本题中只有出现在最开头或者紧跟在'('后面的'-'才是负号,其他情况时'-'均为减号。同样,在求值中为了避免发生整数溢出,采用 long 存放中间结果。

【设计代码】

```
class Solution {
public:
    int calculate(string s)                    //求解算法
    {   if (s.size()==1) return s[0]-'0';
        string postexp;
        postexp=trans(s);
        return compvalue(postexp);
    }

    string trans(string exp)                   //将算术表达式 exp 转换成后缀表达式 postexp
    {   int n=exp.size();
        bool flag=true;                        //表示当前'-'为运算符
        stack<char> st;                        //定义运算符栈 st
        string postexp="";                     //存放后缀表达式
        char e;
        int i=0;                               //i 遍历 exp
        while (i<n)                            //exp 表达式未扫描完时循环
        {   switch(exp[i])
            {
            case ' ': i++; break;              //跳过空格
            case '(':                          //判定为左括号
                st.push(exp[i++]);             //左括号进栈
                break;
            case ')':                          //判定为右括号
                while (!st.empty() && st.top()!='(')   //直到栈空或者栈顶为'('时结束
                {   e=st.top();                //将出栈的运算符添加到 postexp 中
                    postexp+=e;
                    st.pop();
                }
                st.pop();                      //出栈'('
                i++;                           //继续扫描其他字符
                break;
            case '+':                          //判定为'+'
                while(!st.empty() && st.top()!='(')    //直到栈空或者栈顶为'('时结束
                {   e=st.top();                //将出栈的运算符添加到 postexp 中
                    postexp+=e;;
                    st.pop();
                }
                st.push(exp[i]);
                i++;
                break;
            case '-':                          //判定为'-'
                if(i==0 || exp[i-1]=='(')      //负号,而不是减号
                    st.push('N');              //负号用'N'表示
                else
                {   while (!st.empty() && st.top()!='(')   //直到栈空或者栈顶为'('时结束
```

```
                    {   e=st.top();               //将出栈的运算符添加到 postexp 中
                        postexp+=e;
                        st.pop();
                    }
                    st.push(exp[i]);
                }
                i++;
                break;
            default:                               //处理数字字符
                while(i<n && exp[i]>='0' && exp[i]<='9')
                {   postexp+=exp[i];               //数字字符直接添加到 postexp 中
                    i++;
                }
                postexp+='#';                      //用#标识一个数值串结束
                break;
            }
        }
        while (!st.empty())                        //此时 exp 扫描完毕,栈不空时循环
        {   e=st.top(); st.pop();                  //出栈元素 e
            postexp+=e;                            //将 e 存放到 postexp 中
        }
        return postexp;
    }

    int compvalue(string postexp)                  //计算后缀表达式的值
    {   long a,b,c,d,e;
        int n=postexp.size();
        stack<int> st;                             //定义一个运算数栈 st
        int i=0,sign;                              //i 遍历 postexp
        while (i<n)                                //postexp 字符串未扫描完时循环
        {   switch (postexp[i])
            {
            case 'N':                              //处理负号
                st.top()=-st.top();
                break;
            case '+':                              //判定为'+'号
                a=st.top(); st.pop();              //出栈元素 a
                b=st.top(); st.pop();              //出栈元素 b
                c=b+a;                             //计算 c
                st.push(c);                        //将计算结果 c 进栈
                break;
            case '-':                              //判定为'-'号
                a=st.top(); st.pop();              //出栈元素 a
                b=st.top(); st.pop();              //出栈元素 b
                c=b-a;                             //计算 c
                st.push(c);                        //将计算结果 c 进栈
                break;
            case '*':                              //判定为'*'号
                a=st.top(); st.pop();              //出栈元素 a
                b=st.top(); st.pop();              //出栈元素 b
                c=b*a;                             //计算 c
                st.push(c);                        //将计算结果 c 进栈
```

```
        break;
    case '/':                       //判定为'/'号
        a=st.top(); st.pop();       //出栈元素 a
        b=st.top(); st.pop();       //出栈元素 b
        c=b/a;                      //计算 c
        st.push(c);                 //将计算结果 c 进栈
        break;
    default:                        //处理数字字符
        d=0;                        //将连续数字字符转换成对应的整数存放到 d 中
        while (i<n && postexp[i]>='0' && postexp[i]<='9')
        {   d=10 * d+postexp[i]-'0';
            i++;
        }
        st.push(d);                 //将整数 d 进栈
        break;
    }
    i++;                            //继续处理其他字符
    }
    return st.top();                //返回栈顶元素
    }
};
```

【提交结果】

执行结果：通过。执行用时 24ms，内存消耗 10.8MB（编程语言为 C++语言）。

解 法 2

视频讲解

【解题思路】

假设一个表达式中只有'+'和'-'运算符而没有括号，那么依次累加即可，每个运算符看成由"符号 运算数"构成。例如表达式"-2+3-4"可以看成是 3 个数（即-2,3,-4）累加，结果为-3，其结果看成是由符号和值构成的，为了方便，正号用 1 表示，负号用-1 表示。

现在考虑括号，每个括号对看成一个子表达式，若其中没有括号就可以采用前面的累加方式求值，另外有一个符号。

在求整个表达式的值时，遇到'('，表示一个子表达式的开始，则把前面已经计算出的部分表达式值 ans 存放到栈中，并且该子表达式的符号进栈；遇到')'，表示一个子表达式的结束，此时已经求出该子表达式的值 ans，然后出栈符号，将符号结合到 ans 中，再出栈前面部分表达式值，并累加到 ans 中。整个表达式遍历完毕，返回 ans。

例如，$s=$"-(3+(4+5-1)+2)"，ans=0，其求表达式值的过程如下：

遇到'-'，置符号变量 sign=-1。

遇到'('，表示一个子表达式的开始，将 ans=0 和 sign=-1 依次进栈，ans 置为 0。此时从栈顶到栈底为[-1,0]。

遇到 3，$d=3$，ans+=3，得到 ans=3。

遇到'+'，置 sign=1。

遇到'('，表示一个子表达式的开始，将 ans=3 和 sign=1 依次进栈，ans 置为 0。此时从栈顶到栈底为[1,3,-1,0]。

遇到 4，$d=4$，ans $+=4$，得到 ans $=4$。

遇到'+5'，$d=5$，ans $+=5$，得到 ans $=9$（为了描述简单，将'+'和'5'的处理合并起来）。

遇到'−1'，$d=-1$，ans $+=-1$，得到 ans $=8$。

遇到')'，表示一个子表达式的结束，已求出该子表达式值（不考虑括号）为 ans $=8$，出栈符号 1，ans $=1*$ans $=8$，再出栈前面部分表达式值 3，ans $=$ans $+3=11$。此时从栈顶到栈底为 $[-1,0]$。

遇到'+2'，$d=2$，ans $+=2$，得到 ans $=13$。

遇到')'，表示一个子表达式的结束，已求出该子表达式值（不考虑括号）为 ans $=13$，出栈符号 -1，ans $=-1*$ans $=-13$，再出栈前面部分表达式值 0，ans $=$ans $+0=-13$。此时栈空。整个表达式的值为 ans $=-13$。

【设计代码】

```cpp
class Solution {
public:
    int calculate(string s)               //求解算法
    {   stack<int> st;
        int ans=0;
        int sign=1;                       //表示当前符号,'+'为1,'−'为−1
        int n=s.size();
        for (int i=0;i<n;i++)
        {   if (s[i]>='0' && s[i]<='9')   //处理数字字符
            {   long d=0;
                while (i<n && s[i]>='0' && s[i]<='9')
                {   d=d*10+s[i]−'0';
                    i++;
                }
                i−−;                      //循环结束i指向非数字字符,执行i−−回退一个位置
                ans+=sign*d;
            }
            else if (s[i]=='+')
                sign=1;
            else if (s[i]=='−')
                sign=−1;
            else if (s[i]=='(')           //遇到'(',表示一个子表达式的开始
            {   st.push(ans);             //将前面的计算结果ans进栈
                st.push(sign);            //将该子表达式的符号进栈
                ans=0;
                sign=1;                   //默认为正号
            }
            else if (s[i]==')')           //遇到'('表示一个子表达式结束,做计算
            {   ans*=st.top(); st.pop();  //该子表达式的值为ans,考虑其返回
                ans+=st.top(); st.pop();  //再合并之前的结果
            }
        }
        return ans;
    }
};
```

【提交结果】

执行结果：通过。执行用时 12ms，内存消耗 7.7MB(编程语言为 C++语言)。

3.4 队列的实现

3.4.1 LeetCode622——设计循环队列★★

视频讲解

【题目解读】

设计一个支持如下操作的循环队列(所有进队元素是正整数)。

(1) MyCircularQueue(*k*)：构造器，设置队列长度为 *k*。一旦指定就不能改变其容量。

(2) Front()：从队首获取元素。如果队列为空，返回−1。

(3) Rear()：获取队尾元素。如果队列为空，返回−1。

(4) enQueue(value)：向循环队列插入一个元素。如果成功插入返回 true。

(5) deQueue()：从循环队列中删除一个元素。如果成功删除返回 true。

(6) isEmpty()：检查循环队列是否为空。

(7) isFull()：检查循环队列是否已满。

在选择"C 语言"时要求设计如下函数：

```
typedef struct { } MyCircularQueue;
MyCircularQueue * myCircularQueueCreate(int k) { }
bool myCircularQueueEnQueue(MyCircularQueue * obj, int value) { }
bool myCircularQueueDeQueue(MyCircularQueue * obj) { }
int myCircularQueueFront(MyCircularQueue * obj) { }
int myCircularQueueRear(MyCircularQueue * obj) { }
bool myCircularQueueIsEmpty(MyCircularQueue * obj) { }
bool myCircularQueueIsFull(MyCircularQueue * obj) { }
void myCircularQueueFree(MyCircularQueue * obj) { }
```

【解题思路】

循环队列的原理参见《教程》中的 3.2.2 节，为了简单，在这里循环队列中除了 data 数组、队头指针 front 和队尾指针 rear 外，还增加了容量 capacity 和长度 length 数据成员，同样让 front 指向队头元素的前一个位置，rear 指向队尾元素位置。

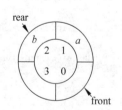

图 3.2 一个循环队列

例如如图 3.2 所示的循环队列，容量 capacity＝4，长度 length＝2，front＝0，rear＝2。

【设计代码】

```
typedef struct
{   int * data;                        //存放队中元素
    int front;                         //队头指针
    int rear;                          //队尾指针
    int capacity;                      //容量
    int length;                        //长度
} MyCircularQueue;
```

```
MyCircularQueue * myCircularQueueCreate(int k)                    //初始化
{    MyCircularQueue * obj＝(MyCircularQueue * )malloc(sizeof(MyCircularQueue));
     obj－>data＝(int * )malloc(sizeof(int) * k);
     obj－>capacity＝k;
     obj－>front＝obj－>rear＝0;
     obj－>length＝0;
     return obj;
}
bool myCircularQueueIsEmpty(MyCircularQueue *  obj)               //判断队是否为空
{
     return obj－>length＝＝0;
}
bool myCircularQueueIsFull(MyCircularQueue *  obj)                //判断队是否已满
{
     return obj－>length＝＝obj－>capacity;
}
bool myCircularQueueEnQueue(MyCircularQueue *  obj, int value)    //元素 value 进队
{    if (myCircularQueueIsFull(obj)) return false;
     obj－>rear＝(obj－>rear＋1) ％ obj－>capacity;
     obj－>data[obj－>rear]＝value;
     obj－>length＋＋;
     return true;
}
bool myCircularQueueDeQueue(MyCircularQueue * obj)                //出队一个元素
{    if (myCircularQueueIsEmpty(obj)) return false;
     obj－>front＝(obj－>front＋1) ％ obj－>capacity;
     obj－>length－－;
     return true;
}
int myCircularQueueFront(MyCircularQueue *  obj)                  //返回队头元素
{    if (myCircularQueueIsEmpty(obj)) return －1;
     int head＝(obj－>front＋1) ％ obj－>capacity;
     return obj－>data[head];
}
int myCircularQueueRear(MyCircularQueue *  obj)                   //返回队尾元素
{    if (myCircularQueueIsEmpty(obj)) return －1;
     return obj－>data[obj－>rear];
}
void myCircularQueueFree(MyCircularQueue *  obj)                  //销毁队列
{    free(obj－>data);
     free(obj);
}
```

【提交结果】

执行结果：通过。执行用时 40ms,内存消耗 12.6MB(编程语言为 C 语言)。

3.4.2 LeetCode641——设计循环双端队列★★

视频讲解

【题目解读】

设计实现一个包含如下运算的双端队列。

（1）MyCircularDeque(k)：构造函数,双端队列的大小为 k。一旦指定就不能改变其
容量。

（2）insertFront()：将一个元素添加到双端队列头部。如果操作成功返回 true。

（3）insertLast()：将一个元素添加到双端队列尾部。如果操作成功返回 true。

（4）deleteFront()：从双端队列头部删除一个元素。如果操作成功返回 true。

（5）deleteLast()：从双端队列尾部删除一个元素。如果操作成功返回 true。

（6）getFront()：从双端队列头部获得一个元素。如果双端队列为空，返回−1。

（7）getRear()：获得双端队列的最后一个元素。如果双端队列为空，返回−1。

（8）isEmpty()：检查双端队列是否为空。

（9）isFull()：检查双端队列是否已满。

在选择"C 语言"时要求设计如下函数：

```
typedef struct { } MyCircularDeque;
MyCircularDeque * myCircularDequeCreate(int k) { }
bool myCircularDequeInsertFront(MyCircularDeque * obj, int value) { }
bool myCircularDequeInsertLast(MyCircularDeque * obj, int value) { }
bool myCircularDequeDeleteFront(MyCircularDeque * obj) { }
bool myCircularDequeDeleteLast(MyCircularDeque * obj) { }
int myCircularDequeGetFront(MyCircularDeque * obj) { }
int myCircularDequeGetRear(MyCircularDeque * obj) { }
bool myCircularDequeIsEmpty(MyCircularDeque * obj) { }
bool myCircularDequeIsFull(MyCircularDeque * obj) { }
void myCircularDequeFree(MyCircularDeque * obj) { }
```

【解题思路】

双端队列的概念参见《教程》中的 3.2.5 节，为了简单，在这里双端队列中除了 data 数组、队头指针 front 和队尾指针 rear 外，还增加了容量 capacity 和长度 length 数据成员，同样让 front 指向队头元素的前一个位置，rear 指向队尾元素位置。其进队和出队操作过程如下：

（1）元素 x 从前端进队时，在 front 处放置 x，将 front 循环减 1，长度 length 加 1。

（2）元素 x 从后端进队时，将 rear 循环加 1，在 rear 处放置 x，长度 length 加 1。

（3）从前端出队时，将 front 循环加 1，长度 length 减 1。

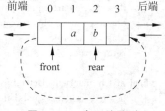

图 3.3 一个双端队列

（4）从后端出队时，将 rear 循环减 1，长度 length 减 1。

例如如图 3.3 所示的双端队列，容量 capacity＝4，长度 length＝2，front＝0，rear＝2。

【设计代码】

```
typedef struct
{   int * data;                               //存放队中元素
    int front;                                //队头指针
    int rear;                                 //队尾指针
    int capacity;                             //容量
    int length;                               //长度
} MyCircularDeque;
MyCircularDeque * myCircularDequeCreate(int k)        //初始化
```

```
{   MyCircularDeque * obj=(MyCircularDeque * )malloc(sizeof(MyCircularDeque));
    obj -> data=(int * )malloc(sizeof(int) * k);
    obj -> capacity=k;
    obj -> front=obj -> rear=0;
    obj -> length=0;
    return obj;
}
bool myCircularDequeIsEmpty(MyCircularDeque * obj)//判断队是否为空
{
    return obj -> length==0;
}
bool myCircularDequeIsFull(MyCircularDeque * obj)    //判断队是否已满
{
    return obj -> length==obj -> capacity;
}
bool myCircularDequeInsertFront(MyCircularDeque * obj, int value)    //元素 value 从前端进队
{   if (myCircularDequeIsFull(obj)) return false;
    obj -> data[obj -> front]=value;
    if (obj -> front==0)                             //队头 front 循环减 1
        obj -> front=obj -> capacity-1;
    else
        obj -> front=obj -> front-1;
    obj -> length++;
    return true;
}
bool myCircularDequeInsertLast(MyCircularDeque * obj, int value)    //元素 value 从后端进队
{   if (myCircularDequeIsFull(obj)) return false;
    obj -> rear=(obj -> rear+1) % obj -> capacity;   //队尾 rear 循环加 1
    obj -> data[obj -> rear]=value;
    obj -> length++;
    return true;
}
bool myCircularDequeDeleteFront(MyCircularDeque * obj)        //从前端出队
{   if (myCircularDequeIsEmpty(obj)) return false;
    obj -> front=(obj -> front+1) % obj -> capacity;    //队头 front 循环加 1
    obj -> length--;
    return true;
}
bool myCircularDequeDeleteLast(MyCircularDeque * obj)        //从后端出队
{   if (myCircularDequeIsEmpty(obj)) return false;
    if (obj -> rear==0)                              //队尾 rear 循环减 1
        obj -> rear=obj -> capacity-1;
    else
        obj -> rear=obj -> rear-1;
    obj -> length--;
    return true;
}
int myCircularDequeGetFront(MyCircularDeque * obj) //返回队头元素
{   if (myCircularDequeIsEmpty(obj)) return -1;
    int head=(obj -> front+1) % obj -> capacity;
    return obj -> data[head];
}
int myCircularDequeGetRear(MyCircularDeque * obj) //返回队尾元素
{   if (myCircularDequeIsEmpty(obj)) return -1;
```

```
    return obj -> data[obj -> rear];
}
void myCircularDequeFree(MyCircularDeque * obj)     //销毁队列
{    free(obj -> data);
     free(obj);
}
```

【提交结果】

执行结果：通过。执行用时 36ms，内存消耗 12.5MB(编程语言为 C 语言)。

说明：本题也可以采用循环双链表实现双端队列。

3.5 栈和队列相互实现

3.5.1 STL 中的 queue 队列容器

视频讲解

STL 中提供了 queue 队列容器。它是一个队列类模板，和数据结构中讨论的队列一样，具有先进先出的特点。queue 容器不允许顺序遍历，没有 begin()/end() 和 rbegin()/rend() 这样的用于迭代器的成员函数。queue 队列容器的主要成员函数及其功能说明如表 3.2 所示。

表 3.2 queue 队列容器的主要成员函数及其功能说明

成员函数	功能说明
empty()	判断队列容器是否为空
size()	返回队列容器中的实际元素个数
front()	返回队头元素
back()	返回队尾元素
push(e)	元素 e 进队
pop()	元素出队

例如有以下程序：

```
# include < stdio.h >
# include < queue >
using namespace std;
int main()
{    queue< int > qu;
     qu.push(1); qu.push(2); qu.push(3);
     printf("队头元素：%d\n",qu.front());
     printf("队尾元素：%d\n",qu.back());
     printf("出队顺序：");
     while (!qu.empty())                //出队所有元素
     {    printf("%d ",qu.front());
          qu.pop();
     }
     return 0;
}
```

在上述程序中建立了一个整数队 qu，进队 3 个元素，取队头、队尾元素，然后出队所有元素并输出。程序执行结果如下：

```
队头元素：1
队尾元素：3
出队顺序：1 2 3
```

视频讲解

3.5.2　LeetCode225——用队列实现栈★

【题目解读】

使用一个队列实现一个栈的下列操作。

（1）push(x)：元素 x 入栈。

（2）pop()：移除栈顶元素。

（3）top()：获取栈顶元素。

（4）empty()：返回栈是否为空。

在选择"C++语言"时要求设计如下函数：

```cpp
class MyStack {
public:
    MyStack() { }
    void push(int x) { }
    int pop() { }
    int top() { }
    bool empty() { }
};
```

【解题思路】

为了方便，采用 STL 的 queue 容器作为队列 qu，假设 qu 中从队头到队尾的元素是 $(a_0, a_1, \cdots, a_{n-1})$，将 qu 作为栈的示意图如图 3.4 所示，模拟栈操作如下。

（1）void push(x)：元素 x 进栈和队列 qu 进队的操作一致，直接用 qu.push(x)实现。

（2）int pop()：出栈的元素为 a_{n-1}，将 qu 中前面 $n-1$ 个元素出队并立刻进队，再出队元素 a_{n-1} 并返回该元素。

（3）int top()：类似出栈操作，但第 n 个元素 d 仍然需要进队，返回 d。

（4）bool empty()：返回队列 qu 是否为空。

说明：由于题目中假设所有操作都是有效的，这里在进栈和出栈运算中没有判断栈空和栈满的情况。

图 3.4　将一个队列作为栈

【设计代码】

```
class MyStack {
    queue<int> qu;
public:
    MyStack()                            //初始化
    {}
    void push(int x)                     //元素 x 进栈
    {
        qu.push(x);
    }
    int pop()                            //删除并且返回栈顶元素
    {   int n=qu.size();                 //求队列中的元素个数 n
        int d;
        for(int i=0;i<n-1;i++)           //循环 n-1 次
        {   d=qu.front(); qu.pop();      //出队元素 d
            qu.push(d);                  //元素 d 进队
        }
        d=qu.front(); qu.pop();          //出队元素 d
        return d;
    }
    int top()                            //获取栈顶元素
    {   int n=qu.size();                 //求队列中的元素个数 n
        int d;
        for(int i=0;i<n;i++)             //循环 n 次
        {   d=qu.front(); qu.pop();      //出队元素 d
            qu.push(d);                  //元素 d 进队
        }
        return d;
    }
    bool empty()                         //返回栈是否为空
    {
        return qu.empty();
    }
};
```

【提交结果】

执行结果：通过。执行用时 4ms,内存消耗 6.6MB(编程语言为 C++语言)。

3.5.3 LeetCode232——用栈实现队列 ★

视频讲解

【题目解读】

使用两个栈实现一个队列。队列应当支持一般队列支持的所有操作(push、pop、peek、empty),实现 MyQueue 类。

(1) void push(int x):将元素 x 推到队列的末尾。

(2) int pop():从队列的开头移除并返回元素。

(3) int peek():返回队列开头的元素。

(4) bool empty():如果队列为空,返回 true,否则返回 false。

在选择"C++语言"时要求设计如下函数:

```
class MyQueue {
public:
    MyQueue() { }
    void push(int x) { }
    int pop() { }
    int peek() { }
    bool empty() { }
};
```

【解题思路】

两个栈均采用 STL 中的 stack 容器实现，st1 作为输入栈，st2 作为输出栈。由于 stack 栈容器具有自动扩容功能，不必考虑栈满的情况。模拟队列操作如下。

（1）void push(x)：元素 x 进队操作，直接将 x 进输入栈 st1 中。

（2）int pop()：出队一个元素。如果输出栈 st2 为空，如图 3.5 所示，需要将 st1 中的全部元素出栈并进 st2 栈，此时 st2 的栈顶元素就是队头元素；如果输出栈 st2 不空，如图 3.6 所示，此时 st2 的栈顶元素就是队头元素。通过栈操作即可完成队列的该运算。

（3）int peek()：返回队头元素。与 pop() 类似，但不删除该元素。

（4）bool empty()：判断队列是否为空，显然两个栈均空时队列为空。

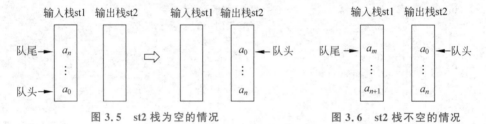

图 3.5 st2 栈为空的情况   图 3.6 st2 栈不空的情况

【设计代码】

```
class MyQueue {
    stack < int > st1 ;              //输入栈
    stack < int > st2 ;              //输出栈
public:
    MyQueue()                        //初始化
    { }
    void push(int x)                 //元素 x 进栈
    {
        st1.push(x);                 //x 进 st1 栈
    }
    int pop()                        //删除并且返回队头元素
    {   if(st2.empty())              //st2 栈为空时将 st1 栈的全部元素导入 st2 栈中
        {   while(!st1.empty())
            {   st2.push(st1.top());
                st1.pop();
            }
        }
        int d=st2.top();             //出栈 st2 栈顶元素 d 并返回
        st2.pop();
```

```
        return d;
    }
    int peek()                          //返回队头元素
    {   if(st2.empty())                 //st2 栈为空时将 st1 栈的全部元素导入 st2 栈中
        {   while(!st1.empty())
            {   st2.push(st1.top());
                st1.pop();
            }
        }
        int d=st2.top();                //取 st2 栈的栈顶元素 d 并返回
        return d;
    }
    bool empty()                        //判断队列是否为空
    {
        return st1.empty() && st2.empty();
    }
};
```

【提交结果】

执行结果：通过。执行用时 0ms,内存消耗 6.9MB(编程语言为 C++语言)。

第 **4** 章 串

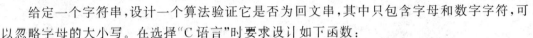

4.1　基本串操作

4.1.1　LeetCode125——验证回文串★

视频讲解

【题目解读】

给定一个字符串,设计一个算法验证它是否为回文串,其中只包含字母和数字字符,可以忽略字母的大小写。在选择"C 语言"时要求设计如下函数:

bool isPalindrome(char * s) { }

在选择"C++语言"时要求设计如下函数:

class Solution {
public :
　　bool isPalindrome(string s) { }
};

例如,$s=$"AbBa",结果为 true;$s=$"raceacar",结果为 false。

解法 1

【解题思路】

选择"C 语言"。对于长度为 n 的字符串 $s[0..n-1]$,置 $i=0$,$j=n-1$,当 $i<j$ 时循环:跳过非数字字母字符,若 $s[i]$ 与 $s[j]$ 不相同(比较时忽略字母的大小写),返回 false,否则执行 $i++$ 和 $j--$ 后继续比较。当循环结束时返回 true。

【设计代码】

```
bool isPalindrome(char * s)
{   int n=strlen(s);
    int i=0,j=n-1;
    while(i<j)
    {   if (!isalnum(s[i]))            //跳过非数字字母字符
        {   i++;
            continue;
        }
        if (!isalnum(s[j]))            //跳过非数字字母字符
        {   j--;
            continue;
        }
        if (tolower(s[i])!=tolower(s[j]))    //忽略字母的大小写
            return false;
        i++; j--;
    }
    return true;
}
```

【提交结果】

执行结果:通过。执行用时 4ms,内存消耗 6.4MB(编程语言为 C 语言)。

解法2

【解题思路】

选择"C++语言"。思路与解法1相同，只是用string对象表示字符串。

【设计代码】

```cpp
class Solution {
public:
    bool isPalindrome(string s)
    {   int n=s.size();
        int i=0,j=n-1;
        while(i<j)
        {   if (!isalnum(s[i]))          //跳过非数字字母字符
            {   i++;
                continue;
            }
            if (!isalnum(s[j]))          //跳过非数字字母字符
            {   j--;
                continue;
            }
            if (tolower(s[i])!=tolower(s[j]))   //忽略字母的大小写
                return false;
            i++; j--;
        }
        return true;
    }
};
```

【提交结果】

执行结果：通过。执行用时 4ms，内存消耗 7.2MB（编程语言为 C++语言）。

4.1.2 LeetCode14——最长公共前缀 ★

视频讲解

【题目解读】

一组字符串采用字符串数组 strs[0.. strsSize−1]表示（所有字符串均由小写字母构成），设计一个算法求它们的最长公共前缀 com[0..m−1]，即 strs 中每个字符串前面的 m 个字符都相同，但 $m+1$ 个字符不再都相同。如果不存在公共前缀，返回空字符串""。在选择"C 语言"时要求设计如下函数：

```c
char * longestCommonPrefix(char * * strs, int strsSize) { }
```

例如，strs=["flower","flow","flight"]，结果为"fl"；strs=["dog","racecar","car"]，结果为""。

【解题思路】

将 strs 看成一维数组 strs[0..n−1]，每个元素表示一个字符串。用 strs[0]存放最终的最长公共前缀，将 strs[0]与其他字符串逐个比较字符，当字符出现不同时，在当前位置结束该字符串（添'\0'）。最终 strs[0]就是最长公共前缀。

【设计代码】

```
char * longestCommonPrefix(char * * strs, int strsSize)
{   if(strsSize==0) return "";              //strs 长度为 0 不存在公共前缀
    if(strsSize==1) return strs[0];         //strs 长度为 1 时第一个字符串就是结果
    for(int i=1; i<strsSize; i++)           //遍历除首个字符串以外的其他字符串 strs[i]
    {   for(int j=0; j<strlen(strs[0]);j++)   //求 strs[0]与 strs[i]的最长公共前缀并存放在
                                              //strs[0]中
        {   if(strs[0][j] != strs[i][j])    //如果不相同就在该位置结束字符串
            {   strs[0][j] = '\0';
                break;                      //跳出第二重 for 循环
            }
        }
    }
    return strs[0];
}
```

【提交结果】

执行结果：通过。执行用时 4ms,内存消耗 6MB(编程语言为 C 语言)。

4.1.3 LeetCode443——压缩字符串★★

视频讲解

【题目解读】

给定一个字符数组,设计一个原地压缩算法,压缩后的长度必须始终小于或等于原数组的长度。在原地修改输入数组后返回数组的新长度。在选择"C 语言"时要求设计如下函数:

```
int compress(char * chars, int charsSize) { }
```

在选择"C++语言"时要求设计如下函数:

```
class Solution {
public:
    int compress(vector<char>& chars) { }
};
```

例如,chars="aabbccc",算法返回 6,表示字符串的前 6 个字符应该是"a2b2c3"。

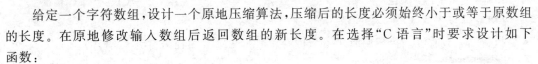

【解题思路】

选择"C 语言"。采用整体建表思路产生结果压缩字符串 chars$[0..k-1]$(k 表示结果串的长度,初始时 $k=0$)。用 i 从 0 开始遍历字符串 chars,置 ch=chars$[i++]$,累计之后与 ch 相同的字符个数 cnt,若 cnt$==1$,仅需要将 ch 插入结果串 chars 中;若 cnt>1,不仅需要将 ch 插入 chars 中,还需要将 cnt 转换为整数字符串,并将其每一个数字位插入 chars 中。最后返回 k。

【设计代码】

```
int compress(char * chars, int charsSize)
{   if (charsSize==0 || charsSize==1)
```

```
        return charsSize;
    int i=0,j,k=0,cnt;
    char ch;
    while(i<charsSize)
    {   ch=chars[i]; i++;
        cnt=1;
        while(i<charsSize && chars[i]==ch)          //累计 ch 重复出现的次数 cnt
        {   cnt++;
            i++;
        }
        if (cnt==1)                                  //字符 ch 仅出现一次
            chars[k++]=ch;
        else                                         //ch 字符重复次数>1,需要压缩
        {   chars[k++]=ch;
            char tmp[4];
            sprintf(tmp,"%d",cnt);                   //将整数 cnt 转换为字符串 tmp
            int j=0;
            while (tmp[j])                           //将 tmp 的各整数字符存放到 chars 中
                chars[k++]=tmp[j++];
        }
    }
    return k;
}
```

【提交结果】

执行结果：通过。执行用时 12ms,内存消耗 6.2MB(编程语言为 C 语言)。

解法 2

【解题思路】

选择"C++语言"。设计思路与解法 1 完全相同。

【设计代码】

```
class Solution {
public:
    int compress(vector < char > & chars)
    {   int n=chars.size();
        if (n==0 || n==1)
            return n;
        int i=0,j,k=0,cnt;
        char ch;
        while(i<n)
        {   ch=chars[i]; i++;
            cnt=1;
            while(i<n && chars[i]==ch)              //累计 ch 重复出现的次数 cnt
            {   cnt++;
                i++;
            }
            if (cnt==1)                              //字符 ch 仅出现一次
                chars[k++]=ch;
            else                                     //ch 字符重复次数>1,需要压缩
```

```
            {   chars[k++]=ch;
                string tmp=to_string(cnt);          //将 cnt 转换为 string 类型的 tmp
                int j=0;
                while (j<tmp.size())                 //将 tmp 的各整数字符存放到 chars 中
                    chars[k++]=tmp[j++];
            }
        }
        return k;
    }
};
```

【提交结果】

执行结果：通过。执行用时 4ms，内存消耗 8.6MB(编程语言为 C++语言)。

4.2　串模式匹配

4.2.1　LeetCode28——实现 strStr()★

视频讲解

【题目解读】

给定两个字符串，设计一个算法求 needle 字符串在 haystack 字符串中出现的首位置(从 0 开始)。如果不存在，则返回 −1。在选择"C 语言"时要求设计如下函数：

```
int strStr(char * haystack, char * needle) { }
```

例如，haystack="hello"，needle="ll"，结果为 2。

解法 1

【解题思路】

采用 BF 算法，其原理参见《教程》中的 4.3.1 节，这里字符串直接采用 C 语言的字符数组存放，通过指针来遍历字符串。

【设计代码】

```
int BF(char * s, char * t)
{   int n=strlen(s);
    int m=strlen(t);
    int i=0, j=0;
    while (i<n && j<m)                //两个串都没有扫描完时循环
    {   if (s[i]==t[j])              //当前比较的两个字符相同
        {   i++;                     //依次比较后续的两个字符
            j++;
        }
        else                         //当前比较的两个字符不相同
        {   i=i-j+1;                 //扫描目标串的 i 回退，子串从头开始匹配
            j=0;
        }
    }
    if (j>=m)                        //j 超界，表示 t 是 s 的子串
```

```
        return(i−j);                    //返回 t 在 s 中的位置
    else                                //模式匹配失败
        return(−1);                     //返回−1
}
int strStr(char * haystack, char * needle)    //求解算法
{
    return BF(haystack,needle);
}
```

【提交结果】

执行结果：通过。执行用时 4ms，内存消耗 6MB（编程语言为 C 语言）。

解法 2

【解题思路】

采用 KMP 算法，其原理参见《教程》中的 4.3.2 节，这里字符串直接采用 C 语言的字符数组存放，通过指针来遍历字符串。

【设计代码】

```
void GetNext(char * t,int * next)       //由模式串 t 求出 next 数组
{   int j,k;
    int m=strlen(t);
    j=0;k=−1;                           //j 扫描 t,k 记录 t[j]之前与 t 开头相同的字符个数
    next[0]=−1;                         //设置 next[0]值
    while (j<m−1)                       //求 t 所有位置的 next 值
    {   if (k==−1 || t[j]==t[k])        //k 为−1 或比较的字符相等时
        {   j++;k++;                    //j、k 依次移到下一个字符
            next[j]=k;                  //设置 next[j]为 k
        }
        else k=next[k];                 //k 回退
    }
}
int KMPIndex(char * s,char * t)         //KMP 算法
{   int n=strlen(s);
    int m=strlen(t);
    if (m==0) return 0;
    int * next=(int * )malloc(m * sizeof(m));
    int i=0,j=0;
    GetNext(t,next);
    while (i<n && j<m)
    {   if (j==−1 || s[i]==t[j])
        {   i++;
            j++;                        //i、j 各增 1
        }
        else j=next[j];                 //i 不变,j 回退
    }
    if (j>=m)                           //匹配成功
        return(i−j);                    //返回子串位置
    else                                //匹配不成功
        return(−1);                     //返回−1
}
```

```
int strStr(char * haystack, char * needle)       //求解算法
{
    return KMPIndex(haystack, needle);
}
```

【提交结果】

执行结果：通过。执行用时 0ms，内存消耗 6.1MB（编程语言为 C 语言）。

4.2.2　LeetCode459——重复的子字符串★

视频讲解

【题目解读】

给定一个非空的字符串 s，设计一个算法判断 s 是否可以由它的一个子串重复多次构成。给定的字符串只含有小写英文字母，并且长度不超过 10 000。在选择"C++语言"时要求设计如下函数：

```
class Solution {
public:
    bool repeatedSubstringPattern(string s) { }
};
```

例如，s = "abab"，可以表示为 t^c，这里 t = "ab"，c = 2，结果为 true。

解法 1

【解题思路】

判断字符串 s 是否形如 t^c（$c \geqslant 1$），如果是则称 s 为循环字符串，称 t 为循环节，c 为循环周期（或循环次数），此时返回 true；否则返回 false。

采用枚举法。若 s 的长度为 n，所有满足 $n\%i==0$ 的 i 都有可能是循环节长度，显然循环节长度最长为 $n/2$。为此 i 从 1 到 $n/2$ 枚举，看 s 是否为循环节长度为 i 的循环字符串。

【设计代码】

```
class Solution {
public:
    bool repeatedSubstringPattern(string s)
    {   int n=s.size();
        for (int i=n/2; i>=1;i--)
        {   if (n % i==0)
            {   int c=n/i;
                string tmp="";
                for (int j=0;j<c;j++)           //构造 tmp=t^c
                    tmp+=s.substr(0, i);        //t=s[0..i-1]
                if (s==tmp)                     //s 与 tmp 相同,则是循环字符串
                    return true;
            }
        }
        return false;
    }
};
```

【提交结果】

执行结果：通过。执行用时 60ms，内存消耗 57.1MB（编程语言为 C++语言）。

解法2

【解题思路】

利用这样的定理：假设字符串 s 的长度为 n，采用 GetNext 算法求出 next 数组（含 next[n]）。若 next[n]>0，则 s 中最小循环节的长度 cir$=n-$next[n]，对应的最小循环节为 $s[0..\text{cir}-1]$ 子串。

（1）如果 n 可以被 cir 整除，则表明 s 完全由最小循环节组成，循环周期 $c=n/\text{cir}$。

（2）如果不能，说明 s 还需要再添加若干个字符才能补全，需要添加的字符个数是 cir$-n\%$cir$=$cir$-(n-$cir$)\%$cir$=$cir$-$next[n]$\%$cir。

利用上述（1）可知，若字符串 s 满足 next[n]$!=0$ && n % cir$==0$，则返回 true，否则返回 false。

例如，$s=$"abcabc"，$n=6$，求出 next[0..6] 的结果如表 4.1 所示，next[6]$=3\neq0$，cir$=n-$next[n]$=3$，并且 $n\%$cir$=6\%3=0$，所以 s 是循环字符串，返回 true。

表 4.1　s 的 next 数组

j	0	1	2	3	4	5	6
$s[j]$	a	b	c	a	b	c	
next[j]	-1	0	1	0	1	2	3

【设计代码】

```cpp
class Solution {
public:
    bool repeatedSubstringPattern(string s)
    {   int n=s.length();
        int *next=new int[n+1];
        GetNext(s,next);
        int cir=n-next[n];
        if (next[n]!=0 && n % cir==0)
            return true;
        else
            return false;
    }
    void GetNext(string t,int *next)            //由模式串 t 求出 next 值
    {   int j=0, k=-1;
        int m=t.length();
        next[0]=-1;
        while (j<m)                             //含求 next[m]
        {   if (k==-1 || t[j]==t[k])            //k 为-1 或比较的字符相等时
            {   j++; k++;                       //依次移到下一个字符
                next[j]=k;
            }
            else k=next[k];                     //比较的字符不相等时 k 回退
        }
    }
};
```

【提交结果】

执行结果：通过。执行用时 20ms，内存消耗 13.3MB（编程语言为 C++语言）。

4.2.3 LeetCode1408——数组中的字符串匹配★

视频讲解

【题目解读】

给定一个字符串数组 words，每个字符串都可被看作一个单词。设计一个算法按任意顺序返回 words 中是其他单词的子字符串的所有单词。在选择"C++语言"时要求设计如下函数：

```
class Solution {
public:
    vector < string > stringMatching(vector < string > & words) { }
};
```

例如，words＝["mass","as","hero","superhero"]，由于"as"是"mass"的子串，"hero"是"superhero"的子串，所以结果是["as","hero"]。

【解题思路】

用 ans 存放结果。对于每个 words[i]，遍历 words[j]（i≠j），若 words[i]是 words[j]的子串，则将 words[i]添加到 ans 中。最后返回 ans。这里判断子串直接采用 string.find()的成员函数，也可用 BF 或者 KMP 算法。

【设计代码】

```
class Solution {
public:
    vector < string > stringMatching(vector < string > & words)
    {   vector < string > ans;
        for (int i=0;i < words.size();i++)
        {   for (int j=0;j < words.size();j++)
            {   if (i==j) continue;
                if (words[j].find(words[i])!=string::npos)
                {   ans.push_back(words[i]);
                    break;
                }
            }
        }
        return ans;
    }
};
```

【提交结果】

执行结果：通过。执行用时 8ms，内存消耗 8.1MB（编程语言为 C++语言）。

第 5 章

递归

5.1 简单递归算法设计

5.1.1 LeetCode509——斐波那契数 ★

视频讲解

【题目解读】

斐波那契数通常用 $F(n)$ 表示,形成的序列称为斐波那契数列。该数列由 0 和 1 开始,后面的每项数字都是前面两项数字的和。也就是:

$F(0)=0,F(1)=1$

$F(N)=F(N-1)+F(N-2)$,其中 $N>1$

设计一个算法在给定 $N(0{\leqslant}N{\leqslant}30)$ 时计算 $F(N)$。在选择"C 语言"时要求设计如下函数:

int fib(int N) { }

例如 $N=2$ 时,$F(2)=F(1)+F(0)=1+0=1$,结果为 1;$N=3$ 时,$F(3)=F(2)+F(1)=1+1=2$,结果为 2。

解法1

【解题思路】

根据斐波那契数的定义直接采用递归算法求解。

【设计代码】

```
int fib(int N)
{   if (N==0 || N==1)
        return N;
    return fib(N-1)+fib(N-2);
}
```

【提交结果】

执行结果:通过。执行用时 12ms,内存消耗 5.6MB(编程语言为 C 语言)。

解法2

【解题思路】

在上述递归函数中包含重复的计算,例如 $F(3)=F(2)+F(1)$,$F(4)=F(3)+F(2)$,$F(5)=F(4)+F(3)$,在计算 $F(5)$ 时需要重复计算 $F(4)$ 和 $F(3)$,为此用一个 F 数组存放计算的结果,即 $F[i]$ 存放 fib$[i]$,初始时 F 数组的所有元素为 -1,一旦 $F[i]$ 已经求出(此时 $F[i]\neq-1$),直接返回 $F[i]$ 即可。

【设计代码】

```
int F[35];              //全局数组
int fib1(int N)         //递归函数
{   if (N==0 || N==1)
    {   F[N]=N;
```

```
        return F[N];
    }
    if (F[N]!=-1) return F[N];
    F[N]=fib1(N-1)+fib1(N-2);
    return F[N];
}
int fib(int N)              //求解算法
{   for (int i=0;i<35;i++)
        F[i]=-1;
    return fib1(N);
}
```

【提交结果】

执行结果：通过。执行用时 0ms，内存消耗 5.4MB（编程语言为 C 语言）。

◁ 解法 3 ▷

【解题思路】

由于 fib(n) 仅与前面两项 fib($n-2$) 和 fib($n-1$) 相关，采用迭代方法将递归转换为非递归。

【设计代码】

```
int fib(int N)
{   if (N==0 || N==1)
        return N;
    int a=0,b=1,c;
    for (int i=2;i<=N;i++)
    {   c=a+b;
        a=b;
        b=c;
    }
    return c;
}
```

【提交结果】

执行结果：通过。执行用时 0ms，内存消耗 5.5MB（编程语言为 C 语言）。

5.1.2　LeetCode50——Pow(x,n)★★

视频讲解

【题目解读】

设计一个算法求 x^n，其中 x 是 $[-100,100]$ 的实数，n 是整数（可能是负整数）。在选择"C 语言"时要求设计如下函数：

double myPow(double x,int n) { }

例如，$x=2.0$，$n=2$，结果为 $2^2=4.00000$；$x=2.0$，$n=-2$，$2^{-2}=1/2^2=1/4=0.25$，结果为 0.25000。

【解题思路】

采用递归方法求解。设 $f(x,n)$ 用于计算 x^n（$n>0$），则有以下递归模型：

$f(x,n)=x$ 　　　　　　　　　当 $n=1$ 时

$$f(x, n) = x * f(x, n/2) * f(x, n/2) \quad \text{当 } n \text{ 为大于 1 的奇数时}$$
$$f(x, n) = f(x, n/2) * f(x, n/2) \quad \text{当 } n \text{ 为大于 1 的偶数时}$$

当 $n < 0$ 时,结果为 $1/f(x, -n)$。需要注意的是,当 $n = -2\,147\,483\,648$(即 -2^{31})时,$-n$ 会发生溢出,为此将 n 改为用 long 类型的变量 m 存放。

【设计代码】

```
double Pow(double x, long n)        //用递归算法求 x^n(n>0)
{   if (n==1)
        return x;
    double p=Pow(x,n/2);
    if (n%2==1)
        return x * p * p;           //n 为奇数
    else
        return p * p;               //n 为偶数
}
double myPow(double x, int n)
{   long m=n;
    if (m==0) return 1;
    if (m>0) return Pow(x,m);
    else return 1/Pow(x,-m);
}
```

【提交结果】

执行结果:通过。执行用时 4ms,内存消耗 5.3MB(编程语言为 C 语言)。

5.1.3　LeetCode206——翻转链表 ★

视频讲解

【题目解读】

给定一个不带头结点的单链表 head,设计一个算法将其翻转。在选择"C 语言"时要求设计如下函数:

```
struct ListNode * reverseList(struct ListNode * head) { }
```

例如,head$=[1, 2, 3, 4]$,翻转后的结果是 $[4, 3, 2, 1]$。

【解题思路】

对于不带头结点的单链表 head(含两个或者两个以上的结点),设 $f(\text{head})$ 的功能是翻转单链表 head 并且返回翻转单链表的首结点 nh,其过程如图 5.1 所示。

小问题 $f(\text{head} \rightarrow \text{next})$ 用于翻转单链表 head $\rightarrow$ next 并且返回翻转单链表的首结点 nh,执行后 head 结点(即 a_1 结点)的 next 指向 a_2 结点,为了将 a_1 结点链接到 a_2 结点之后,即将 a_1 结点变成尾结点,执行 head $\rightarrow$ next $\rightarrow$ next=head,再将 a_1 结点(由 head 指向它)的 next 域置为空,最后返回 nh。

【设计代码】

```
struct ListNode * reverseList(struct ListNode * head)
{   if (head==NULL || head->next==NULL)
        return head;
    struct ListNode * nh=reverseList(head->next);
    head->next->next=head;
```

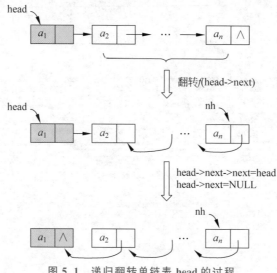

图 5.1　递归翻转单链表 head 的过程

```
        head -> next = NULL;
        return nh;
    }
```

【提交结果】

执行结果：通过。执行用时 4ms，内存消耗 6.4MB（编程语言为 C 语言）。

视频讲解

5.1.4　LeetCode234——回文链表★

【题目解读】

给定一个不带头结点的单链表 head，设计一个算法判断是否为回文链表，如果是，返回 true，否则返回 false。在选择"C 语言"时要求设计如下函数：

bool isPalindrome(struct ListNode * head) { }

例如，head＝[1,2]，结果为 false；head＝[1,2,2,1]，结果为 true。

【解题思路】

先讨论采用递归方法反向输出一个单链表的所有结点值，即单链表为 $[a_1, a_2, \cdots, a_n]$ 时输出结果为 $[a_n, a_{n-1}, \cdots, a_1]$。

设 $f(head)$ 的功能是反向输出一个单链表 head 的所有结点值，为"大问题"，则 $f(head->next)$ 的功能是反向输出单链表 head -> next 的所有结点值，为"小问题"。对应的递归模型如下：

$f(head) \equiv$ 不做任何事情　　　　　　　　　　当 head＝NULL 时

$f(head) \equiv f(head->next)$；输出结点 head 的值　　其他情况

对应的递归算法如下：

```
void reverse(struct ListNode * head)          //反向输出 head 的结点值
{   if (head! = NULL)
    {   reverse(head -> next);
        printf("%d ", head -> val);          //输出 head 结点值
    }
}
```

从中看出,执行小问题 reverse(head -> next)时 head 依次输出的结点是 a_n、a_{n-1}、$\cdots$、a_2,再输出 a_1 即得到 head 的反向输出结果。为了判断 head 是否为回文链表,再设置一个全局变量 first 正向遍历 head,若 first 与 head 结点值不相同,说明不是回文链表。

【设计代码】

```
struct ListNode *  first;                    //全局变量
bool ispal (struct ListNode *  last)         //递归算法
{    if(last! = NULL)                        //递推到尾结点为止
     {    if(! ispal(last -> next))
               return false;
          if(last -> val! = first -> val)
               return false;
          first = first -> next;
     }
     return true;
}
bool isPalindrome(struct ListNode *  head)   //求解算法
{    if (head = = NULL || head -> next = = NULL)
          return true;
     first = head;
     return ispal(head);
}
```

【提交结果】

执行结果:通过。执行用时 12ms,内存消耗 11.2MB(编程语言为 C 语言)。

5.1.5 LeetCode24——两两交换链表中的结点★★

视频讲解

【题目解读】

给定一个不带头结点的单链表 head,设计一个算法两两交换相邻的结点,交换方式是结点地址交换而不是结点值交换。在选择"C 语言"时要求设计如下函数:

```
struct ListNode *  swapPairs(struct ListNode *  head) { }
```

例如,单链表 head = [1,2,3,4],交换后 head 变为[2,1,4,3];单链表 head = [1,2,3,4,5],交换后 head 变为[2,1,4,3,5]。

【解题思路】

采用递归方法求解。设不带头结点的单链表 head 存放的元素为 $(a_0, a_1, a_2, \cdots)$,$f(\text{head})$ 是大问题,用于两两交换链表 head 中的结点。

(1)若单链表 head 为空或者只有一个结点(head = NULL 或者 head -> next = = NULL),交换后的结果单链表没有变化,返回 head。

(2)否则,让 last 和 p 分别指向 a_1 和 a_2 结点,如图 5.2 所示,显然 $f(p)$ 为小问题,用于两两交换链表 p 中的结点。$f(\text{head})$ 的执行过程是,先交换 last 和 head 结点(让 head 指向 a_1 结点,last 指向 a_0 结点),再置 last -> next = $f(p)$,最后返回 head。

【设计代码】

```
struct ListNode *  swapPairs(struct ListNode *  head)
```

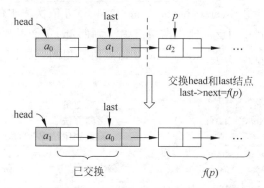

图 5.2　有两个或者两个以上结点时 $f(\text{head})$ 的执行过程

```
{    if (head==NULL || head->next==NULL)
         return head;                    //为空或者只有一个结点的情况
     struct ListNode * last=head->next;  //last 指向 a1
     struct ListNode * p=last->next;     //p 指向 a2
     last->next=head;                    //交换 head 和 last 结点
     head=last;
     last=head->next;
     last->next=swapPairs(p);
     return head;
}
```

【提交结果】

执行结果：通过。执行用时 0ms，内存消耗 5.9MB（编程语言为 C 语言）。

5.2　复杂递归算法设计

视频讲解

5.2.1　LeetCode59——螺旋矩阵 II ★★

【题目解读】

给定正整数 n，设计一个算法创建一个螺旋矩阵，其中元素值为 $1\sim n^2$，按螺旋方式排列。在选择"C++语言"时要求设计如下函数：

```
class Solution {
public:
     vector < vector < int >> generateMatrix(int n) { }
};
```

【解题思路】

采用递归方法求解。用二维数组 $a[n][n]$ 存放 n 阶螺旋矩阵，初始化所有元素为 0，vector 向量的定义和初始化如下：

```
vector < vector < int >> ans(n, vector < int >(n,0));
```

设 $f(x,y,\text{start},n)$ 用于创建左上角为 (x,y)、起始元素值为 start 的 n 阶螺旋矩阵，如图 5.3 所示，该矩阵共 n 行 n 列，它是大问题；$f(x+1,y+1,\text{start},n-2)$ 用于创建左上角

为 $(x+1,y+1)$、起始元素值为 start 的 $n-2$ 阶螺旋矩阵,该矩阵共 $n-2$ 行 $n-2$ 列,它是小问题。

例如,如果 4 阶螺旋矩阵为大问题,那么相应地 2 阶螺旋矩阵就是一个小问题,如图 5.4 所示。

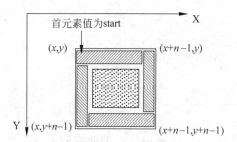

图 5.3 n 阶螺旋矩阵

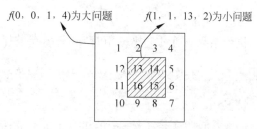

图 5.4 $n=4$ 时的大问题和小问题

对应的递归模型(大问题的 start 从 1 开始)如下:

$f(x,y,\text{start},n) \equiv$ 不做任何事情   当 $n \leqslant 0$ 时

$f(x,y,\text{start},n) \equiv$ 产生只有一个元素的螺旋矩阵   当 $n=1$ 时

$f(x,y,\text{start},n) \equiv$ 产生 (x,y) 的那一圈   当 $n>1$ 时
$\qquad\qquad f(x+1,y+1,\text{start},n-2)$

【设计代码】

```
class Solution {
public:
    vector < vector < int >> generateMatrix(int n)
    {   vector < vector < int >> ans(n, vector < int >(n,0));
        Spiral(ans,0,0,1,n);                               //求 n 阶螺旋矩阵 ans
        return ans;
    }
    void Spiral(vector < vector < int >> &a,int x,int y,int start,int n)   //递归创建螺旋矩阵
    {   if (n<=0) return;                                  //递归结束条件
        if (n==1)                                          //矩阵大小为 1 时
        {   a[x][y]=start;
            return;
        }
        for (int j=x;j< x+n-1;j++)                          //上一行
        {   a[y][j]=start;
            start++;
        }
        for (int i=y;i<y+n-1;i++)                           //右一列
        {   a[i][x+n-1]=start;
            start++;
        }
        for (int j=x+n-1;j>x;j−−)                          //下一行
        {   a[y+n-1][j]=start;
            start+=1;
        }
        for (int i=y+n-1;i>y;i−−)                          //左一列
```

```
        {    a[i][x]＝start;
             start＋＋;
        }
        Spiral(a,x＋1,y＋1,start,n－2);                              //递归调用
    }
};
```

【提交结果】

执行结果：通过。执行用时 0ms,内存消耗 6.3MB(编程语言为 C++语言)。

视频讲解

5.2.2　LeetCode51————n 皇后

【题目解读】

n 皇后问题就是在 $n×n$ 的棋盘上放置 n 个皇后,并且使所有皇后彼此之间不能相互攻击,即所有皇后不同行、不同列和不同左右两条对角线。给定一个整数 $n(1≤n≤9)$,返回所有不同的 n 皇后问题的解决方案。

每一种解法包含一个不同的 n 皇后问题的棋子放置方案,该方案中 'Q' 和 '.' 分别代表了皇后和空位。在选择"C++语言"时要求设计如下函数:

```
class Solution {
public:
    vector < vector < string >> solveNQueens(int n) { }
};
```

例如 $n＝4$ 时,4 皇后问题有两个解,如图 5.5 所示,返回的结果是[[".Q..","...Q","Q...","..Q."],["..Q.","Q...","...Q",".Q.."]]。

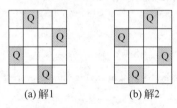

(a) 解1　　　　(b) 解2

图 5.5　4 皇后问题的两个解

解法 1

【解题思路】

采用递归方法求解。用整数数组 $q[N]$ 存放 n 皇后问题的求解结果,因为每行只能放一个皇后,$q[i](1≤i≤n)$ 的值表示第 i 个皇后所在的列号,即该皇后放在 $(i,q[i])$ 的位置上。对于图 5.5(a)的解 1,$q[1..4]＝\{2,4,1,3\}$(为了简便,不使用 $q[0]$ 元素)。

对于 (i,j) 位置上的皇后,是否与已放好的皇后 $(k,q[k])(1≤k≤i－1)$ 有冲突呢? 显然它们不同列,若同列,则有 $q[k]＝＝j$;对角线有两条,如图 5.6 所示,若它们在任一条对角线上,则构成一个等腰直角三角形,即满足条件 $|q[k]－j|＝＝|i－k|$。所以只要满足以下条件就存在冲突,否则不存在冲突:

$$(q[k]＝＝j)\,||\,(abs(q[k]－j)＝＝abs(i－k))$$

设 $queen(i,n)$ 是在 $1～i－1$ 行上已经放置了 $i－1$ 个皇后,用于在 $i～n$ 行放置剩下的

$n-i+1$ 个皇后,则 queen($i+1,n$)表示在 $1\sim i$ 行上已经放置了 i 个皇后,用于在 $i+1\sim n$ 行放置 $n-i$ 个皇后。显然 queen($i+1,n$)比 queen(i,n)少放置一个皇后,所以 queen(i,n) 是大问题,queen($i+1,n$)是小问题,则求解皇后问题所有解的递归模型如下:

queen(i,n)≡n 个皇后放置完毕,输出一个解　　　　　　　　　　　　若 $i>n$

queen(i,n)≡在第 i 行找到一个合适的位置(i,j),放置一个皇后　　　　其他情况
　　　　　　　queen($i+1,n$)

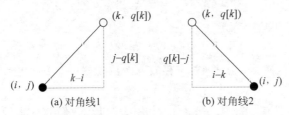

(a) 对角线1　　　　　　　　(b) 对角线2

图 5.6　两个皇后构成对角线的情况

【设计代码】

```
class Solution {
    vector < vector < string >> ans;              //存放所有的解
    int q[12];                                    //存放一个解
public:
    vector < vector < string >> solveNQueens(int n)
    {    queen(1,n);                              //放置 1~n 的皇后
         return ans;
    }
    bool place(int i,int j)                       //测试(i,j)位置能否摆放皇后
    {    if (i==1) return true;                   //第一个皇后总是可以放置
         int k=1;
         while (k<i)                              //k=1~i-1 是已放置了皇后的行
         {    if ((q[k]==j) || (abs(q[k]-j)==abs(i-k)))
                  return false;
              k++;
         }
         return true;
    }
    void queen(int i,int n)                       //递归算法:放置 1~i 的皇后
    {    if (i>n)                                 //所有皇后放置结束
         {    vector < string > asolution;        //存放一个解
              for(int j=1;j<=n;j++)
              {    string str(n,'.');             //存放一个皇后位置的字符串
                   str[q[j]-1]='Q';
                   asolution.push_back(str);
              }
              ans.push_back(asolution);           //向 ans 中添加一个解
              return;
         }
         for (int j=1;j<=n;j++)                   //在第 i 行上试探每一个列 j
         {    if (place(i,j))                     //在第 i 行上找到一个合适位置(i,j)
              {    q[i]=j;
```

```
            queen(i+1,n);
        }
    }
}
};
```

【提交结果】

执行结果：通过。执行用时 4ms，内存消耗 8MB（编程语言为 C++语言）。

解法2

视频讲解

【解题思路】

采用非递归方法求解。用一个栈 st 存放已经放置好的皇后，其元素为（皇后 i 的行号，皇后 i 的列号）$(1 \le i \le n)$。

假设已经放置好了编号为 $1 \sim i-1$ 的 $i-1$ 个皇后，它们的位置均存放在栈 st 中，对于其中某个皇后 e，其位置是$(e.x, e.y)$。现在要放置皇后 i，考查位置(i,j)是否与前面所有的皇后冲突？按照解法 1 可知，只要满足以下条件就说明位置(i,j)存在冲突，不能在该位置放置皇后 i，否则不存在冲突，可以试探放置皇后 i：

$$((e.y==j) \,||\, (abs(e.y-j)==abs(i-e.x)))$$

首先将第一个皇后位置$(1,0)$进栈，栈不空时循环，出栈元素 e，置 $i=e.x,j=e.y$，处理步骤如下：

(1) 在第 i 行中从列 $j=j+1$ 开始找一个适合的位置，如果找到了与前面放置的全部皇后没有冲突的位置(i,j)，则将第 i 个皇后放置在(i,j)位置，将该皇后位置进栈。

① 如果此时 $i==n$，说明 n 个皇后已放置好，得到一个解，将其转换后添加到 ans 中。

② 否则将$(i+1,0)$进栈，表示第 $i+1$ 个皇后从 0 列开始找到一个适合的位置。

(2) 如果第 i 行中从列 j 开始没有找到适合的位置，则回到循环开头，出栈下一个皇后继续查找。

例如，$n=4$ 时求全部解的过程是将$[1,0]$进栈，如图 5.7(a)所示，栈不空时循环：

(1) 出栈$[1,0]$，找到第一个皇后的合适位置$[1,1]$，如图 5.7(b)所示。将$[1,1]$进栈，同时将$[2,0]$进栈。

(2) 出栈$[2,0]$，找到第 2 个皇后的合适位置$[2,3]$，如图 5.7(c)所示。将$[2,3]$进栈，同时将$[3,0]$进栈。

(3) 出栈$[3,0]$，第 3 个皇后找不到合适位置，出栈第 2 个皇后位置$[2,3]$，找到第 2 个皇后的合适位置$[2,4]$，如图 5.7(d)所示。将$[2,4]$进栈，同时将$[3,0]$进栈。

(4) 出栈$[3,0]$，找到第 3 个皇后的合适位置$[3,2]$，如图 5.7(e)所示。将$[3,2]$进栈，同时将$[4,0]$进栈。

(5) 出栈$[4,0]$，第 4 个皇后找不到合适位置；出栈第 3 个皇后位置$[3,2]$，第 3 个皇后后面也找不到合适位置；出栈第 2 个皇后位置$[2,4]$，第 2 个皇后后面也找不到合适位置；出栈第一个皇后位置$[1,1]$，找到第一个皇后的合适位置$[1,2]$，如图 5.7(f)所示。将$[1,2]$进栈，同时将$[2,0]$进栈。

(6) 出栈$[2,0]$，找到第 2 个皇后的合适位置$[2,4]$，如图 5.7(g)所示。将$[2,4]$进栈，同时将$[3,0]$进栈。

  (7) 出栈[3,0],找到第 3 个皇后的合适位置[3,1],如图 5.7(h)所示。将[3,1]进栈,同时将[4,0]进栈。

  (8) 出栈[4,0],找到第 4 个皇后的合适位置[4,3],如图 5.7(i)所示。将[4,3]进栈,此时 $i=4$,产生一个解。

  (9) 出栈[4,3],第 4 个皇后后面找不到其他合适位置,出栈第 3 个皇后位置[3,1],第 3 个皇后后面也找不到合适位置;出栈第 2 个皇后位置[2,4],第 2 个皇后后面也找不到合适位置;出栈第一个皇后位置[1,2],找到第一个皇后的合适位置[1,3],如图 5.7(j)所示。

  (10) 以此类推,找到第 2 个解,如图 5.7(k)所示,再回退找不到其他解,结束。

  从中看出,在求解中既有正向搜索,如第一个皇后→第 2 个皇后→第 3 个皇后等,也有回退,如第 3 个皇后没有合适位置→第 2 个皇后,第 2 个皇后再找到下一个合适位置。因此需要保存搜索的路径,而回退过程总是回退到最近的皇后,即后进先出,所以采用栈保存搜索路径。

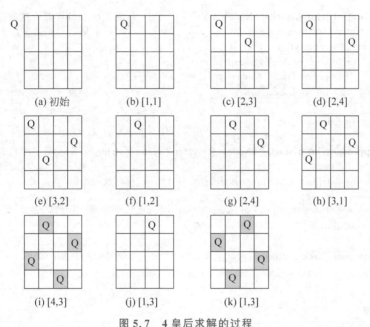

图 5.7 4 皇后求解的过程

【设计代码】

```
struct SNode                               //栈元素类型
{   int x,y;                               //存放一个皇后的位置(x,y)
    SNode(int x1,int y1):x(x1),y(y1) { }   //构造函数
};
class Solution {
public:
    vector < vector < string >> solveNQueens( int n)   //非递归算法
    {   int i,j;
        vector < vector < string >> ans;               //存放所有的解
        stack < SNode > st;                            //定义一个栈
        SNode e(1,0);                                  //第一个皇后从(1,0)位置开始
        st. push(e);                                   //将第一个皇后的(1,0)位置进栈
        while (!st.empty())                            //栈不空时循环
```

```
        {   e=st.top();st.pop();                      //出栈一个皇后
            i=e.x; j=e.y;
            j++;                                       //从下一列开始查找
            while (j<=n)
            {   if(place(i,j,st))                      //(i,j)位置可以放置皇后i
                {   st.push(SNode(i,j));               //将(i,j)进栈
                    if (i==n)                          //n个皇后放置好后得到一个解
                        appendans(n,st,ans);           //将这个解转换后添加到 ans 中
                    else                               //n个皇后没有放完
                        st.push(SNode(i+1,0));         //将下一个皇后(i+1,0)进栈
                    break;
                }
                j++;
            }
        }
        return ans;
    }
    bool place(int i,int j,stack<SNode> st)            //测试(i,j)位置能否摆放皇后
    {   if (i==1) return true;                         //第一个皇后总是可以放置
        while(!st.empty())
        {   SNode e=st.top(); st.pop();
            if ((e.y==j) || (abs(e.y-j)==abs(i-e.x)))
                return false;
        }
        return true;
    }
    void appendans(int n,stack<SNode> st,vector<vector<string>> &ans)   //将 st 中的一个解存
                                                                        //放到 ans 中
    {   vector<string> asolution(n,string(n,'.'));     //存放一个解
        while (!st.empty())
        {   SNode e=st.top(); st.pop();
            asolution[e.x-1][e.y-1]='Q';
        }
        ans.push_back(asolution);                      //向 ans 中添加一个解
    }
};
```

【提交结果】

执行结果：通过。执行用时 68ms，内存消耗 82.6MB（编程语言为 C++语言）。

第6章

数组和矩阵

6.1　数　　组

6.1.1　LeetCode485——最大连续 1 的个数★

视频讲解

【题目解读】

用一个 0/1 数组表示一个二进制数，设计一个算法求其中最大连续 1 的个数。在选择"C++语言"时要求设计如下函数：

```cpp
class Solution {
public：
    int findMaxConsecutiveOnes(vector < int > & nums) { }
};
```

例如，nums＝[1,1,0,1,1,1]，最大连续 1 的个数是 3，结果为 3。

【解题思路】

用 ans 存放最后结果(初始为 0)，用 cur 累计当前连续 1 的个数。当 cur＞ans 时置 ans＝cur。最后返回 ans。

【设计代码】

```cpp
class Solution {
public：
    int findMaxConsecutiveOnes(vector < int > & nums)
    {   int ans＝0,cur＝0;
        for (int i＝0;i＜nums.size();i++)
        {   if (nums[i]＝＝0)
                cur＝0;
            else
                cur++;
            if (cur＞ans) ans＝cur;
        }
        return ans;
    }
};
```

【提交结果】

执行结果：通过。执行用时 36ms，内存消耗 32.7MB(编程语言为 C++语言)。

6.1.2　LeetCode169——多数元素★

视频讲解

【问题描述】

给定一个大小为 n 的数组，设计一个算法求其中的多数元素。多数元素是指在数组中出现次数大于 $\lfloor n/2 \rfloor$ 的元素。假设该数组是非空的，并且总是存在多数元素。在选择"C++语言"时要求设计如下函数：

```cpp
class Solution {
public：
```

```
        int majorityElement(vector < int > & nums) { }
};
```

例如,nums=[3,2,3],$n=3$,元素 3 出现两次,结果为 3。

解法 1

【解题思路】

由于 nums 中一定存在多数元素,最简单的方法是将 nums 数组元素递增排序,取出 $\lfloor n/2 \rfloor$ 位置的元素即可。

【设计代码】

```cpp
class Solution {
public:
    int majorityElement(vector < int > & nums)
    {   int n=nums.size();
        sort(nums.begin(),nums.end());
        return nums[n/2];
    }
};
```

【提交结果】

执行结果:通过。执行用时 28ms,内存消耗 19.1MB(编程语言为 C++语言)。

解法 2

【解题思路】

用 ans 表示 nums 中的多数元素。首先置 ans=nums[0],其出现次数 cnt=1。用 i 遍历 nums 的其余元素。若 nums[i]==ans,则执行 cnt++;否则执行 cnt−−。如果 cnt==0,说明前面没有找到多数元素,再在 nums[$i..n-1$]中重新找多数元素,即置 ans=nums[i],cnt=1。由于题目中规定多数元素一定存在,遍历完毕 ans 即为所求。

【设计代码】

```cpp
class Solution {
public:
    int majorityElement(vector < int > & nums)
    {   int n=nums.size();
        int ans=nums[0];
        int cnt=1;
        for (int i=1;i < n;i++)
        {   if (nums[i]==ans)
                cnt++;
            else
                cnt−−;
            if (cnt==0)
            {   ans=nums[i];
                cnt=1;
            }
        }
        return ans;
    }
};
```

【提交结果】

执行结果：通过。执行用时 12ms，内存消耗 19.1MB（编程语言为 C++语言）。

6.1.3　LeetCode283——移动零★

视频讲解

【题目解读】

设计一个算法将数组 nums 中的所有零元素移动到末尾，其他元素仍然保持相对顺序，要求空间复杂度为 $O(1)$。在选择"C++语言"时要求设计如下函数：

```
class Solution {
public:
    void moveZeroes(vector < int > & nums) { }
};
```

例如，nums=[0,1,0,3,12]，移动后的结果为[1,3,12,0,0]。

解法 1

【解题思路】

采用《教程》中例 2.3 的解法 1，即整体建表法，用 k 记录数组中当前非零元素的个数，将非零元素重新插入。当结果数组创建好后，非零元素的个数为 k，将末尾的 $n-k$ 个元素（即 nums[$k..n-1$]）均设为 0。

【设计代码】

```
class Solution {
public:
    void moveZeroes(vector < int > & nums)
    {   int n=nums.size();
        int i=0,k=0;
        while (i < n)
        {   if (nums[i]!=0)              //需要保留的元素
            {   nums[k]=nums[i];         //重新插入
                k++;
            }
            i++;
        }
        for (int j=k;j < n;j++)          //末尾元素均设置为 0
            nums[j]=0;
    }
};
```

【提交结果】

执行结果：通过。执行用时 0ms，内存消耗 8.8MB（编程语言为 C++语言）。

解法 2

【解题思路】

采用《教程》中例 2.3 的解法 2，即前移法，用 k 记录数组中当前为 0 的元素个数，将非零元素前移 k 个位置。当结果数组创建好后，非零元素的个数为 $n-k$，将末尾的 k 元素（即 nums[$n-k..n-1$]）均设为 0。

【设计代码】

```cpp
class Solution {
public:
    void moveZeroes(vector < int > & nums)
    {   int n＝nums.size();
        int i＝0,k＝0;
        while (i < n)
        {   if (nums[i]＝＝0)              //需要删除的元素
                k＋＋;
            else                          //需要保留的元素
                nums[i－k]＝nums[i];
            i＋＋;
        }
        for (int j＝n－k;j < n;j＋＋)      //末尾的 k 个元素均设置为 0
            nums[j]＝0;
    }
};
```

【提交结果】

执行结果：通过。执行用时 4ms,内存消耗 8.7MB(编程语言为 C++语言)。

6.2　矩　　阵

6.2.1　LeetCode867——转置矩阵★

视频讲解

【题目解读】

设计一个算法,将 $m \times n$ 的二维数组 A 按主对角线翻转(转置)为 $n \times m$ 的二维数组。在选择"C++语言"时要求设计如下函数:

```cpp
class Solution {
public:
    vector < vector < int >> transpose(vector < vector < int >> & matrix) { }
};
```

例如,$A ＝[[1,2,3],[4,5,6]]$,转置结果为$[[1,4],[2,5],[3,6]]$。

【解题思路】

建立一个 n 行 m 列的二维数组 ans,置 ans$[j][i]＝$matrix$[i][j]$,最后返回 ans。

【设计代码】

```cpp
class Solution {
public:
    vector < vector < int >> transpose(vector < vector < int >> & matrix)
    {   int m ＝ matrix.size();
        int n ＝ matrix[0].size();
        vector < vector < int >> ans(n, vector < int >(m));
        for (int i＝0; i < m; i＋＋)
            for (int j＝0; j < n;j＋＋)
```

```
            ans[j][i]＝matrix[i][j];
        return ans;
    }
};
```

【提交结果】

执行结果：通过。执行用时 16ms，内存消耗 10.4MB（编程语言为 C++语言）。

视频讲解

6.2.2　LeetCode1572——矩阵对角线元素的和★

【题目解读】

给定一个正方形矩阵 mat，设计一个算法求矩阵主对角线上的元素和副对角线上不在主对角线上的元素的和。在选择"C++语言"时要求设计如下函数：

```
class Solution {
public:
    int diagonalSum(vector < vector < int >> & mat) { }
};
```

例如，mat＝[[1,2,3],[4,5,6],[7,8,9]]，结果为 25；mat＝[[1,1,1,1],[1,1,1,1]，[1,1,1,1],[1,1,1,1]]，结果为 8。

【解题思路】

这里的矩阵是 n 阶方阵，先求出两条对角线上元素的和 sum1 和 sum2，当 n 为奇数时，返回结果为 sum1＋sum2－mat$[n/2][n/2]$；当 n 为偶数时，返回结果为 sum1＋sum2。

【设计代码】

```
class Solution {
public:
    int diagonalSum(vector < vector < int >> & mat)
    {   int n＝mat.size();
        if(n==1) return mat[0][0];
        int sum1＝0,sum2＝0;
        for (int i=0;i<n;i++)              //求左上－右下对角线元素和 sum1
            sum1+＝mat[i][i];
        for(int i=0,j=n-1;i<n;i++,j--)     //求右上－左下对角线元素和 sum2
            sum2+＝mat[i][j];
        if(n%2==1)                         //n为奇数的情况
            return sum1+sum2-mat[n/2][n/2];
        else                               //n为偶数的情况
            return sum1+sum2;
    }
};
```

【提交结果】

执行结果：通过。执行用时 8ms，内存消耗 11MB（编程语言为 C++语言）。

视频讲解

6.2.3　LeetCode566——重塑矩阵★

【题目解读】

设计一个算法将一个矩阵重塑为另一个大小不同的新矩阵，重塑矩阵需要将原始矩阵的所有元素按行优先顺序填充。也就是说将一个矩阵 nums$[m][n]$ 采用 ans$[r][c]$ 存放，当 $m×n≠r×c$ 时返回 nums。在选择"C++语言"时要求设计如下函数：

```
class Solution {
public:
    vector < vector < int >> matrixReshape(vector < vector < int >> & nums, int r, int c) { }
};
```

例如，nums=[[1,2],[3,4]]，$r=1$，$c=4$，求出 ans=[[1,2,3,4]]；nums=[[1,2],[3,4]]，$r=2$，$c=4$，直接返回 nums。

【解题思路】

若参数 r 和 c 不合理（$m×n≠r×c$），直接返回 nums。若参数 r 和 c 合理（$m×n==r×c$），按行序优先将 nums 中的所有元素存放到 ans 中，即 k 从 0 开始，i 从 0 到 $r-1$，j 从 0 到 $c-1$ 循环取 nums 中序号为 k 的元素存放到 ans$[i][j]$ 中，每放入一个元素 k 增 1。而 nums 中序号为 k 的元素的行号为 k/n、列号为 $k\%n$，即 nums$[k/n][k\%n]$，最后返回 ans。

【设计代码】

```
class Solution {
public:
    vector < vector < int >> matrixReshape(vector < vector < int >> & nums, int r, int c)
    {   int m=nums.size();                  //m 为 nums 的行数
        int n=nums[0].size();               //n 为 nums 的列数
        if(m * n!=r * c)                     //给定参数不合理,输出原矩阵
            return nums;
        vector < vector < int >> ans;
        int k=0;
        vector < int > row;                  //存放重塑矩阵的一行
        for(int i=0;i<r;i++)
        {   row.clear();
            for(int j=0;j<c;j++)
            {   row.push_back(nums[k/n][k%n]);   //nums 中序号为 k 的元素的行号是 k/n、
                                                 //列号是 k%n
                k++;
            }
            ans.push_back(row);
        }
        return ans;
    }
};
```

【提交结果】

执行结果：通过。执行用时 16ms，内存消耗 10.8MB（编程语言为 C++语言）。

6.2.4   LeetCode766——托普利茨矩阵★

视频讲解

【题目解读】

设计一个算法判断一个给定矩阵的所有从左上到右下的对角线上的元素是否都相同，若是（称为托普利茨矩阵）返回 true，否则返回 false。在选择"C++语言"时要求设计如下

函数：

```
class Solution {
public:
    bool isToeplitzMatrix(vector < vector < int >> & matrix) { }
};
```

例如，matrix＝[[1,2,3,4],[5,1,2,3],[9,5,1,2]]，该矩阵 3 行 4 列，如图 6.1 所示，共有 6 条从左上到右下的对角线，所有对角线的元素值相同，是一个托普利茨矩阵，返回 true。

图 6.1　一个托普利茨矩阵

【解题思路】

对于 m 行 n 列的矩阵 a（这里的 m 和 n 不一定相同），判断是否为托普利茨矩阵的过程如图 6.2 所示，从中看出从（row,col）位置开始的对角线的下一个有效位置是（row＋1，col＋1）。设计 check(matrix,m,n,initd,row,col) 函数判断 $m \times n$ 数组 matrix 中从（row,col）位置开始的对角线上的所有元素值是否均为 initd（initd＝matrix[row][col]）。

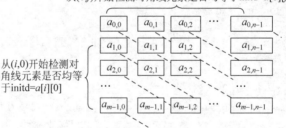

图 6.2　判断是否为托普利茨矩阵的过程

【设计代码】

```
class Solution {
public:
    bool isToeplitzMatrix(vector < vector < int >> & matrix)
    {   int m＝matrix.size();                    //m 为 matrix 数组的行数
        int n＝matrix[0].size();                 //n 为 matrix 数组的列数
        for (int j＝0;j < n;j++)
        {   if (!check(matrix,m,n,matrix[0][j],0,j))
                return false;
        }
        for (int i＝1;i < m;i++)
        {   if (!check(matrix,m,n,matrix[i][0],i,0))
                return false;
```

```
        }
        return true;
    }
    bool check(vector < vector < int >> &matrix, int m, int n, int initd, int row, int col)
    {   if (row >= m || col >= n)                    //元素位置超界表示该对角线判断完毕
            return true;                             //返回 true
        if (matrix[row][col] != initd)               //同对角线元素值不等于 initd
            return false;
        return check(matrix, m, n, initd, row+1, col+1);  //递归判断同对角线的下一个元素
    }
};
```

【提交结果】

执行结果：通过。执行用时 20ms,内存消耗 16.9MB(编程语言为 C++语言)。

第7章

树和二叉树

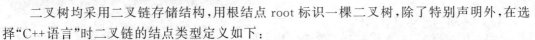

7.1.1　二叉树的存储结构及其创建

视频讲解

1. 二叉树的存储结构

二叉树均采用二叉链存储结构,用根结点 root 标识一棵二叉树,除了特别声明外,在选择"C++语言"时二叉链的结点类型定义如下:

```
struct TreeNode                                    //C++:二叉树结点类型
{   int val;                                       //结点值(为 int 类型)
    TreeNode * left;                               //左孩子结点指针
    TreeNode * right;                              //右孩子结点指针
    TreeNode():val(0), left(nullptr), right(nullptr) {}   //默认构造函数
    TreeNode(int x):
    val(x), left(nullptr), right(nullptr) {}       //重载构造函数 1
    TreeNode(int x, TreeNode * left, TreeNode * right):  //重载构造函数 2
    val(x), left(left), right(right) {}
};
```

2. 创建二叉树的方法

LeetCode 网站中用于测试的二叉树是通过层次序列化序列创建的。下面讨论二叉树的层次序列化和反序列化。

1) 二叉树的层次序列化

一棵非空二叉树加上外部结点(假设外部结点值均为特殊值 null),再进行层次遍历得到的结果称为层次序列化序列,该过程称为层次序列化。例如,如图 7.1(a)所示的一棵二叉树,加上外部结点如图 7.1(b)所示,其层次序列化序列为 $\{5,4,8,11,null,13,4\}$(省略后面连续的 null)。

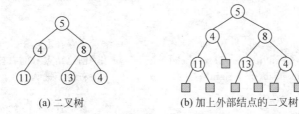

(a) 二叉树　　　　　　　　(b) 加上外部结点的二叉树

图 7.1　一棵二叉树和加上外部结点的二叉树

采用层次遍历方法(含每个外部结点的访问),由一棵二叉树 root 产生完整层次序列化序列 s 的算法如下:

```
void LevelSeq(TreeNode *  root, vector < int > &s)   //二叉树 root 的层次序列化
{   queue < TreeNode * > qu;                          //定义一个队列 qu
    qu. push(root);                                   //根结点进队
    while (!qu.empty())                               //队不空时循环
```

```
{   TreeNode * p=qu.front(); qu.pop();          //出队结点 p
    if (p!=NULL)                                 //结点 p 非空
    {   s.push_back(p->val);
        qu.push(p->left);                        //左孩子进队(含空的左孩子)
        qu.push(p->right);                       //右孩子进队(含空的右孩子)
    }
    else s.push_back(null);                      //结点 p 为空,添加外部结点值
}
}
```

2）二叉树的层次反序列化

由一棵二叉树的层次序列是不能唯一构造出该二叉树的,但可以由其层次序列化序列 *s* 唯一构造出该二叉树,这一过程称为二叉树的层次反序列化。给定层次序列化序列 *s*,采用分层的层次遍历方式构建二叉树 root 的算法如下：

```
TreeNode *  CreateBTree(vector < int > s)         //由层次序列化序列 s 创建二叉链:反序列化
{   int n=s.size();
    if (n==0)
        return NULL;
    TreeNode *  root, * p;
    int i=0;                                        //用 i 遍历 s
    queue< TreeNode * > qu;                          //定义一个队列 qu
    root=new TreeNode(s[i++]);                       //创建根结点
    qu.push(root);                                   //根结点进队
    while (!qu.empty())                              //队不空时循环:每次循环访问一层结点
    {   int m=qu.size();                             //求队中元素的个数 m
        for(int j=0;j<m;j++)                         //出队该层的 m 个结点
        {   p=qu.front(); qu.pop();                  //出队结点 p
            if (i<n && s[i]!=null)                   //结点 p 存在左孩子
            {   p->left=new TreeNode(s[i++]);        //创建结点 p 的左孩子
                qu.push(p->left);                    //左孩子进队
            }
            else
            {   p->left=NULL;                        //否则置结点 p 的左孩子为空
                i++;
            }
            if (i<n && s[i]!=null)                   //结点 p 存在右孩子
            {   p->right=new TreeNode(s[i++]);       //创建结点 p 的右孩子
                qu.push(p->right);                   //右孩子进队
            }
            else                                     //否则置结点 p 的右孩子为空
            {   p->right=NULL;
                i++;
            }
        }
    }
    return root;
}
```

7.1.2 LeetCode144——二叉树的先序遍历★★

【题目解读】

设计一个算法求二叉树的先序遍历序列。在选择"C 语言"时要求设计如下函数：

int * preorderTraversal(struct TreeNode * root, int * returnSize) { }

在选择"C++语言"时要求设计如下函数：

```
class Solution {
public:
    vector < int > preorderTraversal(TreeNode *  root) { }
};
```

例如如图 7.2 所示的 3 棵二叉树,树 *A* 的输出为[1,2,3],树 *B* 的输出为[1,2],树 *C* 的输出为[1,2]。

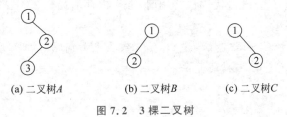

(a) 二叉树*A*　　　　　　(b) 二叉树*B*　　　　　(c) 二叉树*C*

图 7.2　3 棵二叉树

解法 1

【解题思路】

采用先序遍历递归方法。若 root 非空,首先访问根结点 root,再递归先序遍历左子树,最后递归先序遍历右子树。

【设计代码】

```
class Solution {                              //C++语言代码
    vector < int > ans;                       //存放先序遍历序列
public:
    vector < int > preorderTraversal(TreeNode *  root)
    {   preorder(root);
        return ans;
    }
    void preorder(TreeNode *  root)           //先序遍历递归算法
    {   if (root! = NULL)
        {   ans. push_back(root -> val);
            preorder(root -> left);
            preorder(root -> right);
        }
    }
};

# define MAXN 105                             //C 语言代码
int n;                                        //全局变量,累计访问的结点个数
```

```
void preorder(struct TreeNode * root, int * ans)        //先序遍历递归算法
{   if (root! = NULL)
    {   ans[n++] = root -> val;
        preorder(root -> left, ans);
        preorder(root -> right, ans);
    }
}

int *  preorderTraversal(struct TreeNode *  root, int *  returnSize)
{   int *  ans = (int * )malloc(sizeof(int) * MAXN);
    n = 0;
    preorder(root, ans);
     * returnSize = n;
    return ans;
}
```

【提交结果】

执行结果：通过。C++语言代码执行用时 0ms,内存消耗 8.2MB；C 语言代码执行用时 4ms,内存消耗 5.7MB。

注意：从上述 C 和 C++语言代码看出,C++代码更加简洁、清晰,所以后面在没有特别规定的情况下均采用 C++语言描述算法。

解法 2

【解题思路】

采用先序遍历非递归方法。参考《教程》中的 7.5.3 节,这里采用先序遍历非递归算法 1。

【设计代码】

```
class Solution {
    vector < int > ans;                             //存放先序遍历序列
public:
    vector < int > preorderTraversal(TreeNode *  root)
    {   preorder1(root);
        return ans;
    }

    void preorder1(TreeNode *  root)                //先序遍历非递归算法 1
    {   if (root == NULL) return;
        stack < TreeNode * > st;                    //定义一个栈
        st. push(root);                             //根结点进栈
        while (!st. empty())                        //栈不空时循环
        {   TreeNode *  p = st.top(); st.pop();      //出栈结点 p
            ans. push_back(p -> val);                //访问结点 p
            if (p -> right! = NULL)                   //有右孩子时将其进栈
                st. push(p -> right);
            if (p -> left! = NULL)                    //有左孩子时将其进栈
                st. push(p -> left);
        }
    }
};
```

【提交结果】

执行结果：通过。执行用时 4ms,内存消耗 8MB(编程语言为 C++语言)。

解法 3

【解题思路】

采用先序遍历非递归方法,参考《教程》中的 7.5.3 节,这里采用先序遍历非递归算法 2。

【设计代码】

```
class Solution {
    vector < int > ans;                          //存放先序遍历序列
public:
    vector < int > preorderTraversal(TreeNode *  root)
    {   preorder2(root);
        return ans;
    }
    void preorder2(TreeNode *  root)             //先序遍历非递归算法 2
    {   if (root==NULL) return;
        stack < TreeNode * > st;                 //定义一个栈
        TreeNode *  p=root;
        while (!st.empty() || p!=NULL)           //栈不空或者 p 不空时循环
        {   while (p!=NULL)                       //访问结点 p 及其所有左下结点并进栈
            {   ans.push_back(p->val);           //访问结点 p
                st.push(p);                      //结点 p 进栈
                p=p->left;                       //转向左孩子
            }
            if (!st.empty())                     //若栈不空
            {   p=st.top(); st.pop();            //出栈结点 p
                p=p->right;                      //转向处理其右子树
            }
        }
    }
};
```

【提交结果】

执行结果：通过。执行用时 4ms,内存消耗 8MB(编程语言为 C++语言)。

7.1.3 LeetCode94——二叉树的中序遍历★★

视频讲解

【题目解读】

设计一个算法求二叉树的中序遍历序列。在选择"C++语言"时要求设计如下函数：

```
class Solution {
public:
    vector < int > inorderTraversal(TreeNode *  root) { }
};
```

例如如图 7.2 所示的 3 棵二叉树,树 A 的输出为$[1,3,2]$,树 B 的输出为$[2,1]$,树 C 的输出为$[1,2]$。

解法 1

【解题思路】

采用中序遍历递归方法。若 root 非空,首先递归中序遍历左子树,再访问根结点 root,最后递归中序遍历右子树。

【设计代码】

```
class Solution {
        vector < int > ans;                              //存放中序遍历序列
public:
        vector < int > inorderTraversal(TreeNode *  root)
        {    inorder(root);
             return ans;
        }
        void inorder(TreeNode *  root)                   //中序遍历递归算法
        {    if (root! = NULL)
             {    inorder(root -> left);
                  ans. push_back(root -> val);
                  inorder(root -> right);
             }
        }
};
```

【提交结果】

执行结果:通过。执行用时 4ms,内存消耗 8.2MB(编程语言为 C++语言)。

解法 2

【解题思路】

采用中序遍历非递归方法,参考《教程》中的 7.5.3 节,用栈保存尚未访问的结点,一旦结点访问后将其出栈。

【设计代码】

```
class Solution {
        vector < int > ans;                              //存放中序遍历序列
public:
        vector < int > inorderTraversal(TreeNode *  root)
        {    inorder1(root);
             return ans;
        }
        void inorder1(TreeNode *  root)                  //中序遍历非递归算法
        {    if (root = = NULL) return;
             stack < TreeNode * > st;                      //定义一个栈
             TreeNode *  p = root;
             while (!st. empty() || p! = NULL)             //栈不空或者 p 不空时循环
             {    while (p! = NULL)                         //扫描结点 p 的所有左下结点并进栈
                  {    st. push(p);                        //结点 p 进栈
                       p = p -> left;                       //转向左孩子
                  }
                  if (!st. empty())                        //若栈不空
```

```
        { p=st.top(); st.pop();            //出栈结点 p
          ans.push_back(p->val);           //访问结点 p
          p=p->right;                      //转向处理其右子树
        }
      }
    }
};
```

【提交结果】

执行结果：通过。执行用时 0ms，内存消耗 8.1MB（编程语言为 C++语言）。

7.1.4 LeetCode145——二叉树的后序遍历★★

视频讲解

【题目解读】

设计一个算法求二叉树的后序遍历序列。在选择"C++语言"时要求设计如下函数：

```
class Solution {
public:
    vector<int> postorderTraversal(TreeNode* root) { }
};
```

例如如图 7.2 所示的 3 棵二叉树，树 A 的输出为$[3,2,1]$，树 B 的输出为$[2,1]$，树 C 的输出为$[2,1]$。

 解法 1

【解题思路】

采用后序遍历递归方法。若 root 非空，首先递归后序遍历左子树，再递归后序遍历右子树，最后访问根结点 root。

【设计代码】

```
class Solution {
    vector<int> ans;                       //存放后序遍历序列
public:
    vector<int> postorderTraversal(TreeNode* root)
    {   postorder(root);
        return ans;
    }
    void postorder(TreeNode* root)         //后序遍历递归算法
    {   if (root!=NULL)
        {   postorder(root->left);
            postorder(root->right);
            ans.push_back(root->val);
        }
    }
};
```

【提交结果】

执行结果：通过。执行用时 0ms，内存消耗 8.3MB（编程语言为 C++语言）。

解法 2

【解题思路】

采用后序遍历非递归方法,参考《教程》中的 7.5.3 节,用栈保存尚未访问的结点,一旦结点访问后将其出栈。

【设计代码】

```
class Solution {
    vector < int > ans;                        //存放后序遍历序列
public:
    vector < int > postorderTraversal(TreeNode *  root)
    {   postorder1(root);
        return ans;
    }
    void postorder1(TreeNode *  root)          //后序遍历非递归算法
    {   if (root==NULL) return;
        stack < TreeNode * > st;               //定义一个栈
        TreeNode *  p, * r;
        bool flag;
        p=root;
        do
        {   while (p!=NULL)                    //扫描结点 p 的所有左下结点并进栈
            {   st.push(p);                    //结点 p 进栈
                p=p->left;                     //转向左孩子
            }
            r=NULL;                            //r 指向刚访问的结点,初始时为空
            flag=true;                         //flag 为 true 表示正在处理栈顶结点
            while (!st.empty() && flag)
            {   p=st.top();                    //取出当前的栈顶结点 p
                if (p-> right==r)              //若结点 p 的右孩子为空或者为刚访问过的结点 r
                {   ans.push_back(p-> val);    //访问结点 p
                    st.pop();
                    r=p;                       //r 指向刚访问过的结点
                }
                else
                {   p=p-> right;               //转向处理其右子树
                    flag=false;                //表示当前不是处理栈顶结点
                }
            }
        } while (!st.empty());                 //栈不空时循环
    }
};
```

【提交结果】

执行结果:通过。执行用时 0ms,内存消耗 8.1MB(编程语言为 C++语言)。

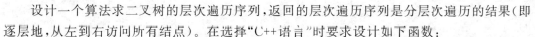

7.2 二叉树的层次遍历

7.2.1 LeetCode102——二叉树的层次遍历★★

视频讲解

【题目解读】

设计一个算法求二叉树的层次遍历序列,返回的层次遍历序列是分层次遍历的结果(即逐层地,从左到右访问所有结点)。在选择"C++语言"时要求设计如下函数:

```
class Solution {
public:
    vector < vector < int >> levelOrder(TreeNode * root) { }
};
```

例如,root=[3,9,10,15,7],创建的二叉树如图 7.3 所示,本算法返回的层次遍历结果是[[3],[9,20],[15,7]]。

图 7.3　一棵二叉树

解法 1

【解题思路】

采用基本层次遍历的思路。用 vector < vector < int >>容器 ans 存放结果。定义一个队列 qu,队列中的元素保存进队结点的地址和该结点的层次(这里根结点的层次计为 0),curl 表示当前层次(初始为 0)。用 vector < int > 容器 anslev 存放一层的遍历结果(初始为空)。

先将根结点进队,队不空时循环:出队结点 p,将其孩子结点进队,孩子结点的层次为双亲结点的层次加 1。若结点 p 的层次等于 curl,则访问结点 p,即将 $p -> val$ 添加到 anslev 中;否则进入下一层处理(当前访问的结点 p 应该是下一层的结点),将 anslev 添加到 ans 中,执行 curl++,重置 anslev 为空,将 $p -> val$ 添加到 anslev 中。在循环结束后还需要将最后一层的遍历结果 anslev 添加到 ans 中,最后返回 ans。

【设计代码】

```
struct QNode                                    //队列中元素的类型
{   TreeNode * p;                               //结点的地址
    int lev;                                    //结点的层次
    QNode(TreeNode * p1,int lev1):p(p1),lev(lev1) { }
};
class Solution {
public:
    vector < vector < int >> levelOrder(TreeNode * root)
    {   vector < vector < int >> ans;           //存放层次遍历序列
        if (root==NULL)
            return ans;
        queue < QNode > qu;                      //定义一个队列
        int curl=0;                              //当前层次(为了方便,层次从 0 开始计)
        qu.push(QNode(root,0));                  //根结点进队,其层次为 0
        vector < int > anslev;                   //存放一层的遍历序列
```

```
        while (!qu.empty())                          //队不空时循环
        {   QNode e＝qu.front(); qu.pop();          //出队元素 e
            TreeNode * p＝e.p;
            int lev＝e.lev;
            if (p－> left!＝NULL)
                qu.push(QNode(p－> left,lev+1));      //左孩子进队
            if (p－> right!＝NULL)
                qu.push(QNode(p－> right,lev+1));     //右孩子进队
            if(lev＝＝curl)                           //访问的结点 p 属于 curl 层的结点
                anslev.push_back(p－> val);
            else                                      //转向下一层
            {   ans.push_back(anslev);
                curl++;
                anslev.clear();
                anslev.push_back(p－> val);           //访问结点 p
            }
        }
        ans.push_back(anslev);                        //添加最后一层的结果
        return ans;
    }
};
```

【提交结果】

执行结果：通过。执行用时 4ms，内存消耗 12.3MB(编程语言为 C++语言)。

解法2

【解题思路】

同样采用基本层次遍历的思路。定义一个队列 qu，仅将结点的地址进队。另外设置 last 变量指向当前层中的最右结点。用 vector < int >容器 anslev 存放一层的遍历结果(初始为空)。

设置第 0 层(即根结点层)的 last 为根结点 root。将根结点进队，队不空时循环：出队结点 p，则访问结点 p，即将 p－> val 添加到 anslev 中，然后将结点 p 的非空左、右孩子结点进队(注意总是用变量 s 指向孩子结点)，若 $p＝＝$last 成立，表示结点 p 是当前层的最右结点，说明当前层处理完毕，此时需要进入下一层处理，将 anslev 添加到 ans 中，重置 anslev 为空，置 last＝s(结点 s 存放的是上一层结点的最后一个孩子，也就是当前层的最右结点)。最后返回 ans。

【设计代码】

```
class Solution {
public:
    vector < vector < int >> levelOrder(TreeNode *  root)
    {   vector < vector < int >> ans;                 //存放层次遍历序列
        if (root＝＝NULL)
            return ans;
        TreeNode *  p, * s;
        queue < TreeNode * > qu;                      //定义一个队列
        TreeNode *  last＝root;                        //根结点层的最右结点是根结点
        qu.push(root);                                //根结点进队，其层次为 0
```

```
        vector < int > anslev;                    //存放一层的遍历序列
        while (!qu.empty())                       //队不空时循环
        {   p=qu.front(); qu.pop();               //出队结点 p
            anslev.push_back(p->val);             //访问结点 p
            if (p->left!=NULL)
            {   s=p->left;                         //s 指向左孩子
                qu.push(s);                        //左孩子进队
            }
            if (p->right!=NULL)
            {   s=p->right;                        //s 指向右孩子
                qu.push(s);                        //右孩子进队
            }
            if (p==last)                           //当前层的所有结点处理完毕
            {   ans.push_back(anslev);             //当前层的遍历结果添加到 ans
                anslev.clear();                    //重置 anslev 为空
                last=s;                            //让 last 指向当前层的最右结点
            }
        }
        return ans;
    }
};
```

【提交结果】

执行结果:通过。执行用时 4ms,内存消耗 12.2MB(编程语言为 C++语言)。

解法3

【解题思路】

采用分层次的层次遍历思路。定义一个队列 qu,仅将结点的地址进队。层次遍历的过程是从根结点层开始,访问一层的全部结点后再访问下一层的结点。为此先将根结点进队,队不空时循环;求出队中元素的个数 n,它恰好为当前层的全部结点个数,循环 n 次,每次出队一个结点 p,访问结点 p,即将 $p->$val 添加到 anslev 中,同时将其非空孩子结点进队,当该层的 n 个结点处理完毕后将 anslev 添加到 ans 中,重置 anslev 为空,再进入下一层。最后返回 ans。

【设计代码】

```
class Solution {
public:
    vector < vector < int >> levelOrder(TreeNode *  root)
    {   vector < vector < int >> ans;              //存放层次遍历序列
        if (root==NULL)
            return ans;
        TreeNode *  p;
        queue < TreeNode *> qu;                     //定义一个队列
        qu.push(root);                              //根结点进队
        vector < int > anslev;                      //存放一层的遍历序列
        while (!qu.empty())                         //队不空时循环
        {   int n=qu.size();                        //求队中元素的个数
            for(int i=0;i<n;i++)                    //出队该层的 n 个结点
            {   p=qu.front(); qu.pop();             //出队结点 p
```

```
                anslev.push_back(p -> val);          //访问结点 p
                if (p -> left! = NULL)
                    qu.push(p -> left);              //左孩子进队
                if (p -> right! = NULL)
                    qu.push(p -> right);             //右孩子进队
            }
            ans.push_back(anslev);                   //当前层的遍历结果添加到 ans
            anslev.clear();                          //重置 anslev 为空
        }
        return ans;
    }
};
```

【提交结果】

执行结果：通过。执行用时 0ms，内存消耗 12.2MB（编程语言为 C++语言）。

视频讲解

7.2.2　LeetCode107——二叉树的层次遍历Ⅱ★★

【题目解读】

设计一个算法求二叉树的自底向上的层次遍历序列。在选择"C++语言"时要求设计如下函数：

```
class Solution {
public:
    vector < vector < int >> levelOrderBottom(TreeNode *  root) { }
};
```

例如，如图 7.3 所示的二叉树，返回其层次遍历结果是[[15,7],[9,20],[3]]。从中看出，最后返回的层次遍历序列是分层次遍历的结果。

【解题思路】

可以采用 7.2.1 题的各种解法，求出按层划分的层次遍历序列后翻转即可。这里采用解法 3，即分层次的层次遍历方法。

【设计代码】

```
class Solution {
public:
    vector < vector < int >> levelOrderBottom(TreeNode *  root)
    {   vector < vector < int >> ans;
        if(root = = NULL)
            return ans;
        queue < TreeNode * > qu;
        qu.push(root);
        vector < int > anslev;                       //存放一层的遍历序列
        while(!qu.empty())
        {   int n = qu.size();
            for(int i = 0;i < n;i++)
            {   TreeNode * p = qu.front(); qu.pop();
                anslev.push_back(p -> val);
                if(p -> left! = NULL)
```

```
                qu.push(p->left);
            if(p->right!=NULL)
                qu.push(p->right);
        }
        ans.push_back(anslev);
        anslev.clear();
    }
    reverse(ans.begin(),ans.end());        //翻转 ans
    return ans;
    }
};
```

【提交结果】

执行结果：通过。执行用时 4ms，内存消耗 12.2MB(编程语言为 C++语言)。

7.3　　二叉树遍历算法的应用

7.3.1　LeetCode872——叶子相似的树 ★

视频讲解

【题目解读】

一棵二叉树中叶子的值按从左到右的顺序排列形成一个叶值序列。例如如图 7.4(a)所示的二叉树的叶值序列为(6,7,4,9,8)。

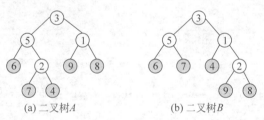

(a) 二叉树A   (b) 二叉树B

图 7.4　两棵二叉树

如果两棵二叉树的叶值序列相同，那么就认为它们是叶相似的。设计一个算法判断两棵根结点分别为 root1 和 root2 的树是否为叶相似的。在选择"C++语言"时要求设计如下函数：

```
class Solution {
public:
    bool leafSimilar(TreeNode * root1, TreeNode * root2) { }
};
```

例如，如图 7.4 所示的两棵二叉树的叶值序列均为(6,7,4,9,8)，结果为 true。若 root1＝[1,2,3]，root2＝[1,3,2]，它们的叶值序列不相同，结果为 false。

解 法 1

【解题思路】

叶值序列是二叉树中所有叶子结点从左向右的序列。由于先序、中序和后序序列中的叶子结点的相对顺序是相同的,所以可以采用先序、中序或者后序遍历方式求出两棵二叉树的叶值序列,再判断是否相同。解法 1 采用先序遍历递归方法求解。

【设计代码】

```cpp
class Solution {
public:
    bool leafSimilar(TreeNode * root1，TreeNode * root2)
    {   if (root1==NULL && root2==NULL)
            return true;
        vector<int> leafs1,leafs2;
        preorder(root1,leafs1);
        preorder(root2,leafs2);
        if (leafs1.size()!=leafs2.size())
            return false;
        for (int i=0;i<leafs1.size();i++)
            if (leafs1[i]!=leafs2[i])
                return false;
        return true;
    }
    void preorder(struct TreeNode * root,vector<int> & leafs)    //先序遍历产生叶值序列
    {   if (root!=NULL)
        {   if (root->left==NULL && root->right==NULL)    //叶子结点
                leafs.push_back(root->val);
            preorder(root->left,leafs);                   //遍历左子树
            preorder(root->right,leafs);                  //遍历右子树
        }
    }
};
```

【提交结果】

执行结果：通过。执行用时 0ms,内存消耗 12.5MB(编程语言为 C++语言)。

解法 2

【解题思路】

解法 2 采用中序遍历递归方法求解。

【设计代码】

```cpp
class Solution {
public:
    bool leafSimilar(TreeNode * root1，TreeNode * root2)
    {   if (root1==NULL && root2==NULL)
            return true;
        vector<int> leafs1,leafs2;
        inorder(root1,leafs1);
        inorder(root2,leafs2);
        if (leafs1.size()!=leafs2.size())
            return false;
        for (int i=0;i<leafs1.size();i++)
            if (leafs1[i]!=leafs2[i])
                return false;
```

```
            return true;
        }
    void inorder(struct TreeNode * root,vector<int> & leafs)          //中序遍历产生叶值序列
    {   if (root!=NULL)
        {   inorder(root->left,leafs);                                //遍历左子树
            if (root->left==NULL && root->right==NULL)                //叶子结点
                leafs.push_back(root->val);
            inorder(root->right,leafs);                               //遍历右子树
        }
    }
};
```

【提交结果】

执行结果：通过。执行用时 4ms,内存消耗 12.3MB(编程语言为 C++语言)。

解法3

【解题思路】

解法 3 采用后序遍历递归方法求解。

【设计代码】

```
class Solution {
public:
    bool leafSimilar(TreeNode * root1, TreeNode * root2)
    {   if (root1==NULL && root2==NULL)
            return true;
        vector<int> leafs1,leafs2;
        postorder(root1,leafs1);
        postorder(root2,leafs2);
        if (leafs1.size()!=leafs2.size())
            return false;
        for (int i=0;i<leafs1.size();i++)
            if (leafs1[i]!=leafs2[i])
                return false;
        return true;
    }
    void postorder(struct TreeNode * root,vector<int> & leafs)        //后序遍历产生叶值序列
    {   if (root!=NULL)
        {   postorder(root->left,leafs);                              //遍历左子树
            postorder(root->right,leafs);                             //遍历右子树
            if (root->left==NULL && root->right==NULL)                //叶子结点
                leafs.push_back(root->val);
        }
    }
};
```

【提交结果】

执行结果：通过。执行用时 0ms,内存消耗 13MB(编程语言为 C++语言)。

7.3.2 LeetCode617——合并二叉树 ★

视频讲解

【题目解读】

给定两棵二叉树,想象将其中一棵覆盖到另一棵上时,两棵二叉树的一些结点便会重

叠。设计一个算法将两棵二叉树合并为一棵新的二叉树,合并的规则是如果两个结点重叠,那么将它们的值相加作为结点合并后的新值,否则不为空的结点将直接作为新二叉树的结点。在选择"C++语言"时要求设计如下函数：

```
class Solution {
public:
    TreeNode * mergeTrees(TreeNode * root1, TreeNode * root2) { }
};
```

例如,如图7.5所示,由树1和树2合并后得到树3。

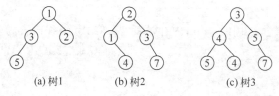

(a) 树1　　　　(b) 树2　　　　(c) 树3

图7.5　3棵二叉树

【解题思路】

采用先序遍历递归方法求解。设 $f(t1,t2)$ 返回合并二叉树 $t1$ 和 $t2$ 的结果,对应的递归模型如下：

$f(t1,t2)=t2$ 　　　　　　　　　　　当 $t1=$ NULL 时

$f(t1,t2)=t1$ 　　　　　　　　　　　当 $t2=$ NULL 时

$f(t1,t2)=t1(t1\text{->}val+t2\text{->}val,$ 即以 $t1$ 为新树的根结点　　　其他情况

　　　　　 $t1\text{->}left=f(t1\text{->}left,t2\text{->}left);$

　　　　　 $t1\text{->}right=f(t1\text{->}right,t2\text{->}right))$

【设计代码】

```
class Solution {
public:
    TreeNode * mergeTrees(TreeNode * root1, TreeNode * root2)
    {   if(root1==NULL)
            return root2;
        if(root2==NULL)
            return root1;
        root1->val+=root2->val;          //将结点值相加的结果存放到root1中
        root1->left=mergeTrees(root1->left,root2->left);
        root1->right=mergeTrees(root1->right,root2->right);
        return root1;
    }
};
```

【提交结果】

执行结果：通过。执行用时 48ms,内存消耗 31.5MB(编程语言为 C++语言)。

7.3.3　LeetCode236——二叉树的最近公共祖先★★

【题目解读】

给定一棵二叉树,设计一个算法求其中两个指定结点的最近公共祖先(LCA)。在选择
"C++语言"时要求设计如下函数:

视频讲解

```
class Solution {
public:
    TreeNode * lowestCommonAncestor(TreeNode * root, TreeNode * p, TreeNode * q) { }
};
```

例如,给定如图 7.6 所示的二叉树(root=[3,5,1,6,2,0,8,null,null,7,4])。若 $p=5$,
$q=1$,结果为 3;若 $p=5$,$q=4$,结果为 5。

解法 1

【解题思路】

采用递归后序遍历方法。设 $f(\text{root},p,q)$ 返回结点 p 和 q 的
LCA(由于 p 和 q 均存在,一定能够找到它们的 LCA)。

如果当前结点 root 是 p 或者 q 结点之一,则返回 root(可以
理解为自己是自己的 LCA);否则递归在左、右子树中查找。如

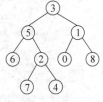
图 7.6　一棵二叉树

果左、右子树返回的结果均不为空,说明 p、q 结点分别在当前结点 root 的左、右两边,则
root 就是 LCA,返回 root;若一个不为空,返回不为空的结果;若都为空,返回空。

【设计代码】

```
class Solution {
public:
    TreeNode * lowestCommonAncestor(TreeNode * root, TreeNode * p, TreeNode * q)
    {   if (root==NULL)
            return NULL;
        if (root==p || root==q)
            return root;
        TreeNode * p1=lowestCommonAncestor(root -> left,p,q);
        TreeNode * q1=lowestCommonAncestor(root -> right,p,q);
        if (p1!=NULL && q1!=NULL)
            return root;
        if (p1!=NULL)
            return p1;
        if (q1!=NULL)
            return q1;
        return NULL;
    }
};
```

【提交结果】

执行结果:通过。执行用时 16ms,内存消耗 13.7MB(编程语言为 C++语言)。

解法2

【解题思路】

采用后序遍历非递归方法,若结点 p 和 q 的值分别为 x 和 y,在遍历中将根结点到 x 结点的路径存放到 pathx[0..nx−1]中,将根结点到 y 结点的路径存放到 pathy[0..ny−1]中。当在二叉树 b 中找到 x 和 y 结点后,在对应的 pathx 和 pathy 中从前向后找最后一个相同的结点,它就是 x 和 y 结点的最近共同祖先结点。

【设计代码】

```
class Solution {
    stack < TreeNode * > stx, sty;              //分别存放找到 x 和 y 的栈内容
public:
    TreeNode *  lowestCommonAncestor(TreeNode *  root, TreeNode *  p, TreeNode *  q)
    {   if (root==NULL)
            return NULL;
        Allancestor(root, p -> val, q -> val);  //求 stx 和 sty
        int nx=stx.size(), ny=sty.size();
        vector < TreeNode * > pathx(nx);
        vector < TreeNode * > pathy(ny);
        for (int i=0; i < nx; i++)              //将 stx 栈底到栈顶存放在 pathx[0..nx−1]中
        {   pathx[nx−i−1]=stx.top();
            stx.pop();
        }
        for (int i=0; i < ny; i++)              //将 sty 栈底到栈顶存放在 pathy[0..ny−1]中
        {   pathy[ny−i−1]=sty.top();
            sty.pop();
        }
        int minn= min(nx, ny);
        int i=0;
        while (i < minn && pathx[i] -> val==pathy[i] -> val)  //从前向后找最后一个相同的
            i++;                                //结点
        return pathx[i−1];
    }
    void Allancestor(struct TreeNode *  root, int x, int y)   //用后序遍历非递归算法求 stx 和 sty
    {   bool flag;
        stack < TreeNode * > st;                //定义一个栈
        bool findx=false, findy=false;          //表示是否找到 x 和 y 结点
        TreeNode *  p=root, * r;
        do
        {   while (p!=NULL)                     //将结点 p 的所有左下结点进栈
            {   st.push(p);
                p=p -> left;
            }
            r=NULL;                             //r 指向刚访问的结点
            flag=true;                          //flag 为 true 表示处理栈顶结点
            while (!st.empty() && flag)
            {   p=st.top();                     //取当前的栈顶元素
                if (p -> right==r)              //右子树不存在或已被访问,访问之
                {   if (p -> val==x)            //要访问的结点为 x 结点
```

```
{       stx=st;                         //将此时的 st 存入 stx 中
        findx=true;
}
else if (p->val==y)                     //要访问的结点为 y 结点
{       sty=st;                         //将此时的 st 存入 sty 中
        findy=true;
}
if (findx && findy)                     //x 和 y 结点均已找到时返回
    return;
st.pop();
r=p;                                    //r 指向刚访问的结点
}
else
{   p=p->right;                         //p 指向右子树
    flag=false;                        //flag 置为 false
}
}
} while (!st.empty());
}
};
```

【提交结果】

执行结果：通过。执行用时 16ms，内存消耗 14.9MB(编程语言为 C++ 语言)。

7.3.4   LeetCode226——翻转二叉树★

【题目解读】

设计一个算法翻转一棵二叉树,返回翻转后的二叉树的根结点。在选择"C++ 语言"时要求设计如下函数：

```
class Solution {
public:
    TreeNode * invertTree(TreeNode * root) { }
};
```

例如,如图 7.7(a)所示的二叉树 A 的翻转结果为如图 7.7(b)所示的二叉树 B。

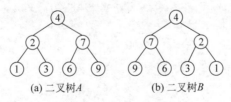

(a) 二叉树A   (b) 二叉树B

图 7.7   翻转二叉树

解法 1

【解题思路】

采用先序遍历递归方法求解。对于非空二叉树 root,先交换 root 的左、右指针域(相当于访问根结点),再翻转其左子树(root->left),最后翻转右子树(root->right)。翻转完成后返回 root。

【设计代码】

```cpp
class Solution {
public:
    TreeNode * invertTree(TreeNode * root)
    {   if (root==NULL)
            return NULL;
        TreeNode * tmp;
        tmp=root->left;                        //先处理根结点:交换左、右指针域
        root->left=root->right;
        root->right=tmp;
        root->left=invertTree(root->left);     //递归翻转左子树
        root->right=invertTree(root->right);   //递归翻转右子树
        return root;
    }
};
```

【提交结果】

执行结果：通过。执行用时 4ms,内存消耗 8.9MB(编程语言为 C++语言)。

解法2

【解题思路】

采用后序遍历递归方法求解。对于非空二叉树 root,先翻转其左子树为 left,再翻转其右子树为 right,最后置 root 的左、右子树分别为 right 和 left,翻转完成后返回 root。

【设计代码】

```cpp
class Solution {
public:
    TreeNode * invertTree(TreeNode * root)
    {   if (root==NULL)
            return NULL;
        TreeNode * left, * right;
        left=invertTree(root->left);     //递归翻转左子树
        right=invertTree(root->right);   //递归翻转右子树
        root->left=right;                //处理根结点:交换 root 的左、右指针域
        root->right=left;
        return root;
    }
};
```

【提交结果】

执行结果：通过。执行用时 4ms,内存消耗 8.9MB(编程语言为 C++语言)。

7.3.5　LeetCode114——二叉树展开为链表★★

视频讲解

【题目解读】

给定一棵二叉树,设计一个算法将它原地展开为一个单链表。在选择"C++语言"时要求设计如下函数:

```
class Solution {
public:
    void flatten(TreeNode *  root) { }
};
```

例如,如图 7.8(a)所示的二叉树展开的链表如图 7.8(b)所示。

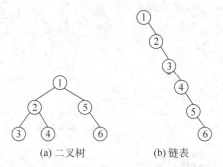

          (a) 二叉树   (b) 链表

图 7.8   一棵二叉树和展开的链表

解 法 1

【解题思路】

    采用后序遍历递归方法。先将结点 root 的左、右子树分别展开为一个单链表,它们的首结点分别为 root -> left(称为单链表 A)和 root -> right(称为单链表 B),这样得到根结点、单链表 A 和单链表 B 三部分,如图 7.9 所示为图 7.8(a)所示的二叉树对应的三部分,再将它们依次链接起来。

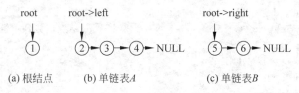

    (a) 根结点   (b) 单链表 A (c) 单链表 B

图 7.9   一棵二叉树展开的 3 个部分

【设计代码】

```
class Solution {
public:
    void flatten(TreeNode *  root)
    {   if(root==NULL)                    //空树直接返回
            return;
        flatten(root -> left);
        flatten(root -> right);
        TreeNode  * tmp= root -> right;    //临时存放单链表 B 的首结点
        root -> right= root -> left;
        root -> left=NULL;
        while(root -> right!=NULL)         //找到单链表 A 的尾结点
            root= root -> right;
        root -> right= tmp;                //链接起来
    }
};
```

【提交结果】

执行结果：通过。执行用时 12ms，内存消耗 12.3MB（编程语言为 C++语言）。

解法 2

【解题思路】

本题是由二叉树展开为一个以 right 指针链接的单链表，其结点顺序是原二叉树先序遍历序列。为此采用先序遍历递归方法，将每个访问的结点采用尾插法插入以 h 为头结点的单链表中，从而得到结果单链表。

【设计代码】

```cpp
class Solution {
    TreeNode * h;                              //结果单链表的头结点
    TreeNode * r;                              //结果单链表的尾结点
public:
    void flatten(TreeNode * root)
    {   if (root==NULL)                        //空树直接返回
            return;
        h=new TreeNode();                      //建立头结点
        r=h;
        preorder(root);
        r->right=NULL;
    }
    void preorder(struct TreeNode * root)      //先序遍历
    {   if (root!=NULL)
        {   TreeNode * left=root->left;
            TreeNode * right=root->right;
            r->right=root;                     //将 root 结点链接到单链表中
            r=root;
            root->left=NULL;
            preorder(left);
            preorder(right);
        }
    }
};
```

【提交结果】

执行结果：通过。执行用时 8ms，内存消耗 12.4MB（编程语言为 C++语言）。

7.3.6 LeetCode104——二叉树的最大深度 ★

视频讲解

【题目解读】

给定一棵二叉树，设计一个算法求其最大深度。二叉树的最大深度为根结点到最远叶子结点的最长路径上的结点数。在选择"C++语言"时要求设计如下函数：

```cpp
class Solution {
public:
    int maxDepth(TreeNode * root) { }
};
```

例如,如图 7.3 所示的二叉树,返回其最大深度为 3。

解法 1

【解题思路】

采用后序遍历递归算法求解。设 $f(b)$ 为二叉树 b 的最大深度,$f(b->\text{left})$ 和 $f(b->\text{right})$ 分别为左、右子树的最大深度,则 $f(b)=\max\{f(b->\text{left}),f(b->\text{right})\}+1$。

【设计代码】

```cpp
class Solution {
public:
    int maxDepth(TreeNode * root)
    {   if (root==NULL)
            return 0;
        int leftd=maxDepth(root->left);
        int rightd=maxDepth(root->right);
        return (leftd>rightd?leftd:rightd)+1;
    }
};
```

【提交结果】

执行结果:通过。执行用时 8ms,内存消耗 18.5MB(编程语言为 C++语言)。

解法 2

【解题思路】

采用分层次的层次遍历方法,一层一层地访问所有结点。用 max 表示树的最大深度(初始为 0),先将根结点进队,队不空时循环:ans++,求出当前层次的结点个数 n,循环 n 次出队该层的所有结点,并且将它们的非空孩子结点进队。最后返回 ans。

【设计代码】

```cpp
class Solution {
public:
    int maxDepth(TreeNode * root)
    {   if(root==NULL)
            return 0;
        int ans=0;                              //存放最大深度
        queue<TreeNode *> qu;                    //定义一个队列
        qu.push(root);                           //根结点进队
        while(!qu.empty())                       //队不空时循环
        {   ans++;
            int n=qu.size();                     //求出当前层次的结点个数 n
            for(int i=0;i<n;i++)                 //处理该层的 n 个结点
            {   TreeNode * p=qu.front(); qu.pop();  //出队一个结点 p
                if(p->left!=NULL)                //结点 p 有左孩子时将其进队
                    qu.push(p->left);
                if(p->right!=NULL)               //结点 p 有右孩子时将其进队
                    qu.push(p->right);
            }
        }
        return ans;
    }
};
```

【提交结果】

执行结果：通过。执行用时 12ms，内存消耗 18.6MB(编程语言为 C++语言)。

7.3.7　LeetCode111——二叉树的最小深度 ★

视频讲解

【题目解读】

给定一棵二叉树，设计一个算法求其最小深度。最小深度是从根结点到最近叶子结点的最短路径上的结点数量(即所有叶子结点中的最小层次)。在选择"C++语言"时要求设计如下函数：

```
class Solution {
public:
    int minDepth(TreeNode * root) { }
};
```

例如，对于如图 7.3 所示的二叉树，最小深度是 2。

解法 1

【解题思路】

采用后序递归遍历方法。设 $f(\text{root})$ 返回二叉树 root 的最小深度(空树的最小深度认为是 0，非空树的最小深度为从根结点到最近叶子结点的最短路径上的结点数量)，其递归模型如下：

$f(\text{root})=0$	当 root 为空树时
$f(\text{root})=f(\text{root}->\text{left})+1$	当 root 的右子树为空时
$f(\text{root})=f(\text{root}->\text{right})+1$	当 root 的左子树为空时
$f(\text{root})=\min(f(\text{root}->\text{left}),f(\text{root}->\text{right}))+1$	当 root 存在左、右子树时

从中可以看出，对于一个单分支结点，需要忽略为空的分支(为空的子树可以看成没有叶子结点)。

【设计代码】

```
class Solution {
public:
    int minDepth(TreeNode * root)
    {   if (root==NULL)                        //空树返回 0
            return 0;
        if (root->left==NULL)                  //左子树为空
            return minDepth(root->right)+1;
        else if (root->right==NULL)            //右子树为空
            return minDepth(root->left)+1;
        else                                   //存在左、右子树
        {   int leftd=minDepth(root->left);
            int rightd=minDepth(root->right);
            return (leftd<rightd?leftd:rightd)+1;
        }
    }
};
```

【提交结果】

执行结果：通过。执行用时 328ms,内存消耗 141.4MB(编程语言为 C++语言)。

解法 2

【解题思路】

采用分层次的层次遍历方法,一层一层地访问所有结点。用 ans 表示树的最小深度(初始为 0),先将根结点进队,队不空时循环:ans＋＋,求出当前层次的结点个数 n,循环 n 次出队该层的所有结点,并且将它们的孩子结点进队,若期间遇到一个叶子结点,返回 ans。

实际上就是求层次遍历时遇到的第一个叶子结点的层次(根结点的层次为 1)。

【设计代码】

```
class Solution {
public:
    int minDepth(TreeNode * root)
    {   if (root==NULL)
            return 0;
        int ans=0;                              //存放结果
        queue< TreeNode * > qu;                 //定义一个队列 qu
        qu.push(root);                          //根结点进队
        while (!qu.empty())                     //队不空时循环
        {   ans++;
            int n=qu.size();                    //求当前层的结点个数 n
            for (int i=0;i<n;i++)               //循环 cnt 次
            {   TreeNode * p=qu.front(); qu.pop();  //出队结点 p
                if (p->left==NULL && p->right==NULL)
                    return ans;                 //遇到第一个叶子结点返回 ans
                if (p->left!=NULL)              //结点 p 有左、右孩子
                    qu.push(p->left);           //左孩子进队
                if (p->right!=NULL)             //结点 p 有右孩子
                    qu.push(p->right);          //右孩子进队
            }
        }
        return 0;
    }
};
```

【提交结果】

执行结果：通过。执行用时 260ms,内存消耗 141.2MB(编程语言为 C++语言)。

7.3.8　LeetCode993——二叉树的堂兄弟结点 ★

视频讲解

【题目解读】

假设二叉树中根结点的深度为 0,每个深度为 k 的结点的孩子的深度为 $k+1$。如果二叉树的两个结点深度相同,但父结点不同,则它们是一对堂兄弟结点。设计一个算法,判断二叉树 root(所有结点值唯一)中结点值分别为 x 和 y 的两个结点是否为堂兄弟,如果是,返回 true,否则返回 false。在选择"C++语言"时要求设计如下函数:

```
class Solution {
```

```
public:
    bool isCousins(TreeNode * root, int x, int y) { }
};
```

图 7.10 一棵二叉树

例如，输入 root＝[1,2,3,null,4,null,5]，构造的二叉树如图 7.10 所示。若 $x=2$，$y=5$，则结果为 false，因为结点 2 和 5 的层次不同，既不是兄弟也不是堂兄弟。若 $x=2$，$y=3$，则结果为 false，因为结点 2 和 3 是兄弟而不是堂兄弟。若 $x=4$，$y=5$，则结果为 true，因为结点 4 和 5 是堂兄弟。

解法 1

【解题思路】

设计 preorder()函数，采用递归先序遍历求一个结点的层次及其双亲结点。对于 x 和 y 分别调用 preorder()函数求出它们的层次和双亲分别为（xlev，xparent）和（ylev，yparent），再进行相应的判断即可。

【设计代码】

```cpp
class Solution {
public:
    bool isCousins(TreeNode * root, int x, int y)
    {   TreeNode * xparent, * yparent;
        int xlev = preorder(root, x, 0, NULL, xparent);
        int ylev = preorder(root, y, 0, NULL, yparent);
        if(xlev == -1 || ylev == -1 || xparent == NULL || yparent == NULL)
            return false;
        if(xlev == ylev && xparent != yparent)    //x 和 y 结点的层次相同且双亲不同
            return true;                          //它们是堂兄弟,返回 true
        else
            return false;                         //否则不是堂兄弟,返回 false
    }
    int preorder(TreeNode * root, int x, int lev, TreeNode * p, TreeNode * &parent)
    {   if(root == NULL)
            return -1;
        if (root -> val == x)
        {   parent = p;
            return lev;
        }
        int leftlev = preorder(root -> left, x, lev+1, root, parent);
        if(leftlev != -1)
            return leftlev;
        return preorder(root -> right, x, lev+1, root, parent);
    }
};
```

【提交结果】

执行结果：通过。执行用时 0ms，内存消耗 10.5MB(编程语言为 C++语言)。

解法 2

【解题思路】

设计 levelorder() 函数,采用层次遍历求 x 和 y 结点的层次及其双亲结点。在求出 (xlev, xparent) 和 (ylev, yparent) 后,再进行相应的判断即可。

【设计代码】

```
struct QNode                                    //队列的元素类型
{    TreeNode * p;                              //存放二叉树结点的地址
     int lev;                                   //存放层次
     TreeNode * parent;                         //存放双亲结点的地址
     QNode(TreeNode * p1, int lev1, TreeNode * p2)   //构造函数
     {    p=p1; lev=lev1;
          parent=p2;
     }
};
class Solution {
int xlev, ylev;
     TreeNode * xparent, * yparent;
public:
     bool isCousins(TreeNode *  root, int x, int y)
     {    xlev=ylev=-1;
          xparent=yparent=NULL;
          levelorder(root, x, y);
          if(xlev==-1 || ylev==-1 || xparent==NULL || yparent==NULL)
               return false;
          if(xlev==ylev && xparent!=yparent)     //x 和 y 结点的层次相同且双亲不同
               return true;                      //它们是堂兄弟,返回 true
          else
               return false;                     //否则不是堂兄弟,返回 false
     }

     void levelorder(TreeNode *  root, int x, int y)
     {    if(root==NULL) return;
          bool xflag=false, yflag=false;
          queue < QNode > qu;
          qu.push(QNode(root, 0, NULL));         //根结点进队(层次为 0,双亲为空)
          while (!qu.empty())                    //队不空时循环
          {    QNode e=qu.front(); qu.pop();     //出队一个元素
               TreeNode * p=e.p;                 //出队结点 p
               if (p -> val==x)                  //找到结点 x
               {    xlev=e.lev;
                    xparent=e.parent;
                    xflag=true;
               }
               if (p -> val==y)                  //找到结点 y
               {    ylev=e.lev;
                    yparent=e.parent;
                    yflag=true;
               }
               if(xflag && yflag) return;        //找到 x 和 y 结点后结束
```

```
    if(p->left)                          //结点p有左孩子
      qu.push(QNode(p->left,e.lev+1,p));  //左孩子进队
    if(p->right)                         //结点p有右孩子
      qu.push(QNode(p->right,e.lev+1,p)); //右孩子进队
    }
  }
};
```

【提交结果】

执行结果：通过。执行用时 0ms，内存消耗 10.7MB(编程语言为 C++语言)。

7.3.9 LeetCode515——在每个树行中找最大值★

视频讲解

【题目解读】

设计一个算法，在二叉树 root 的每一行中找到最大值。在选择"C++语言"时要求设计如下函数：

```
class Solution {
public:
    vector<int> largestValues(TreeNode* root) {}
};
```

例如，输入 root=[1,3,2,5,3,null,9]，构造出的二叉树如图 7.11 所示，共 3 层，各层结点的最大值分别是 1、3、9，结果返回 [1,3,9]。

解法 1

【解题思路】

采用先序遍历递归的思路，用 vector<int>容器 ans 存放结果(初始为空)，即 ans[h]存放第 h 层的最大值(根结点为第 0 层)。在遍历中，对于当前访问的第 h 层结点 root，若 ans.size()==h，说明该结点是第一次遇到第 h 层结点，将其添加到 ans 中，即置 ans[h]=root->val，否则需要比较值的大小，以便保存该层的最大元素。

【设计代码】

```
class Solution {
public:
    vector<int> largestValues(TreeNode* root)
    {   vector<int> ans;
        if(root==NULL) return ans;
        preorder(root,0,ans);
        return ans;
    }
    void preorder(TreeNode* root,int h,vector<int> & ans)
    {   if(root==NULL) return;
        if(ans.size()==h)                  //第一次遇到第 h 层的元素
            ans.push_back(root->val);      //置 ans[h]=root->val
        else                               //非第一次遇到第 h 层的元素
        {   if(root->val>ans[h])           //比较取该层的最大元素
                ans[h]=root->val;
```

图 7.11 一棵二叉树

```
            }
            preorder(root->left,h+1,ans);              //遍历左子树
            preorder(root->right,h+1,ans);             //遍历右子树
        }
};
```

【提交结果】

执行结果：通过。执行用时 4ms,内存消耗 21.4MB(编程语言为 C++语言)。

解 法 2

【解题思路】

采用分层次的层次遍历思路。用 vector<int>容器 ans 存放结果(初始为空),对于当前第 curl 层(根结点为第 0 层),访问该层的全部结点,用 ans[curl]存放最大结点值。

【设计代码】

```
class Solution {
public:
    vector<int> largestValues(TreeNode* root)
    {   vector<int> ans;
        if(root==NULL) return ans;
        int curl=0;                                    //表示当前层次
        queue<TreeNode*> qu;                           //定义一个队列
        qu.push(root);                                 //根结点进队
        while(!qu.empty())                             //队不空时循环
        {   int n=qu.size();                           //求队中结点的个数 n
            for(int i=0;i<n;i++)                       //循环 n 次访问当前层的结点
            {   TreeNode* p=qu.front(); qu.pop();      //出队结点 p
                if(i==0)                               //是该层的首结点
                    ans.push_back(p->val);
                else                                   //是该层的非首结点
                {   if(p->val>ans[curl])
                        ans[curl]=p->val;
                }
                if(p->left!=NULL)                      //结点 p 有左孩子,将其进队
                    qu.push(p->left);
                if(p->right!=NULL)                     //结点 p 有右孩子,将其进队
                    qu.push(p->right);
            }
            curl++;
        }
        return ans;
    }
};
```

【提交结果】

执行结果：通过。执行用时 16ms,内存消耗 21.5MB(编程语言为 C++语言)。

7.3.10　LeetCode513——找树左下角的值★

视频讲解

【问题描述】

给定一棵二叉树,设计一个算法求树的最后一行中最左边的结点值。在选择"C++语

言"时要求设计如下函数：

```
class Solution {
public:
    int findBottomLeftValue(TreeNode * root) { }
};
```

例如，输入 root＝[1,2,3,4,null,5,6,null,null,7]，构造出的二叉树如图 7.12 所示，共 4 层，最下一层只有一个结点 7，它也是最左结点，结果返回 7。

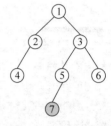

图 7.12　一棵二叉树

解法 1

【解题思路】

采用先序遍历递归的思路，用 vector < int >容器 ans 存放结果（初始为空），即 ans[h]存放第 h 层的最左边的结点值（根结点为第 0 层）。在遍历中，对于当前访问的第 h 层结点 root，若 ans.size()＝＝h，说明该结点是第一次遇到第 h 层结点，将其添加到 ans 中，即置 ans[h]＝root→val，否则跳过。当遍历完毕后，ans 中的最后一个元素（即 ans.back()）就是最后一行中最左边的结点值。

【设计代码】

```
class Solution {
public:
    int findBottomLeftValue(TreeNode * root)
    {   vector < int > ans;
        preorder(root,0,ans);
        return ans.back();
    }
    void preorder(TreeNode * root, int h, vector < int > & ans)
    {   if(root＝＝NULL) return;
        if(ans.size()＝＝h)                     //第一次遇到第 h 层的元素
            ans.push_back(root→val);           //置 ans[h]＝root→val
        preorder(root→left,h+1,ans);           //遍历左子树
        preorder(root→right,h+1,ans);          //遍历右子树
    }
};
```

【提交结果】

执行结果：通过。执行用时 20ms，内存消耗 21MB（编程语言为 C++语言）。

解法 2

【解题思路】

采用分层次的层次遍历思路，用 p 表示每一层的第一个结点，遍历完毕后 p 就是题目要求的最下一层的第一个结点。

【设计代码】

```
class Solution {
public:
    int findBottomLeftValue(TreeNode * root)
```

```
{   queue < TreeNode * > qu;
    TreeNode  * p;
    qu. push(root);
    while (!qu. empty())
    {   int n = qu. size();                    //当前层次的结点个数为 n
        p = qu. front();                       //记录当前层的第一个结点
        while (n-- > 0)                         //处理当前层的 n 个结点
        {   TreeNode * q = qu. front();
            qu. pop();
            if (q-> left) qu. push(q-> left);
            if (q-> right) qu. push(q-> right);
        }
    }
    return p-> val;
    }
};
```

【提交结果】

执行结果：通过。执行用时 20ms,内存消耗 21.3MB(编程语言为 C++语言)。

7.3.11　LeetCode101——对称二叉树★

【题目解读】

给定一棵二叉树,设计一个算法检查它是否为镜像对称的,若是镜像对称的,返回 true,否则返回 false。在选择"C++语言"时要求设计如下函数:

```
class Solution {
public:
    bool isSymmetric(TreeNode *  root) { }
};
```

例如,如图 7.13(a)所示的二叉树 A 是镜像对称的,返回 true;而如图 7.13(b)所示的二叉树 B 不是镜像对称的,返回 false。

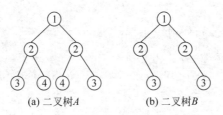

(a) 二叉树A　　　　　　(b) 二叉树B

图 7.13　两棵二叉树

解 法 1

【解题思路】

采用先序遍历递归方法求解。设 $f(t1,t2)$ 表示两棵二叉树 $t1$ 和 $t2$ 是否镜像对称(当 $t1$ 和 $t2$ 镜像对称时返回 true,否则返回 false),对应的递归模型如下:

$f(t1,t2) =$ true   当 $t1 = t2 =$ NULL 时

$f(t1,t2) =$ false   当 $t1$、$t2$ 中的一棵为空,另外一棵不空时

$f(t1,t2)=$false   当 $t1$ 和 $t2$ 均不空且两个结点值不同时

$f(t1,t2)=$false   当 $t1$ 和 $t2$ 均不空且 $f(t1->\text{left},t2->\text{right})$ 为 false 时

$f(t1,t2)=$false   当 $t1$ 和 $t2$ 均不空且 $f(t1->\text{right},t2->\text{left})$ 为 false 时

$f(t1,t2)=$true   其他情况

【设计代码】

```cpp
class Solution {
public:
    bool isSymmetric(TreeNode * root)
    {   if (root==NULL)
            return true;
        return isMirror(root-> left, root-> right);
    }
    bool isMirror(TreeNode * t1, TreeNode * t2)        //判断 t1 和 t2 是否对称
    {   if (t1==NULL && t2==NULL)
            return true;
        else if (t1==NULL || t2==NULL)
            return false;
        if (t1-> val! = t2-> val)
            return false;
        if (isMirror(t1-> right, t2-> left)==false)
            return false;
        if (isMirror(t1-> left, t2-> right)==false)
            return false;
        return true;
    }
};
```

【提交结果】

执行结果：通过。执行用时 8ms，内存消耗 15.6MB(编程语言为 C++语言)。

解法2

【解题思路】

采用层次遍历方法求解。分别同步层次遍历左、右子树，先将左、右孩子进队 qu1 和 qu2，在两个队列均不空时循环：qu1 出队结点 $p1$，qu2 出队结点 $p2$，若 $p1$ 和 $p2$ 中的一个空另外一个不空返回假，若 $p1$ 和 $p2$ 结点值不同返回假，否则将 $p1$ 的左、右孩子(含空结点)依次进队 qu1，将 $p2$ 的右、左孩子(含空结点)依次进队 qu2。循环结束后返回 true。

【设计代码】

```cpp
class Solution {
public:
    bool isSymmetric(TreeNode * root)
    {   if (root==NULL)
            return true;
        queue< TreeNode * > qu1, qu2;        //定义两个队列
        TreeNode * p1, * p2;
        qu1.push(root-> left);               //左孩子进 qu1
```

```
        qu2.push(root->right);              //右孩子进 qu2
        while (!qu1.empty() && !qu2.empty()) //两个队列均不空时循环
        {   p1=qu1.front(); qu1.pop();       //从 qu1 出队结点 p1
            p2=qu2.front(); qu2.pop();       //从 qu2 出队结点 p2
            if ((p1 && !p2) || (!p1 && p2))  //p1 和 p2 中的一个空一个不空时返回假
                return false;
            if (p1!=NULL && p2!=NULL)
            {   if (p1->val!=p2->val)        //p1 和 p2 结点值不同时返回假
                    return false;
                qu1.push(p1->lcft);          //p1 的左孩子进队 qu1
                qu1.push(p1->right);         //p1 的右孩子进队 qu1
                qu2.push(p2->right);         //p2 的右孩子进队 qu2
                qu2.push(p2->left);          //p2 的左孩子进队 qu2
            }
        }
        return true;                         //循环结束后返回 true
    }
};
```

【提交结果】

执行结果：通过。执行用时 12ms,内存消耗 16.3MB(编程语言为 C++语言)。

7.3.12 LeetCode662——二叉树最大宽度★★

视频讲解

【题目解读】

给定一棵二叉树,设计一个算法求其宽度,树的宽度是所有层中的最大宽度。每一层的宽度被定义为两个端点(该层最左和最右的非空结点,两端点之间的空结点也计入长度)之间的长度。在选择"C++语言"时要求设计如下函数:

```
class Solution {
public:
    int widthOfBinaryTree(TreeNode * root) { }
};
```

例如,如图 7.14(a)所示的二叉树,第 3 层具有最大宽度,树的宽度为 4(5,3,null,9);如图 7.14(b)所示的二叉树,第 3 层具有最大宽度,树的宽度为 2(5,3);如图 7.14(c)所示的二叉树,第 2 层具有最大宽度,树的宽度为 2(3,2);如图 7.14(d)所示的二叉树,第 4 层具有最大宽度,树的宽度为 8(6,null,null,null,null,null,null,7)。

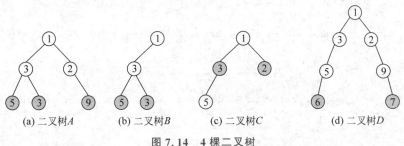

(a) 二叉树A   (b) 二叉树B   (c) 二叉树C   (d) 二叉树D

图 7.14   4 棵二叉树

解法 1

【解题思路】

采用 7.2.1 节"LeetCode102——二叉树的层次遍历"的解法 2 的思路。用 last 记录一层的最右结点，增加 first 记录该层的最左结点。层次遍历时队中的每个元素存放对应结点及其层序编号 lno(若访问的结点 e 的层序编号为 e.lno，其左、右孩子结点的层序编号分别为 $2*e.lno$ 和 $2*e.lno+1$)，每开始访问一层结点，用 first 记录该层的首结点元素，当一层访问完毕后，e 为最右结点的队列元素，计算 curw＝e.lno－first.lno+1，求出当前层的宽度，并且重置 last 和 flag(为 true 时表示下一步访问下一层的首结点)。在所有层次的 curw 中比较求最大值，即二叉树的宽度。

【设计代码】

```
struct QNode                                    //队列中的元素类型
{    TreeNode * p;                              //结点地址
     unsigned long long lno;                    //结点的层序编号(根结点编号为1)
     QNode() { }                                //构造函数
     QNode(TreeNode * p1, unsigned long long lno1)  //重载构造函数
     {    p＝p1;
          lno＝lno1;
     }
};
class Solution {
public:
     int widthOfBinaryTree(TreeNode *  root)
     {    long long ans＝0;                      //二叉树的宽度
          queue< QNode > qu;                     //定义一个队列
          bool flag＝true;
          TreeNode *  last＝root;                //第一层的最右结点为 root
          TreeNode * p, * q;
          QNode first;
          qu.push(QNode(root,1));                //根结点进队
          while(!qu.empty())                     //队不空时循环
          {    QNode e＝qu.front(); qu.pop();     //出队一个元素 e
               p＝e.p;                           //对应结点 p
               if (flag)                         //若为当前层的最左结点
               {    first＝e;                    //用 first 保存该最左结点
                    flag＝false;                 //置为 false
               }
               if (p-> left!＝NULL)              //结点 p 有左孩子时
               {    q＝p-> left;
                    qu.push(QNode(q,2 * e.lno)); //p 的编号为 i,其左孩子编号为 2i
               }
               if (p-> right!＝NULL)             //结点 p 有右孩子时
               {    q＝p-> right;
                    qu.push(QNode(q,2 * e.lno+1)); //p 的编号为 i,其右孩子编号为 2i+1
               }
               if (p＝＝last)                     //当前层的所有结点处理完毕
               {    long long curw＝e.lno－first.lno+1;  //求当前层的宽度
```

```
            if (ans < curw) ans = curw;              //比较求二叉树的宽度
            last = q;                                //让 last 指向下一层的最右结点
            flag = true;                             //下一步访问下一层的最左结点
        }
    }
    return (int)ans;
    }
};
```

【提交结果】

执行结果：通过。执行用时 12ms，内存消耗 15.9MB(编程语言为 C++语言)。

注意：由于测试数据比较大，队列中存放结点编号的 lno 成员需采用 unsigned long long 类型，如果用 int 或者 long long 类型会发生溢出。

解 法 2

【解题思路】

采用 7.2.1 节"LeetCode102——二叉树的层次遍历"的解法 3 的思路。这里分层次的层次遍历的过程是从根结点层开始，访问一层的全部结点后再访问下一层的结点。其过程是先将根结点(编号为 1)进队，队不空时循环：求出队中元素的个数 n，它恰好为当前层的全部结点个数，循环 n 次，每次出队一个元素 e，将其非空左、右孩子结点进队(左、右孩子的编号分别为 $2*e.lno$ 和 $2*e.lno+1$)，最先出队的结点就是该层的最左结点 first，最后出队的结点就是该层的最右结点 last，计算 curw=last.lno−first.lno+1 即为该层的宽度，比较求最大值 ans 即可。

【设计代码】

```
struct QNode                                         //队列中的元素类型
{   TreeNode * p;                                     //结点地址
    unsigned long long lno;                           //结点的层序编号(根结点编号为 1)
    QNode() { }                                       //构造函数
    QNode(TreeNode * p1, unsigned long long lno1)     //重载构造函数
    {   p = p1;
        lno = lno1;
    }
};
class Solution {
public:
    int widthOfBinaryTree(TreeNode *  root)
    {   long long ans = 0;                            //二叉树的宽度
        queue < QNode > qu;                           //定义一个队列
        bool flag = true;
        QNode first, last;
        qu.push(QNode(root, 1));                      //根结点进队
        while(! qu.empty())                           //队不空时循环
        {   int n = qu.size();                        //求队中元素的个数
            for(int i = 0; i < n; i++)                //出队该层的 n 个结点
            {   QNode e = qu.front(); qu.pop();       //出队元素 e
                TreeNode * p = e.p;
                if (i == 0) first = e;                //first 存放当前层的最左结点
```

```
        if (i==n-1) last=e;                      //last 存放当前层的最右结点
        if (p->left!=NULL)                       //结点 p 有左孩子时
            qu.push(QNode(p->left,2 * e.lno));
        if (p->right!=NULL)                      //结点 p 有右孩子时
            qu.push(QNode(p->right,2 * e.lno+1));
    }
    long long curw=last.lno-first.lno+1;         //求当前层的宽度
    if (ans < curw) ans=curw;                    //比较求二叉树的宽度
    }
    return (int)ans;
    }
};
```

【提交结果】

执行结果：通过。执行用时 16ms，内存消耗 15.9MB(编程语言为 C++语言)。

解法3

【解题思路】

设计两个 vector < int > 容器，即 first 和 last 容器，规定 first[h] 和 last[h](0≤h<二叉树的高度)分别存放每 h 层最左结点的编号和最右结点的编号，由于容器的下标是从 0 开始，所以假设根结点的顶点层次是 0，层序编号为 1。采用先序遍历求出这两个数组值，最后求每一层的最大宽度，其中的最大值就是树的宽度。

【设计代码】

```
typedef unsigned long long ULL;
class Solution {
public:
    int widthOfBinaryTree(TreeNode * root)
    {   vector < ULL > first,last;
        preorder(root,0,1,first,last);           //根结点的编号从 1 开始
        ULL ans=0;
        for(int i=0;i < first.size();i++)
        {   ULL curw=last[i]-first[i]+1;          //求每一层的宽度
            if (ans < curw) ans=curw;            //求树的宽度
        }
        return (int)ans;
    }
    void preorder(TreeNode * root,int h,ULL no,vector < ULL > & first,vector < ULL > & last)
    //先序遍历求 first 和 last
    {   if (root==NULL) return;
        if (first.size()==h)                     //首次访问第 h 层的结点
            first.push_back(no);                 //将首结点编号添加到 first 中
        if(last.size()==h)                       //首次访问第 h 层的结点
            last.push_back(no);                  //将首结点编号添加到 first 中
        else                                     //访问第 h 层的其他结点
            last[h]=no;                          //后者覆盖前者，最后存放第 h 层的最右结点编号
        preorder(root->left,h+1,2 * no,first,last);
        preorder(root->right,h+1,2 * no+1,first,last);
    }
};
```

【提交结果】

执行结果：通过。执行用时 0ms，内存消耗 16.5MB（编程语言为 C++语言）。

7.3.13　LeetCode112——路径总和★

【题目解读】

给定一棵二叉树和一个目标和，设计一个算法判断该树中是否存在根结点到叶子结点的路径，这条路径上的所有结点值相加等于目标和。在选择"C++语言"时要求设计如下函数：

```
class Solution {
public:
    bool hasPathSum(TreeNode * root, int targetSum) { }
};
```

例如，给定如图 7.15 所示的二叉树以及目标和 targetSum=22，返回 true，因为存在目标和为 22 的根结点到叶子结点的路径 5->4->11->2。

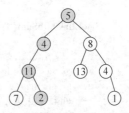

图 7.15　一棵二叉树

解法 1

【解题思路】

采用先序遍历递归方法。设 $f(\text{root}, \text{sum})$ 表示是否存在根结点到叶子结点的路径和为 sum 的路径。对应的递归模型如下：

$f(\text{root}, \text{sum}) = \text{false}$	当 root=NULL 时
$f(\text{root}, \text{sum}) = \text{true}$	当 root 为叶子结点且 root->val==sum 时
$f(\text{root}, \text{sum}) = \text{true}$	当 $f(\text{root}->\text{left}, \text{sum}-\text{root}->\text{val})$ 为 true 时
$f(\text{root}, \text{sum}) = f(\text{root}->\text{right}, \text{sum}-\text{root}->\text{val})$	其他情况

【设计代码】

```
class Solution {
public:
    bool hasPathSum(TreeNode * root, int targetSum)
    {   if(root==NULL)
            return false;
        if(root->left==NULL && root->right==NULL && root->val==targetSum)
            return true;
        if (hasPathSum(root->left, targetSum-root->val))
            return true;
        else
            return hasPathSum(root->right, targetSum-root->val);
    }
};
```

【提交结果】

执行结果：通过。执行用时 8ms，内存消耗 20.7MB（编程语言为 C++语言）。

解法2

【解题思路】

采用基本层次遍历方法。队列中保存每个结点的双亲结点地址（根结点的双亲地址为NULL），在遍历中若访问的结点 p 是叶子结点，通过双亲地址求出根结点到该叶子结点的路径和，若路径和＝＝targetSum，返回 true，否则继续遍历。若层次遍历完都没有返回，则返回 false。

【设计代码】

```
struct QNode                                    //队列中元素的类型
{   TreeNode * p;                               //结点的地址
    QNode * pre;                                //双亲结点地址
    QNode(TreeNode * p1,QNode * p2):p(p1),pre(p2) { }  //构造函数
};
class Solution {
public:
    bool hasPathSum(TreeNode *  root, int targetSum)
{   if(root==NULL)
        return false;
    queue< QNode *> qu;                         //定义一个队列
    qu.push(new QNode(root,NULL));              //根结点进队,其双亲为空
    while (!qu.empty())                         //队不空时循环
    {   QNode * e=qu.front(); qu.pop();         //出队元素 e
        TreeNode * p=e->p;
        if (p->left==NULL && p->right==NULL)    //结点 p 是叶子结点
        {   int psum=p->val;                    //求叶子结点 p 到根的路径和
            QNode * q=e->pre;
            while (q!=NULL)
            {   psum+=q->p->val;
                q=q->pre;
            }
            if (psum==targetSum)                //找到路径和等于 targetSum 的路径
                return true;
        }
        if (p->left!=NULL)
            qu.push(new QNode(p->left,e));      //左孩子进队
        if (p->right!=NULL)
            qu.push(new QNode(p->right,e));     //右孩子进队
    }
    return false;
    }
};
```

【提交结果】

执行结果：通过。执行用时 20ms,内存消耗 21.3MB(编程语言为 C++语言)。

7.3.14　LeetCode257——二叉树的所有路径★

视频讲解

【题目解读】

给定一棵二叉树,设计一个算法返回所有从根结点到叶子结点的路径。在选择"C++语言"时要求设计如下函数：

```
class Solution {
public:
    vector < string > binaryTreePaths(TreeNode *  root) { }
};
```

例如,对于如图 7.16 所示的一棵二叉树,结果为["1->2->5","1->3"]。

图 7.16　一棵二叉树

解法 1

【解题思路】

采用先序遍历递归方法。用 vector < int >容器 apath 作为非引用参数搜索从根结点出发的路径,当找到一个叶子结点时,将 apath 转换为满足题目要求的字符串并存放到 ans 中,最后返回 ans。

【设计代码】

```
class Solution {
public:
    vector < string > binaryTreePaths(TreeNode *  root)
    {   vector < string > ans;
        if(root==NULL)
            return ans;
        vector < int > apath;
        preorder(root,apath,ans);                       //先序遍历求 ans
        return ans;
    }
    void preorder(TreeNode *  root,vector < int > apath,vector < string > & ans)
    {   apath. push_back(root-> val);
        if(root-> left==NULL && root-> right==NULL)     //找到一条路径
        {   string tmp="";                              //路径转换为字符串
            tmp+=to_string(apath[0]);
            for(int i=1;i< apath. size();i++)
            {   tmp+="->";
                tmp+=to_string(apath[i]);
            }
            ans. push_back(tmp);
            return;
        }
        if(root-> left!=NULL)
            preorder(root-> left,apath,ans);
        if(root-> right!=NULL)
            preorder(root-> right,apath,ans);
    }
};
```

【提交结果】

执行结果:通过。执行用时 0ms,内存消耗 14MB(编程语言为 C++语言)。

解法 2

【解题思路】

采用层次遍历方法。队列的元素类型为 QNode,除了存放结点地址以外,还存放从根结点到当前结点的路径字符串。当访问的结点 p 是叶子结点时，将其累计字符串添加到 ans 中，将非空左、右孩子进队。最后返回 ans。

【设计代码】

```cpp
struct QNode                                    //队列元素类型
{    TreeNode * p;                              //结点地址
     string apath;                              //路径字符串
};
class Solution {
public:
     vector < string > binaryTreePaths(TreeNode * root)
     {    vector < string > ans;
          if(root= =NULL)
               return ans;
          levelorder(root,ans);                 //用层次遍历算法求 ans
          return ans;
     }
     void levelorder(TreeNode * root,vector < string > & ans)
     {    queue< QNode > qu;                     //定义一个队列
          QNode e,e1;
          e.p=root;
          e.apath= to_string(root -> val);
          qu.push(e);                           //根结点进队
          while(!qu.empty())                    //队列不空时循环
          {    QNode e=qu.front(); qu.pop();     //出队元素 e
               TreeNode * p=e.p;
               if (p -> left= =NULL && p -> right= =NULL)   //找到一个叶子结点
               {    ans.push_back(e.apath);
                    continue;
               }
               if(p -> left!=NULL)              //结点 p 的左孩子不空
               {    e1.p=p -> left;
                    e1.apath=e.apath+ "->"+to_string(p -> left -> val);
                    qu.push(e1);                //左孩子进队
               }
               if(p -> right!=NULL)             //结点 p 的右孩子不空
               {    e1.p=p -> right;
                    e1.apath=e.apath+ "->"+to_string(p -> right -> val);
                    qu.push(e1);                //右孩子进队
               }
          }
     }
};
```

【提交结果】

执行结果：通过。执行用时 4ms，内存消耗 11.8MB（编程语言为 C++ 语言）。

视频讲解

7.3.15　LeetCode113──路径总和Ⅱ★★

【题目解读】

给定一棵二叉树和一个目标和，设计一个算法找到所有从根结点到叶子结点的路径总和等于给定目标和的路径。在选择"C++语言"时要求设计如下函数：

```
class Solution {
public:
    vector < vector < int >> pathSum(TreeNode *  root, int targetSum) { }
};
```

例如,如图 7.17 所示的二叉树以及目标和 targetSum = 22,
结果是[[5,4,11,2],[5,8,4,5]]。

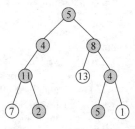

图 7.17 一棵二叉树

解法 1

【解题思路】

采用先序遍历递归方法,与 7.3.13 节"LeetCode112——路
径总和"的解法 1 类似。用 vector < int >容器 apath 作为非引
用参数搜索满足要求的路径,ans 作为引用参数存放所有满足
要求的路径。在先序遍历递归中每次找到一条路径 apath,将其添加到 ans 中。

【设计代码】

```
class Solution {
public:
    vector < vector < int >> pathSum(TreeNode *  root,  int targetSum)
    {   vector < vector < int >> ans;
        if(root == NULL)
            return ans;
        vector < int > apath;
        preorder(root, targetSum, apath, ans);
        return ans;
    }
    void preorder(TreeNode *  root, int sum, vector < int > apath, vector < vector < int >> & ans)
    {   apath. push_back(root -> val);
        if(root -> left == NULL && root -> right == NULL && sum == root -> val)
        {   ans. push_back(apath);                //找到一条满足要求的路径后添加到 ans 中
            return;
        }
        if(root -> left != NULL)
            preorder(root -> left, sum - root -> val, apath, ans);
        if(root -> right != NULL)
            preorder(root -> right, sum - root -> val, apath, ans);
    }
};
```

【提交结果】

执行结果:通过。执行用时 12ms,内存消耗 32.9MB(编程语言为 C++语言)。

解法 2

【解题思路】

采用层次遍历方法,与 7.3.13 节"LeetCode112——路径总和"的解法 2 类似。队列保
存每个结点的地址和其双亲结点地址,若访问的结点 p 是叶子结点,通过双亲地址求出根
结点到结点 p 的路径和 psum,若 psum == targetSum,将该路径翻转后添加到 ans 中。层
次遍历完后返回 ans。

【设计代码】

```
struct QNode                                        //队列中元素的类型
{    TreeNode * p;                                   //结点的地址
     QNode * pre;                                    //双亲结点地址
     QNode(TreeNode * p1,QNode * p2):p(p1),pre(p2) { }//构造函数
};
class Solution {
public:
     vector < vector < int >> pathSum(TreeNode *  root,int targetSum)
     {    vector < vector < int >> ans;
          if(root==NULL)return ans;
          queue< QNode * > qu;                        //定义一个队列
          qu.push(new QNode(root,NULL));              //根结点进队,其双亲为空
          while (!qu.empty())                         //队不空时循环
          {    QNode * e=qu.front(); qu.pop();         //出队元素 e
               TreeNode * p=e->p;
               if (p->left==NULL && p->right==NULL)    //结点 p 是叶子结点
               {    int psum=p->val;                   //求叶子结点 p 到根的路径和
                    vector < int > apath;
                    apath.push_back(p->val);
                    QNode * q=e->pre;
                    while (q!=NULL)
                    {    psum+=q->p->val;
                         apath.push_back(q->p->val);
                         q=q->pre;
                    }
                    if (psum==targetSum)                //找到路径和等于 targetSum 的路径
                    {    reverse(apath.begin(),apath.end()); //路径翻转
                         ans.push_back(apath);          //添加到 ans 中
                    }
               }
               if (p->left!=NULL)
                    qu.push(new QNode(p->left,e));      //左孩子进队
               if (p->right!=NULL)
                    qu.push(new QNode(p->right,e));     //右孩子进队
          }
          return ans;
     }
};
```

【提交结果】

执行结果:通过。执行用时 16ms,内存消耗 20.5MB(编程语言为 C++语言)。

7.4　二叉树的构造

7.4.1　LeetCode105——从先序与中序遍历序列构造二叉树★★

视频讲解

【题目解读】

设计一个算法由一棵二叉树的先序遍历序列与中序遍历序列构造该二叉树,假设二叉

树中没有重复的结点值。在选择"C 语言"时要求设计如下函数：

```
struct TreeNode * buildTree(int * preorder, int preorderSize, int * inorder, int inorderSize) { }
```

例如，给出先序遍历序列 preorder＝[3,9,20,15,7]，中序遍历序列 inorder＝[9,3,15,20,7]，构造的二叉树如图 7.18 所示。

【解题思路】

其原理参考《教程》中 7.6 节的定理 7.1。由先序序列 $pre[0..n-1]$ 和中序序列 $in[0..n-1]$ 创建二叉链(共 n 个结点)的过程如图 7.19 所示，对应大问题 CreateBT1(int * pre,int * in,int n)，其执行过程如下：

图 7.18　一棵二叉树

（1）* pre 为根结点值，创建对应的根结点 b。在 in 中找到与根结点值 * pre 相同的元素(由 p 指向该元素)，则左子树含 k 个结点，其先序序列为 $pre[1..k]$、中序序列为 $in[0..k-1]$；右子树含 $n-k-1$ 个结点，其先序序列从 $pre+k+1$ 开始、中序序列从 $p+1$ 开始。

（2）由先序序列 $pre[1..k]$ 和中序序列 $in[0..k-1]$ 创建根结点 b 的左子树(含 k 个结点)，对应小问题 CreateBT1(pre+1,in,k)。

（3）由先序序列 $pre[pre+k+1..n-1]$ 和中序序列 $in[p+1..n-1]$ 创建根结点 b 的右子树(含 $n-k-1$ 个结点)，对应小问题 CreateBT1(pre+k+1,p+1,n-k-1)。

最后返回 b。

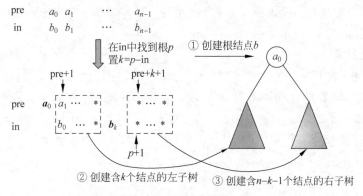

图 7.19　创建二叉链的过程

【设计代码】

```
struct TreeNode * CreateBT1(int * pre,int * in,int n)    //由先序序列 pre 和中序序列 in 创建 n 个结
                                                         //点的二叉树
{   if (n<=0) return NULL;
    struct TreeNode * b;
    int * p;
    int k;
    b=(struct TreeNode * )malloc(sizeof(struct TreeNode));
    b-> val= * pre;                                      //创建二叉树的根结点 b
    for (p=in;p<in+n;p++)                                //在中序序列中找等于 * pre 字符的位置 k
        if ( * p== * pre)                                //pre 指向根结点
```

```
                break;                      //在 in 中找到后退出循环
        k=p-in;                             //确定根结点在 in 中的位置
        b->left=CreateBT1(pre+1,in,k);      //递归构造左子树
        b->right=CreateBT1(pre+k+1,p+1,n-k-1);  //递归构造右子树
        return b;
    }
    struct TreeNode * buildTree(int * preorder, int preorderSize, int * inorder, int inorderSize)
    {   if (preorderSize==0 || inorderSize==0 || preorderSize!=inorderSize)
            return NULL;
        return CreateBT1(preorder,inorder,inorderSize);
    }
```

【提交结果】

执行结果：通过。执行用时 20ms，内存消耗 11.6MB(编程语言为 C 语言)。

7.4.2 LeetCode106——从中序与后序遍历序列构造二叉树★★

视频讲解

【题目解读】

设计一个算法，由一棵二叉树的后序遍历序列与中序遍历序列构造该二叉树，假设二叉树中没有重复的结点值。在选择"C 语言"时要求设计如下函数：

struct TreeNode * buildTree(int * inorder, int inorderSize, int * postorder, int postorderSize) { }

例如，给出中序遍历 inorder=[9,3,15,20,7]，后序遍历 postorder=[9,15,7,20,3]，返回的二叉树如图 7.18 所示。

【解题思路】

其原理参考《教程》中 7.6 节的定理 7.2。由后序序列 $a[0..n-1]$ 和中序序列 $b[0..n-1]$ 创建二叉链的过程如图 7.20 所示。a_{n-1} 为根结点，在 b 中找到根结点 b_k（由 p 指向该结点），则左子树含 k 个结点，其后序序列为 $a[0..k-1]$、中序序列为 $b[0..k-1]$；右子树含 $n-k-1$ 个结点，其后序序列从 pre+k 开始、中序序列从 $p+1$ 开始。先创建根结点 a_0，再递归构造左、右子树。

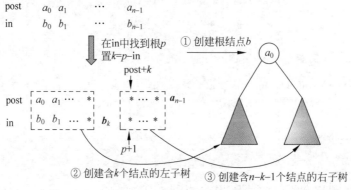

图 7.20 创建二叉链的过程

【设计代码】

```
struct TreeNode * CreateBT2(int * post, int * in, int n)    //由 post 和 in 构造含 n 个结点的二叉链
{   if (n<=0) return NULL;
    struct TreeNode * b;
    int r, k, * p;
    r= * (post+n-1);                                      //根结点值
    b=(struct TreeNode * )malloc(sizeof(struct TreeNode));  //创建二叉树结点 b
    b-> val=r;
    for (p=in; p< in+n; p++)                              //在 in 中查找根结点
        if ( * p==r) break;
    k=p-in;                                              //k 为根结点在 in 中的下标
    b-> left=CreateBT2(post, in, k);                     //递归构造左子树
    b-> right=CreateBT2(post+k, p+1, n-k-1);             //递归构造右子树
    return b;
}
struct TreeNode * buildTree(int * inorder, int inorderSize, int * postorder, int postorderSize)
{   if (postorderSize==0 || inorderSize==0 || postorderSize!=inorderSize)
        return NULL;
    return CreateBT2(postorder, inorder, inorderSize);
}
```

【提交结果】

执行结果：通过。执行用时 20ms，内存消耗 11.5MB（编程语言为 C 语言）。

7.4.3　LeetCode889——根据先序和后序遍历序列构造二叉树★★

视频讲解

【题目解读】

设计一个算法构造一棵与给定的先序和后序遍历相匹配的任何二叉树，其中 pre 和 post 遍历中的值是不同的正整数。在选择"C 语言"时要求设计如下函数：

struct TreeNode * constructFromPrePost(int * pre, int preSize, int * post, int postSize){ }

例如，pre=[1,2,3]，post=[3,2,1]，可以构造出如图 7.21 所示的 4 棵二叉树，本题求出其中的任意一棵二叉树都可以。

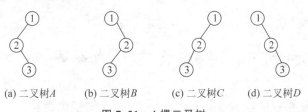

(a) 二叉树 A　　　(b) 二叉树 B　　　(c) 二叉树 C　　　(d) 二叉树 D

图 7.21　4 棵二叉树

【解题思路】

由先序和后序遍历序列构造的二叉树不一定唯一，这里只需要构造出其中的一棵二叉树，而且保证一定能够构造出一棵二叉树。

不妨设由 pre[prei..prej] 和 post[posti..postj] 构造一棵二叉树，显然 pre[prei] 和

post[postj]是根结点值。构造过程如下：

（1）由 pre[prei]创建根结点 b。

（2）由 pre[prei+1]作为左孩子创建结点 b 的左子树，在 post 中查找 pre[prei+1]，假设找到 post[k]=pre[prei+1]，按照后序遍历的过程可知 post[posti..k]（共 $k-posti+1$ 个结点）为左子树后序序列，post[k+1..postj-1]（共 $postj-k-1$ 个结点）为右子树后序序列。这样以 pre[prei+1..prei+k-posti+1]和 post[posti..k]创建左子树。

（3）pre 跳过 $k-posti+2$ 个结点，即以 pre[prei+k-posti+2]为右孩子创建结点 b 的右子树（共 $postj-k-1$ 个结点），右子树的先序序列为 pre[prei+k-posti+2..prej]，后序序列为 post[k+1..postj-1]。

【设计代码】

```
struct TreeNode *  CreateBT3(int *  pre,int *  post,int prei,int prej,int posti,int postj)
{    if(prei > prej) return NULL;
     struct TreeNode *  b;
     b=(struct TreeNode *)malloc(sizeof(struct TreeNode));
     b -> val=pre[prei];                              //创建二叉树结点 b
     b -> left=b -> right=NULL;
     if(prej==prei) return b;
     int k;
     for(k=posti;k < postj;k++)                       //在 post 中查找 pre[prei+1]
         if(post[k]==pre[prei+1])
                 break;
     b -> left=CreateBT3(pre,post,prei+1,prei+k-posti+1,posti,k);        //递归创建左子树
     b -> right=CreateBT3(pre,post,prei+k-posti+2,prej,k+1,postj-1);     //递归创建右子树
     return b;
}
struct TreeNode *  constructFromPrePost(int *  pre, int preSize, int *  post, int postSize)
{    int n=preSize;
     if(n==0) return NULL;
     return CreateBT3(pre,post,0,n-1,0,n-1);
}
```

【提交结果】

执行结果：通过。执行用时 8ms，内存消耗 9.3MB（编程语言为 C 语言）。

7.4.4　LeetCode654——最大二叉树★★

视频讲解

【题目解读】

给定一个不含重复元素的整数数组，设计一个算法由该数组构建一棵最大二叉树。最大二叉树的定义如下：

（1）二叉树的根是数组中的最大元素。

（2）左子树是通过数组中最大值左边的部分构造出的最大二叉树。

（3）右子树是通过数组中最大值右边的部分构造出的最大二叉树。

在选择"C++语言"时要求设计如下函数：

```
class Solution {
public:
    TreeNode *  constructMaximumBinaryTree(vector < int > & nums) { }
};
```

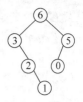

图 7.22 一棵二叉树

例如,nums=[3,2,1,6,0,5],构造的最大二叉树如图 7.22 所示。

【解题思路】

采用递归算法设计方法。找到 nums[l..r]中的最大元素 nums[maxi],由 nums[maxi]构造根结点 b,再由 nums[l..maxi−1]递归构造左子树,由 nums[maxi+1..r]递归构造右子树。最后返回 b。

【设计代码】

```
class Solution {
public:
    TreeNode *  constructMaximumBinaryTree(vector < int > & nums)
    {   int n=nums.size();
        if (n==0) return NULL;
        return CreateBTree(nums,0,n−1);
    }
    TreeNode *  CreateBTree(vector < int > & nums, int l, int r)
    {   if (l>r) return NULL;                     //区间为空返回 NULL
        int maxi=l;                               //在 nums[l..r]中找到最大元素 nums[maxi]
        for(int i=l+1;i<=r;i++)
            if (nums[i]>nums[maxi]) maxi=i;
        TreeNode *  b=new TreeNode(nums[maxi]);   //创建根结点
        b−>left=CreateBTree(nums,l,maxi−1);       //递归构造左子树
        b−>right=CreateBTree(nums,maxi+1,r);      //递归构造右子树
        return b;
    }
};
```

【提交结果】

执行结果:通过。执行用时 96ms,内存消耗 41.1MB(编程语言为 C++语言)。

7.4.5 LeetCode100——相同的树★

【题目解读】

给定两棵二叉树,设计一个算法检验它们是否相同。如果两棵树在结构上相同,并且对应结点值相同,则认为它们是相同的。在选择"C++语言"时要求设计如下函数:

```
class Solution {
public:
    bool isSameTree(TreeNode *  p, TreeNode *  q) { }
};
```

解法 1

【解题思路】

采用先序遍历递归方法。设 $f(p,q)$表示二叉树 p 和 q 是否相同,其递归模型如下:

$f(p,q)=\text{true}$ 当 p,q 均为空树时

$f(p,q)=$ false   当 p、q 中的一个空另外一个非空时

$f(p,q)=$ false   当 p、q 结点值不相同时

$f(p,q)=f(p->\text{left},q->\text{left})\ \&\&\ f(p->\text{right},q->\text{right})$ 其他情况

【设计代码】

```cpp
class Solution {
public:
    bool isSameTree(TreeNode * p, TreeNode * q)
    {   if (p==NULL && q==NULL)
            return true;
        if (p && !q || !p && q)
            return false;
        if (p-> val! = q-> val)
            return false;
        if (isSameTree(p-> left, q-> left) && isSameTree(p-> right, q-> right))
            return true;
        else
            return false;
    }
};
```

【提交结果】

执行结果：通过。执行用时 0ms，内存消耗 9.6MB（编程语言为 C++语言）。

解法2

【解题思路】

采用先序序列化方法。先对两棵二叉树 p 和 q 分别产生对应的先序序列化序列 pre1 和 pre2，若两者相同，返回 true，否则返回 false。

【设计代码】

```cpp
#define null -1000                       //表示外部结点值
class Solution {
public:
    bool isSameTree(TreeNode * p, TreeNode * q)
    {   if (p==NULL && q==NULL)
            return true;
        if (p && !q || !p && q)
            return false;
        vector < int > pre1, pre2;
        preorderseq(p, pre1);
        preorderseq(q, pre2);
        if (pre1.size() != pre2.size())
            return false;
        for (int i=0; i < pre1.size(); i++)
            if(pre1[i] != pre2[i])
                return false;
        return true;
    }
    void preorderseq(TreeNode * b, vector < int > & pre)    //产生先序序列化序列 pre[0..n-1]
```

```
  {   if (b==NULL)
          pre.push_back(null);
      else
      {   pre.push_back(b->val);          //含根结点
          preorderseq(b->left,pre);       //产生左子树的序列化序列
          preorderseq(b->right,pre);      //产生右子树的序列化序列
      }
    }
};
```

【提交结果】

执行结果：通过。执行用时 4ms，内存消耗 10MB(编程语言为 C++语言)。

7.4.6　LeetCode572——另一棵树的子树★

【题目解读】

给定两棵非空二叉树 s 和 t，设计一个算法判断 s 中是否包含和 t 具有相同结构和结点值的子树。s 的一棵子树包括 s 的一个结点和这个结点的所有子孙。s 也可以看作它自身的一棵子树。在选择"C++语言"时要求设计如下函数：

```
class Solution {
public:
    bool isSubtree(TreeNode *  s, TreeNode *  t) {  }
};
```

例如，两棵二叉树 s 和 t 如图 7.23 所示，结果为 true。若两棵二叉树 s 和 t 如图 7.24 所示，结果为 false。

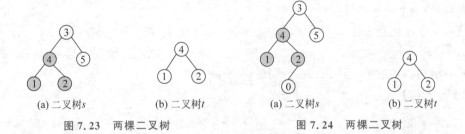

　(a) 二叉树s　　　　(b) 二叉树t　　　　　(a) 二叉树s　　　　(b) 二叉树t

图 7.23　两棵二叉树　　　　　　　　图 7.24　两棵二叉树

解法 1

【解题思路】

采用递归方法。设计递归函数 same($t1,t2$)判断以 $t1$ 和 $t2$ 为根结点的两棵二叉树是否拥有相同的结构和结点值。遍历二叉树 s 的每一个结点看 same(s,t)是否为 true，只要有一个结点返回 true 则返回 true(说明 t 与 s 的一个子树拥有相同的结构和结点值)，如果所有结点均返回 false，最后返回 false。

【设计代码】

```
class Solution {
public:
```

```
    bool isSubtree(TreeNode * s，TreeNode * t)
{    if(s==NULL)
        return false;
    if(same(s,t))
        return true;
    if(isSubtree(s->left,t))
        return true;
    else if(isSubtree(s->right,t))
        return true;
    else
        return false;
}
    bool same(TreeNode * t1，TreeNode * t2)        //判断 t1 和 t2 两棵二叉树是否相同
{    if(t2==NULL && t1==NULL)
        return true;
    if(t1==NULL || t2==NULL)
        return false;
    if(t1->val!=t2->val)
        return false;
    return same(t1->left,t2->left) && same(t1->right,t2->right);
}
};
```

【提交结果】

执行结果：通过。执行用时 28ms，内存消耗 28.5MB（编程语言为 C++语言）。

解法2

【解题思路】

采用先序序列化方法。先分别产生二叉树 *s* 和 *t* 的先序序列化序列 pre1 和 pre2，再采用 KMP 算法判断 pre2 是否为 pre1 的子串（连续子序列），若是，说明 *t* 与 *s* 的一棵子树拥有相同的结构和结点值，返回 true，否则返回 false。

【设计代码】

```
# define null -99999              //表示外部结点值
class Solution {
public:
    bool isSubtree(TreeNode * s，TreeNode * t)
{    if(s==NULL)
        return false;
    vector<int> pre1,pre2;
    preorderseq(s,pre1);
    preorderseq(t,pre2);
    if (pre1.size()<pre2.size())
        return false;
    int ans=KMPIndex(pre1,pre2);
    if (ans!=-1)
        return true;
    else
```

```
        return false;
    }
    void preorderseq(TreeNode * b, vector < int > & pre)    //产生先序序列化序列 pre
    {   if (b==NULL)
            pre.push_back(null);
        else
        {   pre.push_back(b->val);                          //含根结点
            preorderseq(b->left, pre);                      //产生左子树的序列化序列
            preorderseq(b->right, pre);                     //产生右子树的序列化序列
        }
    }

    void GetNext(vector < int > t, vector < int > & next)   //由模式串 t 求出 next 数组
    {   int j=0, k=-1;                                      //j 遍历 t
        int m=t.size();
        next.resize(m);
        next[0]=-1;                                         //设置 next[0]值
        while (j<m-1)                                       //求 t 所有位置的 next 值
        {   if (k==-1 || t[j]==t[k])                        //k 为-1 或比较的元素相等时
            {   j++; k++;                                   //j、k 依次移到下一个元素
                next[j]=k;                                  //设置 next[j]为 k
            }
            else k=next[k];                                 //k 回退
        }
    }

    int KMPIndex(vector < int > & s, vector < int > & t)    //KMP 算法
    {   int n=s.size(), m=t.size();
        if (m==0) return 0;
        vector < int > next;
        int i=0, j=0;
        GetNext(t, next);
        while (i<n && j<m)
        {   if (j==-1 || s[i]==t[j])
            {   i++;
                j++;                                        //i、j 各增 1
            }
            else j=next[j];                                 //i 不变,j 回退
        }
        if (j>=m)                                           //匹配成功
            return i-j;                                     //返回子串位置
        else                                                //匹配不成功
            return -1;                                      //返回-1
    }
};
```

【提交结果】

执行结果：通过。执行用时 32ms,内存消耗 30.2MB(编程语言为 C++语言)。

注意：由于二叉树中可能存在值为负整数的结点,null 不能取值-1。二叉树 s 中可能存在值相同的结点,不能只是在 s 中找到一个值为 $t->$val 的结点仅对该子树进行判断。

7.5 树

7.5.1 树的存储结构

这里的树均采用孩子链存储结构,结点值为 int 类型,每个结点通过指针向量指向所有的孩子结点。结点的类型定义如下:

```
class Node {                                        //树结点类
public:
    int val;                                        //结点值
    vector < Node * > children;                     //指向孩子的指针
    Node() {}
    Node(int val1):val(val1) {}                     //默认的构造函数
    Node(int val1, vector < Node * > children1)     //重载构造函数
    {    val = val1;
         children = children1;
    }
};
```

每棵树通过根结点地址 root 唯一标识。

视频讲解

7.5.2 LeetCode589——N 叉树的先根遍历 ★

【题目解读】

给定一个 N 叉树,设计一个算法返回其结点值的先根遍历序列。在选择"C++语言"时要求设计如下函数:

```
class Solution {
public:
    vector < int > preorder(Node * root) { }
};
```

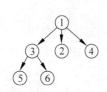

图 7.25 一棵三叉树

例如,给定如图 7.25 所示的一棵三叉树,求出其先根遍历序列为 $[1,3,5,6,2,4]$。

【解题思路】

采用递归遍历方法。用 ans 存放先根遍历序列,若 root 非空,将 root 结点值添加到 ans,然后按 children 所指子树的顺序递归遍历每一棵子树。整棵树遍历完毕得到先根遍历序列 ans,返回 ans。

【设计代码】

```
class Solution {
public:
    vector < int > preorder(Node * root)
    {    vector < int > ans;
         preorder1(root, ans);
         return ans;
```

```
    }
    void preorder1(Node *  root, vector < int > & ans)
    {    if (root! = NULL)
         {    ans. push_back(root -> val);
              for(int i = 0;i < root -> children. size( );i++)
                     preorder1(root -> children[i],ans);
         }
    }
};
```

【提交结果】

执行结果：通过。执行用时 20ms，内存消耗 11MB(编程语言为 C++语言)。

7.5.3　LeetCode429——N 叉树的层序遍历★★

视频讲解

【题目解读】

给定一棵 N 叉树，设计一个算法返回其结点值的层序遍历(即从左到右，逐层遍历)序列。在选择"C++语言"时要求设计如下函数：

```
class Solution {
public:
      vector < vector < int >> levelOrder(Node *  root) { }
};
```

例如，给定如图 7.25 所示的一棵三叉树，求出其层次遍历序列为[[1],[3,2,4],[5,6]]。

【解题思路】

采用分层次的层次遍历方法。用 ans 存放层次遍历序列，用队列 qu 实现层次遍历求出 ans，最后返回 ans。

【设计代码】

```
class Solution {
public:
      vector < vector < int >> levelOrder(Node *  root)
      {    vector < vector < int >> ans;
           if(root = = NULL)
                return ans;
           queue < Node * > qu;                        //定义一个队列
           Node *  p;
           qu. push(root);                             //根结点进队
           while( ! qu. empty( ))                       //队不空时循环
           {    int n = qu. size( );                    //求出当前层次的结点个数 n
                vector < int > alev;
                for(int i = 0;i < n;i++)                 //处理该层的 n 个结点
                {    p = qu. front( ); qu. pop( );        //出队一个结点 p
                     alev. push_back(p -> val);
                     for(int j = 0;j < p -> children. size( );j++)  //将结点 p 的所有孩子进队
                     {    if(p -> children[j]! = NULL)
                               qu. push(p -> children[j]);
                     }
                }
```

```
            ans.push_back(alev);
        }
        return ans;
    }
};
```

【提交结果】

执行结果：通过。执行用时 20ms，内存消耗 11.7MB（编程语言为 C++语言）。

第 **8** 章 图

视频讲解

8.1 图的基本应用

8.1.1 图的存储结构

图的常用存储结构有邻接矩阵和邻接表。通常假设图中有 n 个顶点，顶点编号是 $0 \sim n-1$，每个顶点通过编号唯一标识。

1. 邻接矩阵

邻接矩阵主要采用二维数组 A 表示顶点之间的边信息。例如，如图 8.1(a)所示的带权有向图对应的邻接矩阵 A 如下：

$$A = \begin{bmatrix} 0 & 2 & 4 & \infty \\ \infty & 0 & 2 & \infty \\ \infty & \infty & 0 & 3 \\ 1 & \infty & \infty & 0 \end{bmatrix}$$

(a) 一个带权有向图

(b) 一个不带权有向图

图 8.1 两个有向图

2. 边数组

用 vector < vector < int >>容器 edges 存储边信息，每个元素形如[a, b, w]，表示顶点 a 到顶点 b 存在一条权值为 w 的有向边。例如，如图 8.1(a)所示的带权有向图对应的边数组如下：

edges=[[0,1,2],[0,2,4],[1,2,2],[2,3,3],[3,0,1]]

edges 表示共有 5 条边，边<0,1>的权为 2，边<0,2>的权为 4，边<1,2>的权为 2，边<2,3>的权为 3，边<3,0>的权为 1。

3. 邻接表 I

用 vector < vector < int >>容器 graph 存储边信息，如果存储不带权图，graph[i]表示顶点 i 的所有出边邻接点。例如，如图 8.1(b)所示的不带权有向图对应的邻接表 I 如下：

graph=[[1,3],[2,3][3],[]]

graph 表示共有 4 个顶点，顶点 0 有出边<0,1>和<0,3>，顶点 1 有出边<1,2>和<1,3>，顶点 2 有出边<2,3>，顶点 3 没有出边。

4. 邻接表 II

用一维数组 head 作为表头数组，一维数组 edg 作为边数组，每个元素存放一条边的信息,假设 edg$[j]$=$[v,w,next]$,head$[i]$=j,说明存在一条边$<i,v>$,其权值为 w,next 为顶点 i 的下一条边。其定义如下:

```
int head[MAXN];              //邻接表表头数组(最多顶点个数为 MAXN)
struct Edge                  //边数组元素类型
{    int v;                  //相邻点编号
     double w;               //边的权
     int next;               //下一个相邻点位置
};
Edge edg[MAXE];              //边数组(最多边数为 MAXE)
int cnt=0;                   //边数组 edg 中的元素个数(初始为 0)
```

例如,如图 8.1(a)所示的带权有向图对应的邻接表 II 如图 8.2 所示。

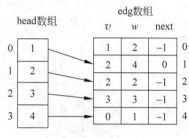

图 8.2 邻接表

在邻接表 II 中采用头插法添加一条边$<a,b,w>$的代码如下:

```
edg[cnt].v=b; edg[cnt].w=w;
edg[cnt].next=head[a];
head[a]=cnt++;
```

8.1.2 LeetCode997——找到小镇的法官 ★

视频讲解

【题目解读】

一个小镇里有 N 个人,编号从 1 到 N。传言称这些人中有一个是秘密法官,如果小镇的法官真的存在,那么该法官不相信任何人,但每个人(除了法官以外)都信任该法官。给定一个信任数组 trust,trust$[i]$=$[a,b]$表示 a 信任 b。设计一个算法,如果小镇存在法官并且可以确定他的身份,则返回该法官的编号,否则返回-1。在选择"C 语言"时要求设计如下函数:

```
int findJudge(int N, int * * trust, int trustSize, int * trustColSize) { }
```

在选择"C++语言"时要求设计如下函数:

```
class Solution {
public:
    int findJudge(int N, vector<vector<int>>& trust) { }
};
```

例如,N=3,trust=[[1,3],[2,3]],结果为 3。若 N=3,trust=[[1,3],[2,3],[3,1]],结果为-1。

【解题思路】

每个人用一个顶点表示，a 信任 b 用 a 到 b 的一条有向边表示，由输入的 trust 数组构建一个有向图。求出所有顶点的出度数组 outdegree 和入度数组 indegree。顶点 i 的出度 outdegree$[i]$ 表示 i 信任的人数，顶点 i 的入度 indegree$[i]$ 表示 i 被信任的人数。法官 i 就是不信任任何人（outdegree$[i]==0$）并且被所有人信任（indegree$[i]==N-1$）的人。

例如，$N=3$，trust$=[[1,3],[2,3],[3,1]]$，对应的有向图如图 8.3(a) 所示，求出每个顶点的入度和出度如图 8.3(b) 所示，检测每个顶点 i 看是否存在满足 outdegree$[i]==0$ && indegree$[i]==N-1$ 条件的顶点。结果没有这样的顶点，也就是说小镇不存在法官，所以结果为 -1。

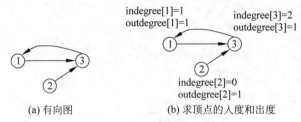

(a) 有向图　　　　　　　(b) 求顶点的入度和出度

图 8.3　示例的求解过程

【设计代码】

```c
int findJudge(int N, int * * trust, int trustSize, int * trustColSize)   //C 语言代码
{    int * indegree=(int *)malloc(sizeof(int) * (N+1));                  //顶点的入度
     memset(indegree,0,sizeof(int) * (N+1));                            //初始化为 0
     int * outdegree=(int *)malloc(sizeof(int) * (N+1));                //顶点的出度
     memset(outdegree,0,sizeof(int) * (N+1));                          //初始化为 0
     for(int i=0;i<trustSize;i++)
     {    outdegree[trust[i][0]]++;
          indegree[trust[i][1]]++;
     }
     for (int i=1;i<=N;i++)
          if (outdegree[i]==0 && indegree[i]==N-1)
               return i;
     return -1;
}

class Solution {                                                         //C++ 语言代码
public:
     int findJudge( int N, vector < vector < int >> & trust)
     {    vector < int > indegree(N+1,0);                                //顶点的入度
          vector < int > outdegree(N+1,0);                              //顶点的出度
          for(int i=0;i<trust.size();i++)
          {    outdegree[trust[i][0]]++;
               indegree[trust[i][1]]++;
          }
          for (int i=1;i<=N;i++)
               if (outdegree[i]==0 && indegree[i]==N-1)
                    return i;
          return -1;
     }
};
```

【提交结果】

执行结果：通过。C 语言代码执行用时 188ms，内存消耗 15.9MB；C++语言代码执行用时 180ms，内存消耗 59.4MB。

8.1.3   LeetCode1615——最大网络秩★★

【题目解读】

视频讲解

有 n 座城市和道路数组 roads，每个 roads$[i]=[ai,bi]$ 表示在城市 ai 和 bi 之间有一条双向道路。两座不同城市构成的城市对的网络秩定义为：与这两座城市直接相连的道路总数，如果存在一条道路直接连接这两座城市，则这条道路只计算一次。整个基础设施网络的最大网络秩是所有不同城市对中的最大网络秩。给出整数 n 和数组 roads，设计一个算法求整个基础设施网络的最大网络秩。

在选择"C++语言"时要求设计如下函数：

```
class Solution {
public:
    int maximalNetworkRank(int n, vector < vector < int >> & roads) { }
};
```

例如，$n=4$，roads$=[[0,1],[0,3],[1,2],[1,3]]$。对应的城市道路图如图 8.4 所示，城市 0 和 1 的网络秩是 4，因为共有 4 条道路与城市 0 或 1 相连，注意位于 0 和 1 之间的道路只计算一次。结果为 4。

【解题思路】

采用邻接矩阵 **A** 存放城市道路图，用 ans 存放最大网络秩（初始为 0）。首先计算出每个城市的度数，再枚举每对城市，计算其度数之和（若两者之间直接相连，则减去 1），即为这对城市的"网络秩"，比较求出最大值即可。

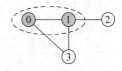

图 8.4   一个城市的道路图

【设计代码】

```
class Solution {
public:
    int maximalNetworkRank(int n, vector < vector < int >> & roads)
    {   int A[n][n];
        int degree[n];
        memset(degree, 0, sizeof(degree));
        memset(A, 0, sizeof(A));
        for(int i=0; i < roads.size(); i++)        //构造邻接矩阵 A
        {   int a=roads[i][0];
            int b=roads[i][1];
            degree[a]++;
            degree[b]++;
            A[a][b]=A[b][a]=1;
        }
        int ans=0, tmp;
        for(int i=0; i < n-1; i++)                 //求最大网络秩
            for(int j=i+1; j < n; j++)
```

```
{    if(A[i][j]==1)
          tmp=degree[i]+degree[j]−1;
     else
          tmp= degree[i]+degree[j];
     ans=max(ans,tmp);
}
     return ans;
}
};
```

【提交结果】

执行结果：通过。执行用时 84ms，内存消耗 27MB（编程语言为 C++语言）。

8.2　图遍历及其应用

视频讲解

8.2.1　LeetCode200——岛屿数量★★

【题目解读】

用字符型的二维数组 grid 表示一个二维网格，'1'表示陆地，'0'表示水，由上下左右相邻的陆地构成一个岛屿，设计一个算法求其中岛屿的数量。在选择"C++语言"时要求设计如下函数：

```
class Solution {
public:
     int numIslands(vector < vector < char >> & grid) { }
};
```

1	1	1	1	0
1	1	0	1	0
1	1	0	0	0
0	0	0	0	0

图 8.5　一个二维网格

例如，在如图 8.5 所示的二维网格中，所有的'1'都可以连接起来构成一个岛屿，所以岛屿的数量为 1。

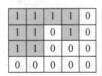

【解题思路】

采用基本深度优先遍历方法。当找到 $grid[i][j]$='1'（陆地）时从 (i,j) 位置出发进行一次深度优先遍历找到一个岛屿，将该岛屿中的所有位置的 grid 值置为'0'。再找到其他 $grid[i][j]$='1'的位置做相同的操作。用 ans 累计岛屿的个数，最后返回 ans。

实际上仅考虑'1'的位置，相邻的两个'1'看成有一条无向边，本题就是求一个无向图中连通分量的个数。

【设计代码】

```
int dx[]={0,0,1,−1};                          //水平方向的偏移量
int dy[]={1,−1,0,0};                          //垂直方向的偏移量
class Solution {
public:
     int numIslands(vector < vector < char >> & grid)
```

```cpp
{   int m=grid.size();                              //行数
    int n=grid[0].size();                           //列数
    if (m==0 || n==0) return 0;
    int ans=0;
    for (int i=0;i<m;i++)
        for (int j=0;j<n;j++)
            if (grid[i][j]=='1')
            {   ans++;                               //累计调用dfs()的次数
                dfs(grid,i,j);
            }
    return ans;
}
void dfs(vector<vector<char>> & grid,int i,int j)    //从(i,j)位置出发深度优先遍历
{   grid[i][j]='0';                                  //访问(i,j)
    for (int di=0;di<4;di++)
    {   int x=i+dx[di];                              //求出di方位的位置(x,y)
        int y=j+dy[di];
        if (x<0 || x>=grid.size() || y<0 || y>=grid[0].size())
            continue;                                //超界时跳过
        if (grid[x][y]=='0')
            continue;
        dfs(grid,x,y);
    }
}
};
```

【提交结果】

执行结果：通过。执行用时 16ms,内存消耗 9.3MB(编程语言为 C++语言)。

解法2

【解题思路】

采用基本广度优先遍历的方法。相当于用 BFS 求一个无向图中连通分量的个数。

【设计代码】

```cpp
int dx[]={0,0,1,-1};                                 //水平方向的偏移量
int dy[]={1,-1,0,0};                                 //垂直方向的偏移量
struct QNode                                         //队列元素类型
{   int x,y;
    QNode(int x1,int y1): x(x1),y(y1) {}             //重载构造函数
};
class Solution {
public:
    int numIslands(vector<vector<char>> & grid)
    {   int m=grid.size();                           //行数
        int n=grid[0].size();                        //列数
        if (m==0 || n==0) return 0;
        int ans=0;
        for (int i=0;i<m;i++)
            for (int j=0;j<n;j++)
                if (grid[i][j]=='1')
```

```
        {   ans++;                                    //累计调用 bfs()的次数
            bfs(grid,i,j);
        }
    return ans;
}
void bfs(vector < vector < char >> & grid,int i,int j)    //从(i,j)位置出发广度优先遍历
{   queue < QNode > qu;                                //定义一个队列
    grid[i][j] = '0';                                  //访问(i,j)
    qu.push(QNode(i,j));                               //(i,j)进队
    while(!qu.empty())                                 //队不空时循环
    {   QNode e=qu.front(); qu.pop();                  //出队元素 e
        i=e.x; j=e.y;
        for (int di=0;di<4;di++)
        {   int x=i+dx[di];                            //求出 di 方位的位置(x,y)
            int y=j+dy[di];
            if (x<0 || x>=grid.size() || y<0 || y>=grid[0].size())
                continue;                              //超界时跳过
            if (grid[x][y]=='0')
                continue;
            grid[x][y]='0';                            //访问(x,y)
            qu.push(QNode(x,y));                       //(x,y)进队
        }
    }
}
};
```

【提交结果】

执行结果：通过。执行用时 16ms,内存消耗 9.9MB(编程语言为 C++语言)。

8.2.2 LeetCode547——省份数量★★

视频讲解

【题目解读】

n 个城市的编号为 $0\sim n-1$,通过 01 矩阵 isConnected 给定哪些城市之间直接相连 (isConnected[i][j]=1 表示城市 i 和城市 j 直接相连,而 isConnected[i][j]=0 表示两者 不直接相连),省份是一组直接或间接相连的城市,设计一个算法求省份的总数。在选择 "C++语言"时要求设计如下函数:

```
class Solution {
public:
    int findCircleNum(vector < vector < int >> & isConnected) { }
};
```

例如,$n=3$,isConnected=[[1,1,0],[1,1,0],[0,0,1]],说明城市 0 和城市 1 直接相 连,它们属于一个省份,第 2 个城市自己属于一个省份,结果是 2。

━━ 解 法 1 ━━

【解题思路】

采用基本深度优先遍历的方法。直接相连关系 isConnected 数组看成一个无向图,n 个 城市的编号为 $0\sim n-1$,每个城市看成一个顶点,isConnected[i][j]==1 时表示顶点 i 和

顶点 j 之间有一条边($i \neq j$),这样省份总数就是连通分量的个数。

【设计代码】

```cpp
class Solution {
    vector < int > visited;                              //定义 visited 数组
public:
    int findCircleNum(vector < vector < int >> & isConnected)
    {   int n=isConnected.size();
        visited.resize(n);                               //初始化 visited
        int ans=0;
        for (int i=0;i<n;i++)
        {   if (visited[i]==0)
            {   ans++;                                   //调用一次 dfs(),ans 增 1
                dfs(isConnected,n,i);
            }
        }
        return ans;
    }
    void dfs(vector < vector < int >> & M,int n,int i)    //从顶点 i 出发深度优先遍历
    {   visited[i]==1;
        for (int j=0;j<n;j++)
            if (M[i][j]==1 && i!=j && visited[j]==0)      //找到顶点 i 的一个未访问的相邻
                                                          //点 j
            {   visited[j]=1;
                dfs(M,n,j);
            }
    }
};
```

【提交结果】

执行结果:通过。执行用时 28ms,内存消耗 13.3MB(编程语言为 C++ 语言)。

解法2

【解题思路】

采用基本广度优先遍历的方法求连通分量的个数。

【设计代码】

```cpp
class Solution {
    vector < int > visited;                              //定义 visited
public:
    int findCircleNum(vector < vector < int >> & isConnected)
    {   int n=isConnected.size();
        visited.resize(n);                               //初始化 visited
        int ans=0;
        for (int i=0;i<n;i++)
        {   if (visited[i]==0)
            {   ans++;                                   //调用一次 bfs(),ans 增 1
                bfs(isConnected,n,i);
            }
        }
        return ans;
```

```
    }
    void bfs(vector < vector < int >> & M, int n, int i)    //从顶点 i 出发广度优先遍历
    {   queue < int > qu;                                   //定义一个队列 qu
        visited[i] = 1;                                     //访问顶点 i
        qu. push(i);                                        //顶点 i 进队
        while(!qu. empty())                                 //队不空时循环
        {   i = qu. front(); qu. pop();                     //出队顶点 i
            for (int j = 0;j < n;j++)
                if (M[i][j] == 1 && i!=j && visited[j] == 0)
                {   visited[j] = 1;
                    qu. push(j);                            //顶点 j 进队
                }
        }
    }
};
```

【提交结果】

执行结果：通过。执行用时 24ms，内存消耗 13.8MB（编程语言为 C++语言）。

8.2.3 LeetCode785——判断二分图★★

视频讲解

【题目解读】

给定一个无向图 graph，设计一个算法判断其是否为二分图。所谓二分图就是能将图顶点集分割成两个独立的子集 A 和 B，并使图中的每条边的两个顶点一个来自 A 集合，一个来自 B 集合。graph 将会以邻接表方式给出，graph[i]表示图中与结点 i 相连的所有顶点。每个顶点都是一个 0～graph. length-1 的整数。在图中没有自环和平行边，graph[i] 中不存在 i，并且 graph[i]中没有重复的值。在选择"C++语言"时要求设计如下函数：

```
class Solution {
public:
    bool isBipartite(vector < vector < int >> & graph) { }
};
```

例如，graph=[[1,3],[0,2],[1,3],[0,2]]，该无向图如图 8.6(a)所示，可以将结点分成两组，即{0,2}和{1,3}，结果为 true。若 graph=[[1,2,3],[0,2],[0,1,3],[0,2]]，该无向图如图 8.6(b)所示，不能将结点分割成两个独立的子集，结果为 false。

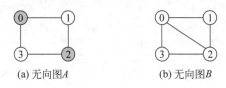

(a) 无向图 A　　　　　(b) 无向图 B

图 8.6　两个无向图

解法 1

【解题思路】

采用着色的思路，假设顶点的颜色只有两种，即颜色 0 和 1，如果全部的顶点均能够着色并且任意相邻点的颜色不同，则为二分图。设置 color 数组（初始时所有元素为 -1），

$color[i]=-1$ 表示顶点 i 没有着色,$color[i]=0$ 表示顶点 i 已经着色为颜色 0,$color[i]=1$ 表示顶点 i 已经着色为颜色 1。由于无向图可能是非连通图,对每个未着色的顶点,从该顶点开始遍历着色,每个相邻点都着色为当前顶点的相反颜色,如果当前顶点和相邻点的颜色相同,则着色失败。

解法 1 采用基本深度优先遍历的方法,对于初始未着色的顶点 i,将其着色为颜色 0,从其开始深度优先遍历,需要记忆它的颜色 c,所以对应的递归算法是 dfs(graph,i,c)。

【设计代码】

```cpp
class Solution {
    int color[105];                      //表示顶点的颜色
public:
    bool isBipartite(vector < vector < int >> & graph)
    {   int n=graph.size();              //顶点的个数
        memset(color,0xff,sizeof(color));  //-1 表示顶点没有着色
        for(int i=0;i<n;i++)             //可能是非连通图,需要遍历每一个连通分量
        {   if(color[i]==-1)
                if (!dfs(graph,i,0))
                    return false;
        }
        return true;
    }
    bool dfs(vector < vector < int >> & graph,int i,int c)
    {   color[i]=c;                      //顶点 i 着色为颜色 c
        for (int k=0;k < graph[i].size();k++)
        {   int j=graph[i][k];           //取顶点 i 的相邻点 j
            if(color[j]==-1)             //若相邻点 j 没有着色
            {   bool flag=dfs(graph,j,1-c);
                if(!flag)
                    return false;
            }
            else if (color[j]==c)        //如果与相邻点的颜色相同则返回 false
                return false;
        }
        return true;
    }
};
```

【提交结果】

执行结果:通过。执行用时 28ms,内存消耗 13MB(编程语言为 C++语言)。

解法 2

【解题思路】

解法 2 采用基本广度优先遍历的方法,对于初始未着色的顶点 i,将其着色为颜色 $0(c=0)$,从其开始广度优先遍历,它的相邻点的着色只能是颜色 $1-c$,所以对应的非递归算法是 bfs(graph,i)。

【设计代码】

```cpp
class Solution {
```

```
    int color[105];                                  //表示顶点的颜色
public:
    bool isBipartite(vector < vector < int >> & graph)
    {   int n=graph.size();                          //顶点的个数
        memset(color,0xff,sizeof(color));            //-1表示顶点没有着色
        for(int i=0;i<n;i++)                         //可能是非连通图,需要遍历每一个连通分量
        {   if(color[i]==-1)
                if (!bfs(graph,i))
                    return false;
        }
        return true;
    }
    bool bfs(vector < vector < int >> & graph,int i)
    {   queue< int > qu;                             //定义一个队列 qu
        color[i]=0;                                  //顶点 i 着色为颜色 0
        qu.push(i);                                  //顶点 i 进队
        while(!qu.empty())                           //队不空时循环
        {   i=qu.front(); qu.pop();                  //出队顶点 i
            for (int k=0;k<graph[i].size();k++)      //找顶点 i 的相邻点
            {   int j=graph[i][k];                   //取顶点 i 的相邻点 j
                if(color[i]==color[j])               //如果与相邻点的颜色相同则返回 false
                    return false;
                if(color[j]==-1)                     //若相邻点 j 没有着色
                {   color[j]=1-color[i];             //顶点 j 着色为顶点 i 的相反颜色
                    qu.push(j);                      //顶点 j 进队
                }
            }
        }
        return true;
    }
};
```

【提交结果】

执行结果：通过。执行用时 28ms,内存消耗 13.1MB(编程语言为 C++语言)。

8.2.4 LeetCode130——被围绕的区域★★

视频讲解

【题目解读】

给定一个二维的矩阵,包含'X'和'O'。设计一个算法求所有被'X'围绕的区域,并将这些区域里所有的'O'用'X'填充。在选择"C++语言"时要求设计如下函数:

```
class Solution {
public:
    void solve(vector < vector < char >> & board) { }
};
```

例如,board=[['X','X','X','X'],['X','O','O','X'],['X','X','O','X'],['X','O','X','X']],如图 8.7(a)所示,算法执行后 board 变成如图 8.7(b)所示的结果。

解法 1

【解题思路】

采用基本深度优先遍历的方法。从矩阵最外面一圈开始逐渐向里拓展。若'O'在矩阵

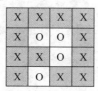

X	X	X	X
X	O	O	X
X	X	O	X
X	O	X	X

X	X	X	X
X	X	X	X
X	X	X	X
X	O	X	X

(a) 初始的board   (b) 最后的board

图 8.7 初始和最后的 board

的最外圈,它肯定不会被'X'包围,与它相连(邻)的'O'也就不可能被'X'包围,也就不会被替换。求解过程是,先找出最外圈的每个'O',再找到与最外圈的'O'相连的'O',将这些'O'均替换为' $ '(它们是不会被'X'包围的),最后做替换操作,即将所有'O'替换为'X',' $ '替换为'O'(恢复)。也就是说从最外面一圈的每个'O'出发进行 DFS 搜索并替换。

【设计代码】

```
int dx[]={0,0,1,-1};                    //水平方向的偏移量
int dy[]={1,-1,0,0};                    //垂直方向的偏移量
class Solution {
public:
    void solve(vector<vector<char>> & board)
    {   int m=board.size();             //行数
        if (m==0) return;
        int n=board[0].size();          //列数
        if (n==0) return;
        for (int i=0;i<m;i++)           //从最外面一圈找到一个'O'
            for (int j=0;j<n;j++)
            {   if ((i==0 || i==m-1 || j==0 || j==n-1) && board[i][j]=='O')
                    dfs(board,i,j);
            }
        for (int i=0;i<m;i++)           //替换
            for (int j=0;j<n;j++)
            {   if (board[i][j]=='$')
                    board[i][j]='O';
                else if (board[i][j]=='O')
                    board[i][j]='X';
            }
    }
    void dfs(vector<vector<char>> & board,int i,int j)    //从(i,j)位置出发深度优先遍历
    {   if (i<0 || i>=board.size() || j<0 || j>=board[0].size() || board[i][j]!='O')
            return;                                       //超界或者不是'O'返回
        board[i][j]='$';
        for (int di=0;di<4;di++)
        {   int x=i+dx[di];
            int y=j+dy[di];
            dfs(board,x,y);
        }
    }
};
```

【提交结果】

执行结果：通过。执行用时 8ms，内存消耗 9.5MB（编程语言为 C++语言）。

解法 2

【解题思路】

采用基本广度优先遍历的方法。与解法 1 的搜索过程类似，仅将 DFS 改为 BFS。

【设计代码】

```cpp
int dx[]={0,0,1,-1};                          //水平方向的偏移量
int dy[]={1,-1,0,0};                          //垂直方向的偏移量
struct QNode                                   //队列元素类型
{   int x,y;
    QNode(int x1,int y1):x(x1),y(y1) { }       //重载构造函数
};
class Solution {
public:
    void solve(vector < vector < char >> & board)
    {   int m=board.size();                    //行数
        if (m==0) return;
        int n=board[0].size();                 //列数
        if (n==0) return;
        for (int i=0;i<m;i++)                  //从最外面一圈找到一个'O'
            for (int j=0;j<n;j++)
            {   if ((i==0 || i==m-1 || j==0 || j==n-1) && board[i][j]=='O')
                    bfs(board,i,j);
            }
        for (int i=0;i<m;i++)                  //替换
            for (int j=0;j<n;j++)
            {   if (board[i][j]=='$')
                    board[i][j]='O';
                else if (board[i][j]=='O')
                    board[i][j]='X';
            }
    }
    void bfs(vector < vector < char >> & board,int i,int j)   //从(i,j)位置出发广度优先遍历
    {   queue< QNode > qu;                      //定义一个队列 qu
        board[i][j]='$';                       //用特殊字符'$'替换
        qu.push(QNode(i,j));                   //(i,j)进队
        while (!qu.empty())                    //队不空时循环
        {   QNode e=qu.front(); qu.pop();      //出队元素 e
            i=e.x; j=e.y;
            for (int di=0;di<4;di++)
            {   int x=i+dx[di];                //求出 di 方位的位置(x,y)
                int y=j+dy[di];
                if (x>=0 && x<board.size() && y>=0 && y<board[0].size()
                        && board[x][y]=='O')
                {   board[x][y]='$';
                    qu.push(QNode(x,y));       //(x,y)进队
                }
            }
        }
    }
};
```

【提交结果】

执行结果：通过。执行用时 8ms，内存消耗 9.9MB（编程语言为 C++语言）。

解法 3

【解题思路】

采用多起点广度优先遍历的方法。所谓多起点 BFS，就是初始队列中有多个起始点而不是只有一个起始点，然后采用基本 BFS 过程从这些起始点出发进行搜索。这里用多起点 BFS 就是先将最外面一圈的所有'O'进队，再找到与最外圈的'O'相连的'O'，将这些'O'均替换为 '$'（它们是不会被'X'包围的），最后做替换操作，即将所有'O'替换为'X'，'$'替换为'O'（恢复）。

【设计代码】

```cpp
int dx[]={0,0,1,-1};                            //水平方向的偏移量
int dy[]={1,-1,0,0};                            //垂直方向的偏移量
struct QNode                                    //队列元素类型
{   int x,y;
    QNode(int x1,int y1):x(x1),y(y1) { }        //重载构造函数
};
class Solution {
    queue<QNode> qu;                            //定义一个队列 qu
public:
    void solve(vector<vector<char>> & board)
    {   int m=board.size();                     //行数
        if (m==0) return;
        int n=board[0].size();                  //列数
        if (n==0) return;
        for (int i=0;i<m;i++)                   //从最外面一圈找'O'
            for (int j=0;j<n;j++)
                if ((i==0 || i==m-1 || j==0 || j==n-1) && board[i][j]=='O')
                {   board[i][j]='$';            //用特殊字符'$'替换
                    qu.push(QNode(i,j));        //将最外面一圈的所有'O'进队
                }
        bfs(board);
        for (int i=0;i<m;i++)                   //替换
            for (int j=0;j<n;j++)
            {   if (board[i][j]=='$')
                    board[i][j]='O';
                else if (board[i][j]=='O')
                    board[i][j]='X';
            }
    }
    void bfs(vector<vector<char>> & board)      //多起点广度优先遍历
    {   while (!qu.empty())                     //队不空时循环
        {   QNode e=qu.front(); qu.pop();       //出队元素 e
            int i=e.x,j=e.y;
            for (int di=0;di<4;di++)
            {   int x=i+dx[di];                 //求出 di 方位的位置(x,y)
                int y=j+dy[di];
```

```
                if (x>=0 && x<board.size() && y>=0 && y<board[0].size()
                        && board[x][y]=='O')
                {   board[x][y]='$';
                    qu.push(QNode(x,y));          //(x,y)进队
                }
            }
        }
    }
};
```

【提交结果】

执行结果：通过。执行用时 16ms，内存消耗 9.8MB（编程语言为 C++语言）。

8.2.5　LeetCode1091——二进制矩阵中的最短路径★★

视频讲解

【题目解读】

给定一个 $n×n$ 的 01 矩阵 grid，0 表示该位置可走，1 表示该位置是障碍物，从一个位置可以走相邻的 8 个方位，求 $(0,0)$ 到 $(n-1,n-1)$ 的最短路径的长度（最短路径上的单元格个数），如果不存在这样的路径，返回 -1。在选择"C++语言"时要求设计如下函数：

```
class Solution {
public:
    int shortestPathBinaryMatrix(vector<vector<int>>& grid) { }
};
```

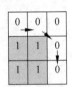

图 8.8　3×3 的方形网格
中的最短路径

例如，grid=[[0,0,0],[1,1,0],[1,1,0]]，对应的 3×3 方形网格及其最短路径如图 8.8 所示，结果为 4。

解法 1

【解题思路】

采用基本广度优先遍历的方法。类似迷宫问题，只是这里可以向 8 个方向进行移动。

【设计代码】

```
int dx[]={-1,0,1,1,1,0,-1,-1};                      //水平方向的偏移量
int dy[]={1,1,1,0,-1,-1,-1,0};                      //垂直方向的偏移量
struct QNode                                        //队列元素类型
{   int x;                                          //记录(x,y)位置
    int y;
    int d;                                          //路径上的单元格个数
    QNode(int x1,int y1,int d1):x(x1),y(y1),d(d1) {} //重载构造函数
};
class Solution {
public:
    int shortestPathBinaryMatrix(vector<vector<int>>& grid)
    {   int n=grid.size();                          //行数、列数
        if (grid[0][0]==1 || grid[n-1][n-1]==1)
            return -1;
        int visited[n][n];
```

```
        memset(visited, 0, sizeof(visited));
        queue < QNode > qu;                              //定义一个队列 qu
        qu.push(QNode(0, 0, 1));                         //入口进队
        visited[0][0]=1;
        while(!qu.empty())                               //队不空时循环
        {   QNode e=qu.front(); qu.pop();                //出队元素 e
            int x=e.x;
            int y=e.y;
            int d=e.d;
            if (x==n-1 && y==n-1)                        //找到出口返回 d
                return d;
            for (int di=0; di<8; di++)
            {   int nx=x+dx[di];
                int ny=y+dy[di];
                if (nx>=0 && nx<n && ny>=0 && ny<n && visited[nx][ny]==0
                        && grid[nx][ny]==0)
                {   qu.push(QNode(nx, ny, d+1));          //相邻单元格进队
                    visited[nx][ny]=1;
                }
            }
        }
        return -1;
    }
};
```

【提交结果】

执行结果：通过。执行用时 64ms，内存消耗 19.7MB(编程语言为 C++语言)。

解法 2

【解题思路】

采用分层次的广度优先遍历的方法。类似迷宫问题求解，用 ans 存放最短路径长度。将入口进队，队不空时循环：求队中元素的个数 cnt，循环 cnt 次出队该层的所有元素(x, y)，若(x, y)为出口，返回 ans(若入口与出口相同，此时应该返回 1，所以 ans 的初始值设置为 1)，该层的所有元素处理完毕后置 ans++，进入下一层的处理。

【设计代码】

```
int dx[]={-1, 0, 1, 1, 1, 0, -1, -1};              //水平方向的偏移量
int dy[]={1, 1, 1, 0, -1, -1, -1, 0};              //垂直方向的偏移量
struct QNode                                        //队列元素类型
{   int x;                                          //记录(x, y)位置
    int y;
    QNode(int x1, int y1):x(x1), y(y1) { }          //重载构造函数
};
class Solution {
public:
    int shortestPathBinaryMatrix(vector < vector < int >> & grid)
    {   int n=grid.size();                          //行数、列数
        if (grid[0][0]==1 || grid[n-1][n-1]==1)
            return -1;
        int visited[n][n];
```

```
            memset(visited,0,sizeof(visited));
            queue<QNode> qu;                              //定义一个队列 qu
            qu.push(QNode(0,0));                          //入口进队
            visited[0][0]=1;
            int ans=1;
            while(!qu.empty())                            //队不空时循环
            {   int cnt=qu.size();                        //求队中元素的个数 cnt
                for(int i=0;i<cnt;i++)                    //循环 cnt 次
                {   QNode e=qu.front(); qu.pop();          //出队元素 e
                    int x=e.x;
                    int y=e.y;
                    if (x==n-1 && y==n-1)                 //找到出口返回 ans
                    return ans;
                    for (int di=0;di<8;di++)
                    {   int nx=x+dx[di];
                        int ny=y+dy[di];
                        if (nx>=0 && nx<n && ny>=0 && ny<n && visited[nx][ny]==0
                            && grid[nx][ny]==0)
                        {   qu.push(QNode(nx,ny));         //相邻单元格进队
                            visited[nx][ny]=1;
                        }
                    }
                }
                ans++;
            }
            return -1;
        }
};
```

【提交结果】

执行结果：通过。执行用时 60ms,内存消耗 18.8MB(编程语言为 C++语言)。

8.2.6　LeetCode994——腐烂的橘子★★

视频讲解

【题目解读】

给定一个类似迷宫的网格 grid,值 0 代表空单元格,值 1 代表新鲜橘子,值 2 代表腐烂的橘子。每分钟任何与腐烂的橘子相邻(4 个方位)的新鲜橘子都会腐烂,求没有新鲜橘子为止所必须经过的最小分钟数。如果不可能,返回 -1。在选择"C++语言"时要求设计如下函数:

```
class Solution {
public:
    int orangesRotting(vector<vector<int>>& grid) { }
};
```

例如,grid=[[2,1,1],[1,1,0],[0,1,1]],橘子腐烂的过程如图 8.9 所示,分钟 0 对应初始状态,所有橘子腐烂共需要 4 分钟,结果为 4。

解法 1

【解题思路】

采用多起点广度优先遍历的方法。题目求经过的最小分钟数 ans(初始为 0),先将所有

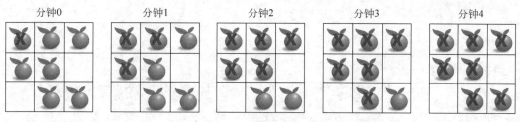

图8.9 橘子腐烂的过程

腐烂的橘子进队,从每个腐烂的橘子出发,将四周所有新鲜橘子变为腐烂的橘子(对应一分钟),并且将腐烂的橘子进队,同时累计所需时间 ans,直到找不到腐烂的橘子为止。若搜索完毕图中还存在新鲜橘子,则说明不能让所有橘子腐烂,返回−1,否则返回 ans。

【设计代码】

```
int dx[]={0,0,1,-1};                          //水平方向的偏移量
int dy[]={1,-1,0,0};                          //垂直方向的偏移量
struct QNode                                  //队列元素类型
{   int x,y;                                  //记录(x,y)位置
    int d;                                    //经过的分钟数
    QNode(int x1,int y1,int d1):x(x1),y(y1),d(d1) {}   //重载构造函数
};
class Solution {
public:
    int orangesRotting(vector < vector < int >> & grid)
    {   int m=grid.size();                    //行数
        int n=grid[0].size();                 //列数
        queue< QNode > qu;                    //定义一个队列 qu
        for(int i=0;i<m;i++)
            for(int j=0;j<n;j++)
            {   if (grid[i][j]==2)            //所有腐烂的橘子进队
                    qu.push(QNode(i,j,0));     //对应的腐烂时刻为0
            }
        int ans=0;                            //经过的最小分钟数
        while(!qu.empty())                    //队不空时循环
        {   QNode e=qu.front(); qu.pop();     //出队元素 e
            ans=e.d;
            for(int di=0;di<4;di++)           //在四周搜索
            {   int nx=e.x+dx[di];
                int ny=e.y+dy[di];
                if (nx>=0 && nx<m && ny>=0 && ny<n && grid[nx][ny]==1)
                {   grid[nx][ny]=2;           //新鲜橘子变为腐烂的橘子
                    qu.push(QNode(nx,ny,e.d+1));   //腐烂的橘子进队
                }
            }
        }
        for(int i=0;i<m;i++)                  //判断是否还存在新鲜橘子
            for(int j=0;j<n;j++)
                if (grid[i][j]==1)            //还存在新鲜橘子
                    return -1;                //返回−1
```

```
            return ans;
        }
};
```

【提交结果】

执行结果：通过。执行用时 0ms，内存消耗 12.6MB(编程语言为 C++语言)。

解法2

【解题思路】

采用多起点＋分层的广度优先遍历的方法。用 ans 表示经过的最小分钟数(初始为0)，先将所有腐烂的橘子进队，然后一层一层地搜索相邻的新鲜橘子，当有新鲜橘子变为腐烂的橘子时置 ans＋＋，并且将腐烂的橘子进队。若图中还存在新鲜橘子，返回－1，否则返回 ans。

【设计代码】

```
int dx[]＝{0,0,1,－1};                                //水平方向的偏移量
int dy[]＝{1,－1,0,0};                                //垂直方向的偏移量
struct QNode                                         //队列元素类型
{   int x,y;                                         //记录(x,y)位置
    QNode(int x1,int y1):x(x1),y(y1) {}              //重载构造函数
};
class Solution {
public:
    int orangesRotting(vector < vector < int >> & grid)
    {   int m＝grid.size();                           //行数
        int n＝grid[0].size();                        //列数
        queue< QNode > qu;                           //定义一个队列 qu
        for(int i＝0;i < m;i＋＋)
            for(int j＝0;j < n;j＋＋)
            {   if (grid[i][j]＝＝2)                   //所有腐烂的橘子进队
                    qu.push(QNode(i,j));
            }
        int ans＝0;                                   //经过的最小分钟数
        while(!qu.empty())                           //队不空时循环
        {   bool flag＝false;
            int cnt＝qu.size();                       //求队列中元素的个数 cnt
            for(int i＝0;i < cnt;i＋＋)                //循环 cnt 次处理该层的所有元素
            {   QNode e＝qu.front(); qu.pop();        //出队元素 e
                for(int di＝0;di < 4;di＋＋)           //在四周搜索
                {   int nx＝e.x+dx[di];
                    int ny＝e.y+dy[di];
                    if (nx>＝0 && nx< m && ny>＝0 && ny < n && grid[nx][ny]＝＝1)
                    {   grid[nx][ny]＝2;              //新鲜橘子变为腐烂的橘子
                        qu.push(QNode(nx,ny));       //腐烂的橘子进队
                        flag＝true;                   //表示有新鲜橘子变为腐烂的橘子
                    }
                }
            }
            if (flag) ans＋＋;                        //有新鲜橘子变为腐烂的橘子时 ans 增 1
```

视频讲解

```
            }
        for(int i=0;i<m;i++)                    //判断是否还存在新鲜橘子
            for(int j=0;j<n;j++)
                if (grid[i][j]==1)              //还存在新鲜橘子
                    return -1;                  //返回-1
        return ans;
        }
};
```

【提交结果】

执行结果：通过。执行用时 0ms，内存消耗 12.7MB(编程语言为 C++语言)。

8.2.7　LeetCode542——01 矩阵★★

【题目解读】

给定一个由 0 和 1 组成的矩阵，设计一个算法求每个元素到最近的 0 的距离。两个相邻元素间的距离为 1。在选择"C++语言"时要求设计如下函数：

```
class Solution {
public:
        vector < vector < int >> updateMatrix(vector < vector < int >> & matrix) { }
};
```

例如，matrix=[[0,0,0],[0,1,0],[1,1,1]]，结果为[[0,0,0],[0,1,0],[1,2,1]]。

【解题思路】

题目是找出每个元素到最近的 0 的距离，可以以每个元素为起点，以 0 元素为终点进行 BFS 最短路径搜索。为了提高性能，改为以所有 0 元素为起点，反过来搜索到每个元素的最短路径长度(不必关心是从哪个 0 元素开始的，因为 BFS 搜索的路径长度一定是最短的)。

为此采用多起点广度优先遍历方法，定义一个二维数组 dist，dist[i][j]表示[i,j]位置到最近的 0 的距离(初始值均为 0)，再定义一个 queue < pair < int,int >>的队列 qu，先将所有 0 元素位置进队，再进行 BFS 搜索，同时更新 dist。最后返回 dist。

【设计代码】

```
int dx[]={0,0,1,-1};                           //水平方向的偏移量
int dy[]={1,-1,0,0};                           //垂直方向的偏移量
class Solution {
public:
    vector < vector < int >> updateMatrix(vector < vector < int >> & matrix)
    {   int m=matrix.size();
        int n=matrix[0].size();
        vector < vector < int >> dist(m,vector < int >(n,0));
        vector < vector < int >> visited(m,vector < int >(n,0));
        queue < pair < int,int >> qu;           //定义一个队列 qu
        for (int i=0;i<m;i++)                   //将所有的 0 添加到初始队列中
            for (int j=0;j<n;j++)
                if (matrix[i][j]==0)            //这些 0 的 dist 均为 0
                {   qu.push(pair < int,int >(i,j));
                    visited[i][j]=1;
```

```
                    }
      while (!qu.empty())                    //队不空时循环
      {    auto [i,j]=qu.front(); qu.pop();
           for (int di=0;di<4;di++)          //找到(i,j)的相邻位置(ni,nj)
           {    int ni=i+dx[di];
                int nj=j+dy[di];
                if (ni>=0 && ni<m && nj>=0 && nj<n && visited[ni][nj]==0)
                {    dist[ni][nj]=dist[i][j]+1;  //(ni,nj)第一次访问时求最短距离
                     qu.push(pair<int,int>(ni,nj));
                     visited[ni][nj]=1;
                }
           }
      }
      return dist;
    }
};
```

【提交结果】

执行结果：通过。执行用时 68ms，内存消耗 27.3MB（编程语言为 C++语言）。

8.2.8　LeetCode934──最短的桥★★

视频讲解

【题目解读】

给定一个 01 矩阵 A，0 表示水，1 表示陆地，四周相邻的陆地构成一个岛，其中恰好有两个岛，求将这两个岛连接起来变成一座岛必须翻转的 0 的最小数目（可以保证答案至少是1）。在选择"C++"语言时要求设计如下函数：

```
class Solution {
public:
    int shortestBridge(vector<vector<int>>& A) { }
};
```

例如，$A=[[1,1,1,1,1],[1,0,0,0,1],[1,0,1,0,1],[1,0,0,0,1],[1,1,1,1,1]]$，如图 8.10 所示，结果为 1。

【解题思路】

题目实际上就是求两个岛之间的最小距离。整个求解过程分为3 步：

（1）在二维数组 A 中找到任意一个陆地(i,j)，即 $A[i][j]==1$。

（2）采用基本 DFS 或者基本 BFS 方法从(i,j)出发访问对应岛中所有的陆地(x,y)，同时置 visited$[x][y]=1$，并且将(x,y)进qu 队。

1	1	1	1	1
1	0	0	0	1
1	0	1	0	1
1	0	0	0	1
1	1	1	1	1

图 8.10　矩阵 A

（3）对 qu 采用多起点、分层次的 BFS 方法一层一层向外找到一个陆地为止，经过的步数即为所求（由于采用 BFS，其步数就是最小距离）。

注意：在两次遍历中队列 qu 和 visited 是共享的，所以将它们设置为类成员变量（或者全局变量）。

【设计代码】

```
int dx[]={0,0,1,-1};                              //水平方向的偏移量
int dy[]={1,-1,0,0};                              //垂直方向的偏移量
struct QNode                                      //队列元素类型
{   int x,y;                                      //记录(x,y)位置
    QNode(int x1,int y1):x(x1),y(y1) {}           //重载构造函数
};
class Solution {
    queue<QNode> qu;                              //定义一个队列qu
    int visited[105][105];                        //访问标记数组
public:
    int shortestBridge(vector<vector<int>> & A)
    {   int m=A.size();                           //行数
        int n=A[0].size();                        //列数
        memset(visited,0,sizeof(visited));
        bool find=false;
        int x,y;
        for (int i=0;i<m;i++)                     //找到任意一个陆地(x,y)
        {   for (int j=0;j<n;j++)
            {   if(A[i][j]==1 && !find)
                {   find=true;
                    x=i; y=j;
                    break;
                }
            }
            if (find) break;
        }
        dfs(A,x,y);
        return bfs(A);
    }

    void dfs(vector<vector<int>> & A,int x,int y)  //DFS算法
    {   visited[x][y]=1;
        if(A[x][y]==1)                            //(x,y)为陆地时进队
            qu.push(QNode(x,y));
        for (int di=0;di<4;di++)
        {   int i=x+dx[di];
            int j=y+dy[di];
            if (i>=0 && i<A.size() && j>=0 && j<A[0].size() &&
                   !visited[i][j] && A[i][j]==1)
                dfs(A,i,j);
        }
    }

    int bfs(vector<vector<int>> & A)              //BFS算法
    {   int ans=0;
        while (!qu.empty())
        {   int cnt=qu.size();                    //求队列中元素的个数cnt
            for (int i=0;i<cnt;i++)               //处理一层的元素
            {   QNode e=qu.front(); qu.pop();     //出队元素e
                int x=e.x;
                int y=e.y;
```

```
                    for(int di=0;di<4;di++)
                    {   int nx=x+dx[di];
                        int ny=y+dy[di];
                        if(nx>=0 && nx<A.size() && ny>=0 && ny<A[0].size()
                            && visited[nx][ny]==0)
                        {   if(A[nx][ny]==1)
                                return ans;
                            qu.push(QNode(nx,ny));    //(nx,ny)进队
                            visited[nx][ny]=1;
                        }
                    }
                }
                ans++;
            }
            return ans;
        }
    };
```

【提交结果】

执行结果：通过。执行用时 44ms，内存消耗 18.2MB（编程语言为 C++语言）。

8.2.9　LeetCode797——所有可能的路径★★

视频讲解

【题目解读】

给定一个采用邻接表表示的不带权有向图 graph，其中有 n 个顶点，顶点编号为 $0\sim n-1$，求所有从顶点 0 到顶点 $n-1$ 的路径（不要求按顺序）。在选择"C++语言"时要求设计如下函数：

```
class Solution {
public:
    vector<vector<int>> allPathsSourceTarget(vector<vector<int>> & graph) { }
};
```

例如，graph=[[1,2],[3],[3],[ ]]，$n=4$，对应的图如图 8.11 所示，有两条路径 0->1->3 和 0->2->3。输出为[[0,1,3],[0,2,3]]。

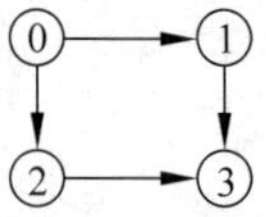

图 8.11　一个有向图

【解题思路】

采用带回溯的深度优先遍历方法，参见《教程》中第 8 章的例 8.6。

首先初始化访问标记数组 visited 的所有元素为 0，访问一个顶点 u 后置 visited[u]=1，但从顶点 u 出发的所有路径搜索完毕时需要重置 visited[u]=0，以便顶点 u 可以重复访问，这样才能达到求所有路径的目的。

【设计代码】

```
class Solution {
    int visited[20];                        //访问标记数组，类成员变量
public:
    vector<vector<int>> allPathsSourceTarget(vector<vector<int>> & graph)
    {   int n=graph.size();                 //顶点个数
```

```
        vector < vector < int >> ans;          //存放所有路径
        vector < int > apath;                  //存放一条路径
        memset(visited, 0, sizeof(visited));   //初始化 visited 数组
        dfs(graph, 0, n−1, apath, ans);        //求 0 −> n−1 的所有路径 ans
        return ans;
    }
    void dfs(vector < vector < int >> & graph, int u, int v, vector < int > apath, vector < vector < int >> &
ans)
    {   apath.push_back(u);                    //将顶点 u 加入路径中
        visited[u]=1;                          //置已访问标记
        if (u==v)                              //找到一条路径
        {   ans.push_back(apath);
            visited[u]=0;                      //恢复环境,使终点可重新访问
        }
        else
        {   for(int i=0;i < graph[u].size();i++)
            {   int w=graph[u][i];             //w 为顶点 u 的邻接点
                if (visited[w]==0)             //若 w 顶点未访问,递归访问它
                    dfs(graph, w, v, apath, ans);
            }
            visited[u]=0;                      //恢复环境,使该顶点可重新访问
        }
    }
};
```

【提交结果】

执行结果:通过。执行用时 24ms,内存消耗 14.9MB(编程语言为 C++语言)。

8.3　最小生成树

8.3.1　LeetCode1584——连接所有点的最小费用★★

视频讲解

【题目解读】

在二维空间中有若干个点 points,连接两个点$[x_i, y_i]$和点$[x_j, y_j]$的费用为它们之间的曼哈顿距离($|x_i−x_j|+|y_i−y_j|$),求将所有点连接的最小总费用。在选择"C++语言"时要求设计如下函数:

```
class Solution {
public:
    int minCostConnectPoints(vector < vector < int >> & points) { }
};
```

例如,points=[[0,0],[2,2],[3,10],[5,2],[7,0]],5 个点如图 8.12(a)所示,连接所有点的最小总费用图如图 8.12(b)所示,最小总费用=4+9+3+4=20。

解法 1

【解题思路】

题目实际上是求连接全部点的最小生成树的总费用。解法 1 采用 Prim 算法求解。

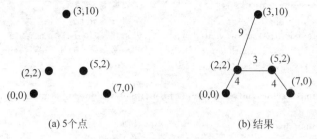

(a) 5个点　　　　　　　　　　(b) 结果

图 8.12　原图和结果图

【设计代码】

```cpp
#define INF 0x3f3f3f3f                                    //表示∞
class Solution {
public:
    int minCostConnectPoints(vector<vector<int>> & points)
    {   int n=points.size();
        return Prim(points,n,0);
    }
    int dist(vector<vector<int>> & points,int i,int j)     //点 i 和 j 之间的曼哈顿距离
    {
        return abs(points[i][0]-points[j][0])+abs(points[i][1]-points[j][1]);
    }
    int Prim(vector<vector<int>> & points,int n,int v)     //Prim 算法
    {   int lowcost[1005];
        int closest[1005];
        int ans=0;
        for (int i=0;i<n;i++)                              //给 lowcost[]和 closest[]置初值
        {   lowcost[i]=dist(points,v,i);
            closest[i]=v;
        }
        for (int i=1;i<n;i++)                              //找出(n-1)个顶点
        {   int mind=INF;
            int k=-1;
            for (int j=0;j<n;j++)                          //在(V-U)中找出离 U 最近的顶点 k
                if (lowcost[j]!=0 && lowcost[j]<mind)
                {   mind=lowcost[j];
                    k=j;                                   //k 记录最近顶点的编号
                }
            ans+=mind;                                     //产生最小生成树的一条边,权值为 mind
            lowcost[k]=0;                                  //标记 k 已经加入 U
            for (int j=0;j<n;j++)                          //对(V-U)中的顶点 j 进行调整
                if (lowcost[j]!=0 && dist(points,k,j)<lowcost[j])
                {   lowcost[j]=dist(points,k,j);
                    closest[j]=k;                          //修改数组 lowcost 和 closest
                }
        }
        return ans;
    }
};
```

【提交结果】

执行结果：通过。执行用时 84ms，内存消耗 9.7MB（编程语言为 C++语言）。

解法2

【解题思路】

解法 2 采用改进的 Kruskal 算法（利用并查集求一个顶点所在的连通分量）求解。

【设计代码】

```
#define INF 0x3f3f3f3f                           //表示∞
struct UFSTree                                   //并查集的结点类型
{   int rank;                                    //结点对应的秩
    int parent;                                  //结点对应的双亲下标
};
struct Edge                                      //边的类型
{   int u;                                       //边的起始顶点
    int v;                                       //边的终止顶点
    int w;                                       //边的权值
    Edge(int u1,int v1,int w1)                   //重载构造函数
    {   u=u1; v=v1;
        w=w1;
    }
    bool operator <(const Edge &s)
    {
        return w < s.w;                          //用于按 w 递增排序
    }
};
class Solution {
    UFSTree t[1005];                             //并查集 t
public:
    int minCostConnectPoints(vector < vector < int >> & points)
    {   int n=points.size();
        return Kruskal(points,n);
    }
    void Init(int n)                             //初始化并查集
    {   for (int i=0;i<n;i++)
        {   t[i].rank=0;                          //秩初始化为 0
            t[i].parent=i;                        //双亲初始化指向自己
        }
    }
    int Find(int x)                              //查找 x 所在子集的根结点:递归算法
    {   if (x!=t[x].parent)                       //双亲不是自己
            t[x].parent=Find(t[x].parent);        //路径压缩
        return t[x].parent;                       //双亲是自己,返回 x
    }
    int dist(vector < vector < int >> & points,int i,int j)   //点 i 和 j 之间的曼哈顿距离
    {
        return abs(points[i][0]-points[j][0])+abs(points[i][1]-points[j][1]);
    }
    int Kruskal(vector < vector < int >> & points,int n)   //改进的 Kruskal 算法
    {   vector < Edge > E;
        for (int i=0;i<n;i++)                     //由 g 产生的边集 E
```

```
        for (int j=0;j<=i;j++)
            E.push_back(Edge(i,j,dist(points,i,j)));
    sort(E.begin(),E.end());                    //对 E 数组按权值递增排序
    Init(n);                                    //初始化并查集树 t
    int ans=0;
    int k=1;                                     //k 表示当前构造生成树的第几条边,初值为 1
    int j=0;                                     //E 中边的下标从 0 开始
    while (k < n)                                //生成的边数小于 n 时循环
    {   int u1=E[j].u;
        int v1=E[j].v;                           //取一条边的头、尾顶点编号 u1 和 v1
        int sn1=Find(u1);
        int sn2=Find(v1);                        //分别得到两个顶点所属的集合编号
        if (sn1!=sn2)                            //两顶点属于不同的集合
        {   ans+=E[j].w;                         //产生最小生成树的一条边
            k++;                                 //生成的边数增 1
            t[sn1].parent=sn2;                   //子树合并
        }
        j++;                                     //扫描下一条边
    }
    return ans;
    }
};
```

【提交结果】

执行结果：通过。执行用时 592ms,内存消耗 56.7MB(编程语言为 C++语言)。

【解法比较】

对比两种解法看出,无论是时间还是空间上采用 Kruskal 算法的性能都比采用 Prim 算法差很多,原因是 points 看成由 n 个点构成的完全无向图,属于稠密图,而稠密图采用 Kruskal 算法求最小生成树的性能较差。

视频讲解

8.3.2　LeetCode684——冗余连接★★

【题目解读】

采用边数组 edges 给出一个含 N 个顶点(顶点编号为 $1\sim N$)的图,由 N 个顶点的树及一条附加的边构成,图中每一个边的元素是一对[u,v],满足 $u<v$,表示连接顶点 u 和 v 的无向图的边。设计一个算法求一条可以删去的边,使得结果图是一个有着 N 个顶点的树。如果有多个答案,则返回二维数组中最后出现的边,答案边[u,v]应满足相同的格式 $u<v$。在选择"C++语言"时要求设计如下函数:

```
class Solution {
public:
    vector<int> findRedundantConnection(vector<vector<int>>& edges) { }
};
```

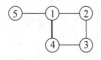

例如,edges=[[1,2],[2,3],[3,4],[1,4],[1,5]],对应的无向图如图 8.13 所示,输出结果为[1,4]。

图 8.13　两个无向图

【解题思路】

采用《教程》中 8.4.4 节的 Kruskal 算法中找回路的思路,这里

采用改进 Kruskal 算法中并查集找回路的方法。

【设计代码】

```
struct UFSTree                              //并查集的结点类型
{   int rank;                               //结点对应的秩
    int parent;                             //结点对应的双亲下标
};
class Solution {
    UFSTree t[1005];                        //并查集 t
public:
    vector < int > findRedundantConnection(vector < vector < int >> & edges)
    {   int n=edges.size();                 //n 为顶点个数
        Init(n);                            //初始化并查集
        for (int i=0;i<n;i++)
        {   vector < int > tmp=edges[i];     //取一条边 tmp
            int u1=tmp[0],v1=tmp[1];         //取一条边的头、尾顶点
            int sn1=Find(u1);
            int sn2=Find(v1);                //分别得到两个顶点所属连通分量的编号
            if (sn1!=sn2)                    //两顶点属于不同的集合
                t[sn1].parent=sn2;           //两个根直接合并:sn1 作为 sn2 的孩子
            else                             //说明有环
                return tmp;                  //返回冗余边 tmp
        }
        return {};
    }
    void Init(int n)                        //初始化并查集
    {   for (int i=1;i<=n;i++)
        {   t[i].rank=0;                     //秩初始化为 0
            t[i].parent=i;                   //双亲初始化指向自己
        }
    }
    int Find(int x)                         //查找 x 所在子集的根结点:非递归算法
    {   int rx=x;
        while(t[rx].parent!=rx)              //查找根结点
            rx=t[rx].parent;
        int y=x;
        while(y!=rx)                         //路径压缩
        {   int tmp=t[y].parent;
            t[y].parent=rx;                  //将原 x 到 rx 路径上所有结点的双亲置为 rx
            y=tmp;
        }
        return rx;
    }
};
```

【提交结果】

执行结果:通过。执行用时 8ms,内存消耗 8.3MB(编程语言为 C++语言)。

8.3.3 LeetCode1631——最小体力消耗路径★★

视频讲解

【题目解读】

有一个 $m \times n$ 的二维数组 height 表示地图,height$[i][j]$ 表示 (i,j) 位置的高度,设计一个算法求从左上角 $(0,0)$ 走到右下角 $(m-1,n-1)$ 的最小体力消耗值,每次可以往上、下、

左、右 4 个方向之一移动，一条路径耗费的体力值是路径上相邻格子之间高度差的绝对值的最大值。在选择"C++语言"时要求设计如下函数：

```cpp
class Solution {
public:
    int minimumEffortPath(vector < vector < int >> & heights) { }
}
```

例如，heights＝[[1,2,2],[3,8,2],[5,3,5]]，最优行走路径如图 8.14 所示，该路径的高度是[1,3,5,3,5]，连续格子的高度差的绝对值最大为 2，所以结果为 2。

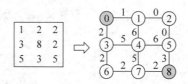

图 8.14　最优行走路径

【解题思路】

采用改进的 Kruskal 算法的类似方法求解。先将地图转换为一个图，对于 $m \times n$ 的 heights 地图，对应的图中有 $m \times n$ 个顶点，编号是 $0 \sim m \times n - 1$，高度差作为边的权重。采用边数组 E 存放图，其中元素为 $[u, v, w]$，表示边 (u, v) 的权值为 w。

地图中的 (i, j) 位置对应图中的顶点编号为 $id = i \times n + j$，由于转换成的图是无向图，对于每个顶点 id 仅求出到达该顶点的边的权值（高度差的绝对值）即可。

(1) (i, j) 位置的同列的上一个位置是 $(i-1, j)$，该位置对应的顶点编号是 $id-n$，对应图中的边是 $(id-n, id)$，权值＝$|\text{heights}[i][j] - \text{heights}[i-1][j]|$。

(2) (i, j) 位置的同行的前一个位置是 $(i, j-1)$，该位置对应的顶点编号是 $id-1$，对应图中的边是 $(id-1, id)$，权值＝$|\text{heights}[i][j] - \text{heights}[i][j-1]|$。

通过 i、j 两重循环获取 E 数组，图 8.14 所示的地图转换成图的结果如图 8.15 所示，这样本题转换成求顶点 0 到顶点 $m \times n - 1$ 的所有路径中最小、最大边权值问题（最大边权值是指路径中所有边权值的最大值）。

图 8.15　将一个地图 heights 转换成图

利用改进的 Kruskal 算法，基本过程是将 E 数组按权值递增排序，依次取权值小的边 $E[j]$，若顶点 $E[j].u$ 和 $E[j].v$ 在相同子集中则跳过，否则添加该边，即合并 $E[j].u$ 和 $E[j].v$，之后如果顶点 0 和顶点 $m \times n - 1$ 已经属于相同子树（它们之间一定有路径），此时的 $E[j].w$ 就是整个路径的最小高度差的绝对值。

【设计代码】

```cpp
struct UFSTree                          //并查集的结点类型
{   int rank;                           //结点秩
    int parent;                         //双亲下标
};
struct Edge                             //边的类型
{   int u;                              //边的起点
    int v;                              //边的终点
```

```
        int w;                                    //边的权值
        Edge(int u1,int v1,int w1)                //重载构造函数
        {   u=u1; v=v1;
            w=w1;
        }
        bool operator <(const Edge &s)
        {
            return w < s.w;                        //用于按 w 递增排序
        }
};
class Solution {
        UFSTree t[100005];                         //并查集 t
public:
        int minimumEffortPath(vector < vector < int >> & heights)
        {   int m=heights.size();                  //行数 m
            int n=heights[0].size();               //列数 n
            vector < Edge > E;
            for (int i=0;i < m;i++)
            {   for (int j=0;j < n;j++)
                {   int id=i * n+j;
                    if (i > 0)
                        E.push_back(Edge(id−n,id,abs(heights[i][j]−heights[i−1][j])));
                    if (j > 0)
                        E.push_back(Edge(id−1,id,abs(heights[i][j]−heights[i][j−1])));
                }
            }
            sort(E.begin(),E.end());               //按权递增排序
            Init(m * n);
            for (int j=0;j < E.size();j++)
            {   Union(E[j].u,E[j].v);              //合并 E[j]边的两个顶点
                if (Find(0)==Find(m * n−1))        //若顶点 0 到顶点 mn−1 已经连通
                    return E[j].w;
            }
            return 0;
        }
        void Init(int n)                           //初始化并查集
        {   for (int i=0;i < n;i++)
            {   t[i].rank=0;                        //秩初始化为 0
                t[i].parent=i;                     //双亲初始化指向自己
            }
        }
        int Find(int x)                            //查找 x 所在子集的根结点:递归算法
        {   if (x!=t[x].parent)                    //双亲不是自己
                t[x].parent=Find(t[x].parent);     //路径压缩
            return t[x].parent;                    //双亲是自己,返回 x
        }
        void Union(int x,int y)                    //将 x 和 y 所在的子集合并
        {   int rx=Find(x);                        //查找 x 所在子集的根结点 rx
            int ry=Find(y);                        //查找 y 所在子集的根结点 ry
            if(rx==ry) return;                     //x 和 y 属于相同子集时返回
            if (t[rx].rank > t[ry].rank)           //rx 结点秩大于 ry 结点秩
```

```
        t[ry].parent=rx;              //将 rx 作为 ry 的双亲结点
      else                            //ry 结点秩大于或等于 rx 结点秩
      {  t[rx].parent=ry;             //将 ry 作为 rx 的双亲结点
         if (t[rx].rank==t[ry].rank)  //rx 和 ry 结点秩相同
            t[ry].rank++;             //ry 结点秩增 1
      }
    }
};
```

【提交结果】

执行结果：通过。执行用时 160ms，内存消耗 28MB（编程语言为 C++语言）。

8.4 最短路径

视频讲解

8.4.1 LeetCode743——网络延迟时间★★

【题目解读】

采用边数组 times 表示一个含 n 个顶点的带权有向图（权值表示传递时间），给出其中一个顶点 k，求从它发送了一个信号使所有结点都收到信号的最少时间，如果不能使所有结点收到信号，返回 -1。在选择"C++语言"时要求设计如下函数：

```
class Solution {
public:
    int networkDelayTime(vector < vector < int >> & times, int n, int k) { }
};
```

例如 times=$[[2,1,1],[2,3,1],[3,4,1]]$，$n=4$，$k=2$，对应的带权有向图如图 8.16 所示，顶点 2→1 的最少传递时间为 1，顶点 2→3 的最少传递时间为 1，顶点 2→4 的最少传递时间为 2，结果为 2。

图 8.16 一个带权有向图

解法 1

【解题思路】

采用邻接矩阵存储图。求从顶点 k 传送到每一个顶点的最终时间，实际上就是求顶点 k 到所有其他顶点的单源最短路径长度中的最长值。

首先由 times 边数组建立对应邻接矩阵数组 g，采用基本 Dijkstra 算法求出源点 k 到其他所有顶点的最短路径长度 dist，在 dist 中求最大值 ans，若 ans$==\infty$，说明不能使所有结点收到信号，返回 -1，否则返回 ans。

【设计代码】

```
# define MAXN 105               //最多顶点数
# define INF 0x3f3f3f3f         //表示∞
class Solution {
    int g[MAXN][MAXN];          //邻接矩阵
public:
```

```
int networkDelayTime(vector < vector < int >> & times, int n, int k)
{   memset(g,0x3f,sizeof(g));           //初始化 g 的所有元素为∞
    for(int i=1;i<=n;i++)               //自己到自己的权为 0
        g[i][i]=0;
    for (int i=0;i< times.size();i++)   //由列表创建邻接矩阵
    {   int a=times[i][0];
        int b=times[i][1];
        int w=times[i][2];
        g[a][b]=w;
    }
    return Dijkstra(n,k);
}

int Dijkstra(int n,int v)                //源点为 v 的 Dijkstra 算法
{   int dist[MAXN];
    int S[MAXN];                         //S[i]=1 表示顶点 i 在 S 中,否则顶点 i 在 U 中
    memset(dist,0x3f,sizeof(dist));      //将所有元素设置为∞
    memset(S,0,sizeof(S));               //将所有元素设置为 0
    for (int i=1;i<=n;i++)               //初始化距离
        dist[i]=g[v][i];
    S[v]=1;                              //将源点编号 v 放入 S 中
    dist[v]=0;
    for (int i=0;i<n-1;i++)              //最多循环 n-1 次
    {   int u=-1;
        int mindis=INF;                  //mindis 置最大长度初值
        for (int j=1;j<=n;j++)           //选取在 U 中且具有最小最短路径长度的顶点 u
            if (S[j]==0 && dist[j]< mindis)
            {   u=j;
                mindis=dist[j];
            }
        if (u==-1) return -1;            //没有找到最小点返回-1
        S[u]=1;                          //将顶点 u 加入 S 中
        for (int j=1;j<=n;j++)           //修改不在 S 中(即 U 中)的顶点的最短路径
        {   if (S[j]==0)
            {   if (g[u][j]<INF && dist[u]+g[u][j]< dist[j])
                    dist[j]=dist[u]+g[u][j];
            }
        }
    }
    int ans=0;
    for (int i=1;i<=n;i++)               //求 dist 中的最大元素 ans
        if (ans< dist[i])
            ans=dist[i];
    if (ans==INF)
        return -1;
    else
        return ans;
};
```

【提交结果】

执行结果:通过。执行用时 116ms,内存消耗 35.8MB(编程语言为 C++ 语言)。

解 法 2

【解题思路】

采用邻接表存储图，仍然采用基本 Dijkstra 算法求解。

【设计代码】

```cpp
#define MAXN 105                              //最多顶点数
#define INF 0x3f3f3f3f                        //表示∞
struct Edge                                   //边数组元素类型
{   int v;                                    //顶点编号
    int w;                                    //对应边的权
    int next;                                 //下一个相邻点位置
};
class Solution {
    int head[MAXN];                           //邻接表的表头数组
    vector < Edge > edg;                      //边数组
    int cnt;                                  //edg 数组中的元素个数
public:
    int networkDelayTime(vector < vector < int >> & times, int n, int k)
    {   memset(head, 0xff, sizeof(head));     //初始化 head 的所有元素为－1
        cnt=0;
        for (int i=0; i<times.size(); i++)    //由列表创建邻接表
        {   int a=times[i][0];
            int b=times[i][1];
            int w=times[i][2];
            Edge e;
            e.v=b;                            //在图中插入<a,b>:w
            e.w=w;
            e.next=head[a];
            edg.push_back(e);
            head[a]=cnt++;
        }
        return Dijkstra(n,k);
    }
    int Dijkstra(int n, int v)                //源点为 v 的 Dijkstra 算法
    {   int dist[MAXN];
        int S[MAXN];                          //S[i]＝1 表示顶点 i 在 S 中,否则顶点 i 在 U 中
        memset(dist, 0x3f, sizeof(dist));     //将所有元素设置为∞
        memset(S, 0, sizeof(S));              //将所有元素设置为 0
        for (int i=head[v]; i!=-1; i=edg[i].next)
        {   int u=edg[i].v;                   //求出顶点 v 的出边顶点 u
            int w=edg[i].w;                   //边<v,u>的权
            dist[u]=w;
        }
        S[v]=1;                               //将源点 v 添加到 S 中
        dist[v]=0;
        for (int i=0; i<n-1; i++)             //循环,直到所有顶点的最短路径都求出
        {   int mindis=INF;                   //mindis 置最大长度初值
            int u=-1;
            for (int j=1; j<=n; j++)          //选取 U 中具有最短路径长度的顶点 u
                if (S[j]==0 && dist[j]<mindis)
                {   u=j;
```

```
                    mindis=dist[j];
            }
        if (u==-1) return -1;                //没有找到相邻点返回-1
        S[u]=1;                              //将顶点 u 加入 S 中
        for (int j=head[u];j!=-1;j=edg[j].next)
        {   int v=edg[j].v;                  //有边<u,v>:w
            int w=edg[j].w;
            if (S[v]==0)                     //修改 U 中顶点的最短路径
            {   if (dist[u]+w<dist[v])       //找到更短的路径
                    dist[v]=dist[u]+w;
            }
        }
    }
    int ans=0;
    for (int i=1;i<=n;i++)                   //求 dist 中的最大元素 ans
        if (ans<dist[i])
            ans=dist[i];
    if (ans==INF)
        return -1;
    else
        return ans;
    }
};
```

【提交结果】

执行结果：通过。执行用时 108ms,内存消耗 38.8MB(编程语言为 C++语言)。

8.4.2 LeetCode1334——阈值距离内邻居最少的城市★★

视频讲解

【题目解读】

由边数组 edges 给出 n 个城市(编号为 0~$n-1$)的道路的带权无向图,另外给出一个距离阈值 distanceThreshold,设计一个算法能通过某些路径到达其他城市数目最少、且路径距离最大为 distanceThreshold 的城市,如果有多个这样的城市,则返回编号最大的城市。在选择"C++语言"时要求设计如下函数:

```
class Solution {
public:
    int findTheCity(int n, vector<vector<int>>& edges, int distanceThreshold) { }
};
```

例如,$n=4$,edges=[[0,1,3],[1,2,1],[1,3,4],[2,3,1]],distanceThreshold=4,对应的图如图 8.17 所示,输出为 3。

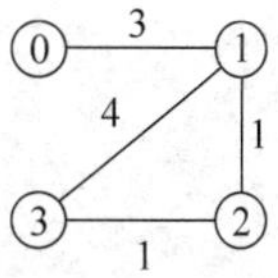

解法 1

【解题思路】

每个城市对应一个顶点(编号为 0~$n-1$),将边数组 edges 转换为邻接矩阵数组 A,采用 Floyd 算法求出任意两个顶点之间的最短路径长度,仍然用二维数组 A 存储。再遍历每个顶点 i,求出距离阈值内的顶点个数 cnt,比较求最小 cnt 对应的顶点 ans,最后返回 ans。

图 8.17 一个城市图

【设计代码】

```
#define MAXN 105                              //最大顶点个数
#define INF 0x3f3f3f3f                        //表示∞
class Solution {
public:
    int findTheCity(int n, vector < vector < int >> & edges, int distanceThreshold)
    {
        return Floyd(n, edges, distanceThreshold);
    }
    int Floyd(int n, vector < vector < int >> & edges, int distanceThreshold)    //Floyd 算法
    {   int A[MAXN][MAXN];
        memset(A, 0x3f, sizeof(A));              //A 中所有元素数组为∞
        for(int i=0;i<n;i++)                     //将主对角线元素设置为 0
        A[i][i]=0;
        for (int k=0;k<edges.size();k++)         //构造邻接矩阵 A
        {   int i=edges[k][0];
            int j=edges[k][1];
            int w=edges[k][2];
            A[i][j]=A[j][i]=w;
        }
        for (int k=0;k<n;k++)                    //依次考查所有顶点
        {   for (int i=0;i<n;i++)
                for (int j=0;j<n;j++)
                {   if (A[i][j]> A[i][k]+A[k][j])
                    A[i][j]=A[i][k]+A[k][j];      //修改最短路径长度
                }
        }
        int ans=0;
        int mincnt=INF;                          //表示距离阈值内的最少顶点个数
        for(int i=0;i<n;i++)                     //遍历每个顶点
        {   int cnt=0;
            for(int j=0;j<n;j++)                 //累计顶点 i 的距离阈值内的顶点个数 cnt
                if (i!=j && A[i][j]<=distanceThreshold)
                    cnt++;
            if(cnt<=mincnt)                      //求最小 cnt 值的顶点 i(一定包含＝)
            {   ans=i;
                mincnt=cnt;
            }
        }
        return ans;
    }
};
```

【提交结果】

执行结果：通过。执行用时 32ms,内存消耗 11.2MB(编程语言为 C++语言)。

解法 2

【解题思路】

采用 Dijkstra 算法求顶点 v 到其他顶点的最短路径长度,再求出距离阈值内的顶点个

数。n 个顶点调用 n 次 Dijkstra 算法得到这样的顶点个数,用一维数组 B 存储,在 B 数组中求最后一个最小元素的顶点 ans。最后返回 ans。

【设计代码】

```
# define MAXN 105                                          //最大顶点个数
# define INF 0x3f3f3f3f                                     //表示∞
class Solution {
    int A[MAXN][MAXN];                                      //邻接矩阵数组
    int B[MAXN];                                            //存放距离阈值内的顶点个数
public:
    int findTheCity(int n, vector < vector < int >> & edges, int distanceThreshold)
    {   memset(A, 0x3f, sizeof(A));                          //A 中所有元素数组为∞
        for(int i=0;i<n;i++)                                //将主对角线元素设置为 0
            A[i][i]=0;
        for (int k=0;k<edges.size();k++)                    //构造邻接矩阵 A
        {   int i=edges[k][0];
            int j=edges[k][1];
            int w=edges[k][2];
            A[i][j]=A[j][i]=w;
        }
        for (int i=0;i<n;i++)                               //每个顶点调用 Dijkstra 算法得到 B
            Dijkstra(n,i,distanceThreshold);
        int ans=0;
        int mincnt=INF;                                     //表示距离阈值内的最少顶点个数
        for(int i=0;i<n;i++)
        {   if (B[i]<=mincnt)                               //求最小元素值的顶点 i(一定包含=)
            {   ans=i;
                mincnt=B[i];
            }
        }
        return ans;
    }
    void Dijkstra(int n, int v, int distanceThreshold)      //Dijkstra 算法
    {   int dist[MAXN];
        int S[MAXN];                                        //S[i]=1 表示顶点 i 在 S 中,否则在 U 中
        for (int i=0;i<n;i++)
        {   dist[i]=A[v][i];                                //初始化距离
            S[i]=0;                                         //S[]置空
        }
        S[v]=1;                                             //将源点编号 v 放入 S 中
        for (int i=0;i<n-1;i++)                             //循环,直到所有顶点的最短路径都求出
        {   int mindis=INF;                                 //mindis 置最大长度初值
            int u=-1;
            for (int j=0;j<n;j++)                           //选取在 U 中且具有最短路径长度的顶点 u
                if (S[j]==0 && dist[j]<mindis)
                {   u=j;
                    mindis=dist[j];
                }
            if (u==-1) continue;                            //找不到这样的最小距离的顶点 u 时跳过
            S[u]=1;                                         //将顶点 u 加入 S 中
```

```
                for (int j=0;j<n;j++)              //修改在 U 中的顶点的最短路径
                    if (S[j]==0)
                    {  if (A[u][j]<INF && dist[u]+A[u][j]<dist[j])
                            dist[j]=dist[u]+A[u][j];
                    }
                }
                B[v]=0;
                for(int i=0;i<n;i++)              //累计顶点 v 的距离阈值内的顶点个数 cnt
                    if (i!=v && dist[i]<=distanceThreshold)
                        B[v]++;
            }
        );
```

【提交结果】

执行结果：通过。执行用时 44ms，内存消耗 11.3MB（编程语言为 C++语言）。

【解法比较】

从两种解法看出，解法 1 采用 Floyd 算法一次性求出任意两个顶点之间的最短路径长度，解法 2 调用 n 次 Dijkstra 算法，尽管时间复杂度都是 $O(n^3)$，但由于后者中每次调用 Dijkstra 算法都是独立的，比较路径长度的信息没有共享，所以时间性能差一些。

8.5　拓　扑　排　序

视频讲解

8.5.1　LeetCode207——课程表★★

【题目解读】

n 门课程（编号为 $0\sim n-1$）的先修关系用 prereqs 表示，其中 $[b,a]$ 表示课程 a 是课程 b 的先修课程，即 $a\rightarrow b$，设计一个算法判断是否可能完成所有课程的学习。在选择"C++语言"时要求设计如下函数：

```
class Solution {
public:
    bool canFinish(int numCourses, vector<vector<int>>& prereqs) { }
};
```

例如，$n=2$，prereqs$=[[1,0]]$，表示共有两门课程，课程 1 的先修课程是课程 0，这是可能的，结果为 true。

解法 1

【解题思路】

每门课程用一个顶点表示，两门课程之间的先修关系用一条有向边表示，这样构成一个有向图，用邻接表 Ⅱ 存储。显然如果图中存在环，则不能完成所有课程的学习，否则能够完成所有课程的学习。这样问题变成判断有向图中是否存在环。

采用 DFS 思路，从某个顶点 i 出发搜索环，用 path 保存从顶点 i 搜索到某个顶点 u 的路径，若顶点 u 的一个相邻点 w 在 path 中，则说明存在环。实际上没有必要采用 path 数

组，只需要设置 inpath 数组，inpath[w]表示顶点 w 是否在路径中即可，如图 8.18 所示。

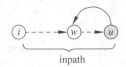

图 8.18　从顶点 i 出发判断是否存在环

如果从有向图中的任意一个顶点 i 出发搜索到环，则返回 false；如果从所有顶点出发都没有找到环，则返回 true。

【设计代码】

```
#define MAXN 100005                              //最多课程数
struct Edge                                      //边数组元素类型
{   int v;                                       //顶点编号
    int next;                                    //下一个相邻点位置
};
class Solution {
    int visited[MAXN];
    int head[MAXN];                              //邻接表的表头数组
    Edge edg[4 * MAXN];                          //边数组
    int cnt;                                     //edg 数组中的元素个数
public:
    bool canFinish(int numCourses, vector < vector < int >> & prereqs)
    {   int n = numCourses;
        memset(head, 0xff, sizeof(head));        //初始化 head 的所有元素为-1
        cnt = 0;
        for (int i = 0; i < prereqs.size(); i++) //由列表创建邻接表
        {   int b = prereqs[i][0];               //[b,a]表示 a 是 b 的先修课程
            int a = prereqs[i][1];               //用< a,b>表示即先学 a,再学 b
            edg[cnt].v = b; edg[cnt].next = head[a];
            head[a] = cnt++;                     //在图中插入< a,b>
        }
        int inpath[MAXN];
        for (int i = 0; i < n; i++)              //以每个顶点为起始点搜索
        {   memset(visited, 0, sizeof(visited));
            memset(inpath, 0, sizeof(inpath));
            if (Cycle(i, inpath))                //找到环返回 false
                return false;
        }
        return true;                            //均没有环,返回 true
    }

    bool Cycle(int u, int inpath[])             //以顶点 u 为起始点搜索是否存在环
    {   visited[u] = 1;
        inpath[u] = 1;
        for (int j = head[u]; j != -1; j = edg[j].next)
        {   int w = edg[j].v;                   //求出顶点 u 的出边顶点 w
            if (visited[w] == 0)
            {   bool flag = Cycle(w, inpath);   //从 w 出发搜索环
                if (flag)                       //从 w 出发找到了环,返回 true
```

```
                    return true;
            else                                    //从 w 出发没有找到环
                inpath[w]=0;                        //顶点 w 回退
            }
        else if (inpath[w])                         //顶点 w 在路径中
            return true;
        }
    return false;
    }
};
```

【提交结果】

执行结果：通过。执行用时 220ms，内存消耗 16.5MB（编程语言为 C++语言）。实际上，在上述算法中可以将 visited 和 inpath 数组合二为一（让 visited 具有回退功能）。

解法2

【解题思路】

采用拓扑排序思路，用 ans 累计拓扑序列中元素的个数，拓扑排序完毕，若 ans==n，则说明没有环，返回 true，否则说明存在环，返回 false。

【设计代码】

```
# define MAXN 100005                    //最多课程数
struct Edge                             //边数组元素类型
{   int v;                              //顶点编号
    int next;                           //下一个相邻点位置
};
class Solution {
    int head[MAXN];                     //邻接表的表头数组
    Edge edg[4 * MAXN];                 //边数组
    int cnt;                            //edg 数组中的元素个数
    int degree[MAXN];                   //存放顶点的入度
public:
    bool canFinish(int numCourses, vector < vector < int >> & prereqs)
    {   int n=numCourses;
        memset(head, 0xff, sizeof(head));   //初始化 head 的所有元素为−1
        cnt=0;
        for (int i=0;i< prereqs. size();i++) //由列表创建邻接表
        {   int b=prereqs[i][0];            //[b,a]表示 a 是 b 的先修课程
            int a=prereqs[i][1];            //用< a,b>表示即先学 a,再学 b
            edg[cnt].v=b; edg[cnt].next=head[a];
            head[a]=cnt++;                  //在图中插入< a,b>
            degree[b]++;                    //b 的入度增 1
        }
        return TopSort(n);
    }
    bool TopSort(int n)                     //拓扑排序算法
    {   stack < int > st;                   //定义一个栈 st
        for(int i=0;i<n;i++)                //入度为 0 的顶点进栈
```

```
            if(degree[i]==0)
                st.push(i);
    int ans=0;                          //拓扑序列中顶点的个数
    while(!st.empty())                  //栈不空时循环
    {   int i=st.top(); st.pop();       //出栈顶点 i
        ans++;
        for (int j=head[i];j!=-1;j=edg[j].next)
        {   int k=edg[j].v;             //求出顶点 i 的出边顶点 k
            degree[k]--;                //顶点 k 的入度减 1
            if (degree[k]==0)           //顶点 k 的入度为 0 时进栈
                st.push(k);
        }
    }
    if (ans==n)                         //拓扑排序成功
        return true;
    else                                //拓扑排序不成功
        return false;
    }
};
```

【提交结果】

执行结果:通过。执行用时 32ms,内存消耗 16.5MB(编程语言为 C++语言)。

【算法比较】

从提交结果看出,在两种解法中采用拓扑排序判断有向图中是否有环比采用 DFS 的性能高很多。

8.5.2　LeetCode210——课程表Ⅱ★★

视频讲解

【题目解读】

n 门课程(编号为 $0\sim n-1$)的先修关系用 prereqs 表示,其中[b,a]表示课程 a 是课程 b 的先修课程,即 $a\to b$,给出学完所有课程所安排的学习顺序,若有多个正确的顺序,求出其中一种即可,若不可能,返回一个空数组。在选择"C++语言"时要求设计如下函数:

```
class Solution {
public:
    vector<int> findOrder(int numCourses, vector<vector<int>>& prereqs) { }
};
```

例如,$n=4$,prereqs=[[1,0],[2,0],[3,1],[3,2]],总共有 4 门课程,要学习课程 3,应先学习课程 1 和课程 2,并且课程 1 和课程 2 都应该排在课程 0 之后,因此一个正确的课程顺序是 [0,1,2,3],另一个正确的课程顺序是 [0,2,1,3]。

【解题思路】

采用邻接表Ⅱ存放表示 n 门课程学习顺序的有向图,例如列表[b,a]表示课程 b 的先修课程有课程 a(一门课程可能有多门先修课程),用有向边<a,b>表示,即先修课程 a 再修课程 b。然后利用拓扑排序求解,用 vector<int>容器 ans 存放拓扑序列,若 ans.size()==n(成功的拓扑排序),则返回 ans,否则(不成功的拓扑排序)返回空。

【设计代码】

```
#define MAXN 5000                              //最多课程数
struct Edge                                    //边数组元素类型
{   int v;                                     //顶点编号
    int next;                                  //下一个相邻点位置
};
class Solution {
    int head[MAXN];                            //邻接表的表头数组
    Edge edg[4 * MAXN];                        //边数组
    int cnt;                                   //edg 数组中的元素个数
    int degree[MAXN];                          //存放顶点的入度
    vector < int > ans;                        //存放结果即拓扑序列
public:
    vector < int > findOrder(int numCourses, vector < vector < int >> & prereqs)
    {   int n=numCourses;
        if (n==0) return {};
        memset(head, 0xffff, sizeof(head));    //初始化 head 的所有元素为-1
        memset(degree, 0, sizeof(degree));     //初始化 degree 的所有元素为0
        cnt=0;
        for (int i=0;i < prereqs.size();i++)   //由列表创建邻接表
        {   int b=prereqs[i][0];               //[b,a]表示 a 是 b 的先修课程
            int a=prereqs[i][1];               //用< a,b>表示先学 a,再学 b
            edg[cnt].v=b; edg[cnt].next=head[a];
            head[a]=cnt++;                      //在图中插入< a,b>
            degree[b]++;                        //b 的入度增 1
        }
        TopSort(n);
        if (ans.size()==n)                     //拓扑排序成功
            return ans;                        //返回拓扑序列
        else                                   //拓扑排序不成功
            return {};                         //返回空
    }

    void TopSort(int n)                        //拓扑排序算法
    {   stack < int > st;                      //定义一个栈 st
        for(int i=0;i < n;i++)                 //入度为 0 的顶点进栈
            if(degree[i]==0)
                st.push(i);
        while(!st.empty())                     //栈不空时循环
        {   int i=st.top(); st.pop();          //出栈顶点 i
            ans.push_back(i);                  //将顶点 i 添加到 ans 中
            for (int j=head[i];j!=-1;j=edg[j].next)
            {   int k=edg[j].v;                //求出顶点 i 的出边顶点 k
                degree[k]--;                   //顶点 k 的入度减 1
                if (degree[k]==0)
                    st.push(k);
            }
        }
    }
};
```

【提交结果】

执行结果：通过。执行用时 20ms，内存消耗 12.3MB（编程语言为 C++语言）。在拓扑排序中栈的作用是临时存放入度为 0 的顶点，也可以用队列代替栈（因为多个入度为 0 的顶点哪个先输出都是可以的）。

8.5.3 LeetCode1462——课程表Ⅳ ★★

视频讲解

【题目解读】

n 门课程（编号为 $0 \sim n-1$）的先修关系用 prereqs 表示，其中 $[a,b]$ 表示课程 a 是课程 b 的先修课程，即 $a \rightarrow b$，另外给出一个查询对列表 ques，对于每个查询对 ques$[i]$，判断 ques$[i][0]$ 是否为 ques$[i][1]$ 的先修课程，用布尔值表示。注意，如果课程 a 是课程 b 的先修课程且课程 b 是课程 c 的先修课程，那么课程 a 也是课程 c 的先修课程。设计一个算法返回一个布尔值列表，列表中的每个元素依次对应 ques 中每个查询对的判断结果。在选择"C++语言"时要求设计如下函数：

```
class Solution {
public:
    vector < bool > checkIfPrerequisite(int n, vector < vector < int >> &prereqs, vector < vector < int >>
&ques) { }
};
```

例如，$n=2$，prereqs$=[[1,0]]$，ques$=[[0,1],[1,0]]$，对应的先修关系图如图 8.19 所示，课程 0 不是课程 1 的先修课程，但课程 1 是课程 0 的先修课程，结果为 [false,true]。

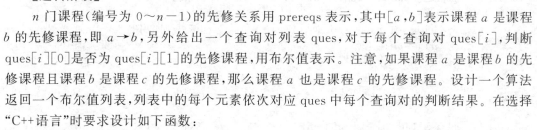

图 8.19 先修关系图

解法 1

【解题思路】

首先由全部先修课程对来创建有向图的邻接表Ⅱ存储结构，每门课程看成一个顶点，采用广度优先遍历的思路求解。设置一个二维数组 path（初始时所有元素为 false），path$[i][j]$ 表示课程 i 到课程 j 是否存在路径（图中有向边表示先修关系）。

对于每个顶点 i，从其出发进行 BFS，若访问到顶点 v，则置 path$[i][v]$=true。当求出 path 数组后，对任意一个查询(ques$[i][0]$,[ques$[i][1]$)，若 path$[$ques$[i][0]][$ques$[i][1]]$ 为 true，则结果为 true，否则为 false。

注意，在遍历中不必设置专门 visited 访问标记数组，因为 path 数组已经具有访问标记功能。

【设计代码】

```
# define MAXN 105              //最多课程数
struct Edge                    //边数组元素类型
{   int v;                     //顶点编号
    int next;                  //下一个相邻点位置
};
```

```
class Solution {
    int head[MAXN];                                        //邻接表的表头数组
    Edge edg[MAXN * MAXN];                                 //边数组
    int cnt;                                               //edg 数组中的元素个数
    bool path[MAXN][MAXN];                                 //path[i][j]表示 i 到 j 是否有路径
public:
    vector < bool > checkIfPrerequisite ( int n, vector < vector < int >> & prereqs, vector < vector < int >>
    & ques)
    {   memset(head, 0xffff, sizeof(head));                //初始化 head 的所有元素为-1
        cnt=0;
        for (int i=0; i < prereqs.size(); i++)             //由列表创建邻接表
        {   int a=prereqs[i][0];                           //[a,b]表示 a 是 b 的先修课程
            int b=prereqs[i][1];                           //用<a,b>表示先修 a,再修 b
            edg[cnt].v=b; edg[cnt].next=head[a];
            head[a]=cnt++;                                 //在图中插入<a,b>
        }
        memset(path, false, sizeof(path));                 //初始化 path 数组
        bfs(n);
        vector < bool > ans(ques.size());
        for (int i=0; i < ques.size(); i++)
            ans[i]=path[ques[i][0]][ques[i][1]];
        return ans;
    }
    void bfs(int n)                                        //广度优先遍历算法
    {   for (int i=0; i < n; i++)
        {   queue < int > qu;                              //定义一个队列 qu
            path[i][i]=true;                               //自己到自己有路径
            qu.push(i);                                    //课程 i 进队
            while (!qu.empty())                            //队不空时循环
            {   int size=qu.size();                        //求队中元素的个数 size
                for(int j=0; j < size; j++)
                {   int u=qu.front(); qu.pop();            //出队课程 u
                    for(int k=head[u]; k!=-1; k=edg[k].next)  //求出课程 u 的出边课程 v
                    {   int v=edg[k].v;
                        if(path[i][v]) continue;
                        path[i][v]=true;                   //表示课程 i 到课程 v 有路径
                        qu.push(v);                        //课程 v 进队
                    }
                }
            }
        }
    }
};
```

【提交结果】

执行结果：通过。执行用时 216ms，内存消耗 58.1MB(编程语言为 C++语言)。

解法 2

【解题思路】

首先由全部先修课程对来创建有向图的邻接表Ⅱ存储结构，采用 DFS 的思路求解。设

计 dfs(n,i,u)函数是从课程 u(初始时 $u=i$)出发的深度优先遍历,求出课程 i 到哪些课程有路径,即求 path[i],对所有课程均调用该函数得到整个 path 数组值。

【设计代码】

```
# define MAXN 105                              //最多课程数
struct Edge                                    //边数组元素类型
{   int v;                                     //顶点编号
    int next;                                  //下一个相邻点位置
};
class Solution {
    int head[MAXN];                            //邻接表的表头数组
    Edge edg[MAXN * MAXN];                      //边数组
    int cnt;                                   //edg 数组中的元素个数
    bool path[MAXN][MAXN];                      //path[i][j]表示 i 到 j 是否有路径
public:
    vector < bool > checkIfPrerequisite( int n, vector < vector < int >> & prereqs, vector < vector < int >>
    & ques)
    {   memset(head, 0xffff, sizeof(head));     //初始化 head 的所有元素为－1
        cnt=0;
        for (int i=0;i< prereqs.size();i++)     //由列表创建邻接表
        {   int a=prereqs[i][0];               //[a,b]表示 a 是 b 的先修课程
            int b=prereqs[i][1];               //用< a,b>表示先修 a,再修 b
            edg[cnt].v=b; edg[cnt].next=head[a];
            head[a]=cnt++;                     //在图中插入< a,b>
        }
        memset(path, false, sizeof(path));      //初始化 path 数组
        findallpath(n);
        vector < bool > ans(ques.size());
        for (int i=0;i< ques.size();i++)
            ans[i]=path[ques[i][0]][ques[i][1]];
        return ans;
    }
    void findallpath(int n)                    //求 path
    {   for (int i=0;i< n;i++)                 //求课程 i 到哪些课程有路径
          dfs(n,i,i);
    }
    void dfs(int n, int i, int u)              //从课程 u 出发的深度优先遍历
    {   path[i][u]=true;                       //表示课程 i 到课程 u 有路径
        for(int k=head[u];k!=-1;k=edg[k].next)
        {   int v=edg[k].v;                    //求出课程 u 的出边课程 v
            if(path[i][v]) continue;
            path[i][v]=true;                   //表示课程 i 到课程 v 有路径
            dfs(n,i,v);                        //从课程 v 出发搜索
        }
    }
};
```

【提交结果】

执行结果:通过。执行用时 212ms,内存消耗 57.5MB(编程语言为 C++语言)。

视频讲解

解法3

【解题思路】

这里 path 数组的含义与前面两种解法相同,初始时若存在先修关系 prereqs$[i]$,置 path[prereqs$[i][0]$][prereqs$[i][1]$]=true,将其看成图中的一条有向边,path 中其他元素置为 false。

改为采用 Floyd 算法的思路求 path。假设 $\text{path}_{k-1}[i][j]$ 是考虑 $0 \sim k-1$ 后得到课程 i 到课程 j 的路径情况(有路径时为 true,没有路径时为 false),现在考虑课程 k,这样课程 i 到课程 j 可能有两条路径情况,即 $\text{path}_{k-1}[i][j]$ 和 $\text{path}_{k-1}[i][k]$ & $\text{path}_{k-1}[k][j]$,显然 $\text{path}_k[i][j]=\text{path}_{k-1}[i][j] \mid (\text{path}_{k-1}[i][k]$ & $\text{path}_{k-1}[k][j])$。

【设计代码】

```
#define MAXN 105                              //最多课程数
class Solution {
    bool path[MAXN][MAXN];                    //path[i][j]表示i到j是否有路径
public:
    vector < bool > checkIfPrerequisite(int n, vector < vector < int >> & prereqs, vector < vector < int >>
    & ques)
    {   Floyd(n, prereqs);
        vector < bool > ans(ques.size());
        for (int i=0; i<ques.size(); i++)
            ans[i]=path[ques[i][0]][ques[i][1]];
        return ans;
    }
    void Floyd(int n, vector < vector < int >> & prereqs)    //用 Floyd 算法求 path
    {   memset(path, false, sizeof(path));
        for(int i=0; i<prereqs.size(); i++)
            path[prereqs[i][0]][prereqs[i][1]]=true;
        for(int k=0; k<n; k++)
        {   for(int i=0; i<n; i++)
              for(int j=0; j<n; j++)
                  path[i][j]=path[i][j] | (path[i][k] & path[k][j]);
        }
    }
};
```

【提交结果】

执行结果:通过。执行用时 228ms,内存消耗 57.5MB(编程语言为 C++语言)。

解法4

【解题思路】

首先由全部先修课程对来创建有向图的邻接表Ⅱ存储结构,采用拓扑排序的思路求解。设置一个二维数组 pre,pre$[i]$ 存放课程 i 的所有先修课程,实际上该数组是 bool 类型的数组(初始时所有元素为 false),pre$[i][j]$ 为 true 表示课程 j 是课程 i 的先修课程。

在拓扑排序中出栈一个课程 i 时,找到其所有出边课程 k,说明有边<i,k>,则课程 i 也是课程 k 的先修课程,置 pre$[k][i]$=true,同时课程 i 的所有先修课程也是课程 k 的先修课程。在求出 pre 后,对于任意一个查询(ques[i][0],ques[i][1]),即判断 ques[i][0] 是否为 ques[i][1] 的先修课程,若 pre[ques[i][1]][ques[i][0]] 为 true,则结果为 true,否则为 false。

【设计代码】

```
# define MAXN 105                           //最多课程数
struct Edge                                 //边数组元素类型
{   int v;                                  //顶点编号
    int next;                               //下一个相邻点位置
},
class Solution {
    int head[MAXN];                         //邻接表的表头数组
    Edge edg[MAXN * MAXN];                  //边数组
    int cnt;                                //edg 数组中的元素个数
    int degree[MAXN];                       //存放课程的入度
    bool pre[MAXN][MAXN];                   //pre[i][j]表示 j 是否为 i 的先修课程
public:
    vector < bool > checkIfPrerequisite( int n, vector < vector < int >> & prereqs, vector < vector < int >>
& ques)
    {   memset(head, 0xffff, sizeof(head)); //初始化 head 的所有元素为−1
        memset(degree, 0, sizeof(degree));  //初始化 degree 的所有元素为 0
        cnt=0;
        for (int i=0;i < prereqs. size();i++)  //由列表创建邻接表
        {   int a=prereqs[i][0];            //[a,b]表示 a 是 b 的先修课程
            int b=prereqs[i][1];            //用<a,b>表示即先修 a,再修 b
            edg[cnt].v=b; edg[cnt].next=head[a];
            head[a]=cnt++;                  //在图中插入<a,b>
            degree[b]++;                    //b 的入度增 1
        }
        memset(pre, false, sizeof(pre));
        TopSort(n);
        vector < bool > ans(ques.size());
        for (int i=0;i < ques.size();i++)
            ans[i]=pre[ques[i][1]][ques[i][0]];
        return ans;
    }

    void TopSort(int n)                     //通过拓扑排序求 pre 数组
    {   stack < int > st;                   //定义一个栈 st
        for(int i=0;i < n;i++)              //入度为 0 的课程进栈
            if(degree[i]==0)
                st.push(i);
        while(!st.empty())                  //栈不空时循环
        {   int i=st.top(); st.pop();       //出栈课程 i
            for (int j=head[i];j!=−1;j=edg[j].next)
            {   int k=edg[j].v;             //求出课程 i 的出边课程 k
                pre[k][i]=true;             //i 是 k 的先修课程
                for(int j=0;j < n;j++)      //i 的先修课程也是 k 的先修课程
                {   if (pre[i][j])          //若 j 是 i 的先修课程,则 j 也是 k 的先修课程
                        pre[k][j]=true;
                }
```

```
            degree[k]－－;            //课程 k 的入度减 1
            if (degree[k]==0)        //入度为 0 的课程进栈
                st.push(k);
        }
      }
    }
};
```

【提交结果】

执行结果：通过。执行用时 192ms,内存消耗 57.6MB(编程语言为 C++语言)。

第9章

查找

9.1 二分查找及其应用

9.1.1 LeetCode240——搜索二维矩阵 II ★★

视频讲解

【题目解读】

设计一个算法在一个每行元素升序排列、每列元素升序排列的二维数组 matrix 中查找目标值 target，找到后返回 true，否则返回 false。在选择"C++语言"时要求设计如下函数：

```
class Solution {
public:
    bool searchMatrix(vector < vector < int >> & matrix, int target) { }
};
```

1	4	7	11	15
2	5	8	12	19
3	6	9	16	22
10	13	14	17	24
18	21	23	26	30

图 9.1 一个二维数组 matrix

例如，matrix＝[[1,4,7,11,15],[2,5,8,12,19],[3,6,9,16,22],[10,13,14,17,24],[18,21,23,26,30]]，target＝6，该数组如图 9.1 所示，在其中查找元素 6，结果为 true。

【解题思路】

从该矩阵的右上角看，其实类似于一个搜索二叉树，例如右上角的数 15，左边的数永远比 15 小，下边的数永远比 15 大，因此 r 和 c 以右上角（分别为 0 和 $n-1$）的数作为搜索起点。

（1）若 matrix[r][c]＝＝target，返回 true。

（2）若 matrix[r][c]＞target，则 $c--$。

（3）若 matrix[r][c]＜target，则 $r++$。

当 r 或者 c 超界时返回 false。

例如，对于如图 9.1 所示的二维数组，查找 target＝6 的过程如图 9.2 所示，查找的比较序列是 15,11,7,4,5,6。

1	4	7	11	15
2	5	8	12	19
3	6	9	16	22
10	13	14	17	24
18	21	23	26	30

图 9.2 查找 6 的过程

【设计代码】

```
class Solution {
public:
    bool searchMatrix(vector < vector < int >> & matrix, int target)
    {   int r＝0;
        int c＝matrix[0].size()－1;
        while (r < matrix.size() && c >=0)
        {   if(matrix[r][c]＝＝target)          //找到目标
                return true;
            else if(matrix[r][c]>target)
                c－－;                          //比 target 大，左移
            else
                r++;                           //比 target 小，下移
        }
        return false;
    }
};
```

【提交结果】

执行结果：通过。执行用时 148ms,内存消耗 14.5MB(编程语言为 C++语言)。

9.1.2 LeetCode704——二分查找 ★

【题目解读】

设计一个算法在所有元素值不重复的递增有序数组 nums 中查找 target,找到后返回找到的元素的下标,否则返回−1。在选择"C++语言"时要求设计如下函数:

视频讲解

```
class Solution {
public:
    int search(vector < int > & nums, int target) { }
};
```

例如,nums＝[−1,0,3,5,9,12],target＝9,结果为 4。若 target＝2,结果为−1(未找到)。

【解题思路】

基本二分查找:在 nums 中查找元素 k 的序号,功能如下。

(1) nums 中存在唯一元素 k 时,返回该元素的序号。

(2) nums 中存在多个元素 k 时,返回其中任意一个元素的序号。

(3) nums 中不存在元素 k 时,返回−1。

基本二分查找算法如下:

```
int binsearch(int nums[], int n, int k)      //存在 k 时返回其序号,否则返回−1
{   int low=0,high=n−1;                        //初始查找区间为[0,n−1]
    while (low<=high)                          //查找区间非空时循环
    {   int mid=(low+high)/2;
        if (nums[mid]==k)
            return mid;                        //查找成功则返回
        else if(k < nums[mid])
            high=mid−1;                        //在左区间中查找
        else
            low=mid+1;                         //在右区间中查找
    }
    return −1;                                 //查找区间为空时查找失败
}
```

在上述算法中 while 循环直到查找区间变空为止,也可以改为查找区间至少有两个元素时循环,循环结束时查找区间恰好有一个元素,再判断是否为 k。对应的算法如下:

```
int binsearch1(int nums[], int n, int k)     //存在 k 时返回其序号,否则返回−1
{   int low=0,high=n−1;                        //初始查找区间为[0,n−1]
    while (low<high)                           //查找区间至少有两个元素时循环
    {   int mid=(low+high)/2;
        if (nums[mid]==k)
            return mid;                        //查找成功则返回
        else if(k < nums[mid])
            high=mid−1;                        //在左区间中查找
        else
```

```
                low＝mid＋1;                        //在右区间中查找
        }
        if(nums[low]＝＝k) return low;              //查找区间只有一个元素
        return－1;                                 //查找区间为空时查找失败
}
```

本题采用基本二分查找算法 binsearch() 求解。

【设计代码】

```
class Solution {
public:
    int search(vector < int > & nums, int target)
    {   int low＝0,high＝nums.size()－1;            //初始查找区间为[0,n－1]
        while (low <＝high)                         //查找区间至少有一个元素时循环
        {   int mid＝(low＋high)/2;
            if (nums[mid]＝＝target)
                return mid;                        //查找成功则返回
            else if(target < nums[mid])
                high＝mid－1;                       //在左区间中查找
            else
                low＝mid＋1;                        //在右区间中查找
        }
        return－1;                                 //查找区间为空时查找失败
    }
};
```

【提交结果】

执行结果：通过。执行用时 48ms，内存消耗 26.9MB（编程语言为 C++语言）。

视频讲解

9.1.3　LeetCode35——搜索插入位置★

【题目解读】

设计一个算法求递增有序数组 nums 中 target 的插入点，即 nums 中第一个大于或等于 target 的位置。在选择"C++语言"时要求设计如下函数：

```
class Solution {
public:
    int searchInsert(vector < int > & nums, int target) { }
};
```

例如，nums＝[1,3,5,6]，target＝5 的插入点是 2，target＝2 的插入点是 1，target＝7 的插入点是 4，target＝0 的插入点是 0。

解法 1

【解题思路】

在递增有序数组 nums[0..n－1] 中查找第一个大于或等于 k 的元素的序号，其功能如下：

（1）k 小于 nums 中的所有元素时，返回 0。

（2）k 大于 nums 中的所有元素时，返回 n。

（3）nums 中存在唯一元素 k 时，返回该元素的序号。

（4）nums 中存在多个元素 k 时，返回第一个元素 k 的序号。

（5）nums 中不存在元素 k 时，返回第一个大于元素 k 的元素的序号。

求解过程是，初始查找区间 $[low,high]$ 置为 $[0,n]$（至少含两个元素），取中间位置 $mid = (low+high)/2$：

（1）若 $k == nums[mid]$，其左边可能还存在元素 k，继续向左边逼近，修改查找区间为 $[low,mid]$（包含 mid 位置）。

（2）若 $k < nums[mid]$，修改查找区间为 $[low,mid]$，注意 $[low,mid]$ 区间的元素都小于 k，$nums[mid]$ 可能是第一个大于或等于 k 的元素，所以新查找区间一定要包含 mid。

（3）若 $k > nums[mid]$，或者说 $[low,mid]$ 区间的元素均小于 k，修改查找区间为 $[mid+1,high]$，因为满足条件的元素只能在右区间中。

对应的算法如下：

```
int lowerbound(int nums[],int n,int k)      //查找第一个大于或等于k的元素的序号:一定成功
{   int low=0,high=n;                         //初始查找区间为[0,n]
    while (low<high)                          //查找区间至少有两个元素时循环
    {   int mid=(low+high)/2;
        if (k<=nums[mid])
            high=mid;                         //在左区间(含mid)中查找,即向左区间逼近
        else
            low=mid+1;                        //在右区间中查找
    }
    return low;                               //返回low
}
```

或者：

```
int lowerbound(int nums[],int n,int k)      //查找第一个大于或等于k的元素的序号:一定成功
{   int low=0,high=n-1;
    while (low<=high)                         //查找区间非空时循环
    {   int mid=(low+high)/2;                 //取中间位置
        if (k<=nums[mid])
            high=mid-1;                       //插入点在左半区
        else
            low=mid+1;                        //插入点在右半区
    }                                         //找位置high+1
    return high+1;                            //或者low
}
```

解法 1 调用上述 lowerbound(nums,n,target) 函数求解。

【设计代码】

```
class Solution {
public:
    int searchInsert(vector<int> & nums, int target)
    {
        return lowerbound(nums,nums.size(),target);
    }
```

```
int lowerbound(vector<int> & nums,int n,int k)    //查找第一个大于或等于k的元素的序号:
                                                  //一定成功
{   int low=0,high=n;                             //初始查找区间为[0,n]
    while (low<high)                              //查找区间至少有两个元素时循环
    {   int mid=(low+high)/2;
        if (k<=nums[mid])
            high=mid;                             //在左区间(含mid)中查找,向左区间逼近
        else
            low=mid+1;                            //在右区间中查找
    }
    return low;                                   //返回low
}
};
```

【提交结果】

执行结果：通过。执行用时 0ms,内存消耗 9.4MB(编程语言为 C++语言)。

解法2

【解题思路】

在 STL 中提供了以下 3 个通用的二分查找算法(称为二分查找三剑客)。

(1) lower_bound(ForwardIter first,ForwardIter last,val)：返回一个非递减序列[first,last)中第一个大于或等于值 val 的元素的地址。通过减去查找区间的首地址得到插入点。

(2) upper_bound(ForwardIter first,ForwardIter last,val)：返回一个非递减序列[first,last)中第一个大于值 val 的元素的地址。通过减去查找区间的首地址得到第一个大于值 val 的位置。

(3) binary_search(ForwardIter first,ForwardIter last,val)：若在非递减序列[first,last)中找到 val,返回 true,否则返回 false。

解法 2 与解法 1 的思路完全相同,只是直接调用 STL 通用算法 lower_bound()来求解。

【设计代码】

```
class Solution {
public:
    int searchInsert(vector<int> & nums, int target)
    {
        return lower_bound(nums.begin(),nums.end(),target)-nums.begin();
    }
};
```

【提交结果】

执行结果：通过。执行用时 4ms,内存消耗 9.4MB(编程语言为 C++语言)。

9.1.4 LeetCode34——在有序数组中查找元素的第一个和最后一个位置★★

视频讲解

【题目解读】

设计一个算法在递增有序数组 nums[0..n−1]中查找 target 出现的开始位置和结束位置。如果数组中不存在目标值 target,返回[−1,−1]。在选择"C++语言"时要求设计如下

函数:

```
class Solution {
public:
    vector < int > searchRange(vector < int > & nums, int target) { }
};
```

例如,nums=[5,7,7,8,8,10],target=8,结果是[3,4];target=6,结果是[-1,-1]。

解法 1

【解题思路】

如果先采用基本二分查找方法找到一个元素 k,再前后找相同的元素个数,最坏情况下的时间复杂度为 $O(n)$(如 nums 中所有元素为 k 的情况)。

这里通过两次二分查找找到元素 k 的开始和结束位置,对应的时间复杂度为 $O(\log_2 n)$,先调用 lower_bound() 算法求出递增数组 nums 中第一个大于或等于 target 的位置 s,若 $s \geqslant n$ 或者 nums[s]≠target,说明 nums 中不存在 target,返回[-1,-1],否则再调用 upper_bound() 算法求出 nums 中第一个大于 target 的位置 t,返回[s,$t-1$]即可。

【设计代码】

```
class Solution {
public:
    vector < int > searchRange(vector < int > & nums, int target)
    {   int n=nums.size();
        int s=lower_bound(nums.begin(),nums.end(),target)-nums.begin();
        if (s>=n || nums[s]!=target)              //没有找到 target
            return {-1,-1};
        int t=upper_bound(nums.begin(),nums.end(),target)-nums.begin();
        return {s,t-1};
    }
};
```

【提交结果】

执行结果:通过。执行用时 8ms,内存消耗 13.4MB(编程语言为 C++语言)。

解法 2

【解题思路】

设计 Firstequalsk 算法利用二分查找思路通过向左逼近求第一个为 k 的元素位置;设计 Lastequalsk 算法利用二分查找思路向右逼近求最后一个为 k 的元素位置。

【设计代码】

```
class Solution {
public:
    vector < int > searchRange(vector < int > & nums, int target)
    {   if(nums.size()==0)
            return {-1,-1};
        else
            return {Firstequalsk(nums,target),Lastequalsk(nums,target)};
    }
    int Firstequalsk(vector < int > & nums, int k)    //查找第一个等于 k 的元素的序号
```

```
    {   int mid,low=0,high=nums.size()-1;
        while(low<high)
        {   mid=(low+high)/2;                  //若查找区间的长度为偶数,取第一个中间位
            if(k<=nums[mid])                    //满足条件时向左边逼近
                high=mid;
            else
                low=mid+1;
        }
        if(k==nums[high]) return high;          //查找区间的长度为1,并且该元素为k
        else return -1;                         //查找区间的长度为1,该元素不为k
    }
    int Lastequalsk(vector<int> & nums, int k)  //查找最后一个等于k的元素的序号
    {   int mid,low=0,high=nums.size()-1;
        while(low<high)
        {   mid=(low+high+1)/2;                 //若查找区间的长度为偶数,取第二个中间位
            if(k>=nums[mid])                     //满足条件时向右边逼近
                low=mid;
            else
                high=mid-1;
        }
        if(k==nums[low]) return low;            //查找区间的长度为1,并且该元素为k
        else return -1;                         //查找区间的长度为1,该元素不为k
    }
};
```

注意：在 Firstequalsk 算法中，$k<nums[mid]$ 时执行 high=mid 而不是 high=mid-1 的原因是保证向左边逼近时 high 始终是有效下标（不会出现 high=-1 的情况）。在 Lastequalsk 算法中，$k>nums[mid]$ 时执行 low=mid 而不是 low=mid+1 的原因是保证向右边逼近时 low 始终是有效下标（不会出现 low=n 的情况）。

【提交结果】

执行结果：通过。执行用时 16ms，内存消耗 13.3MB（编程语言为 C++语言）。

9.1.5　LeetCode33——搜索旋转有序数组★★

视频讲解

【题目解读】

将一个元素值不重复的递增有序数组循环右移若干次得到一个旋转有序数组 nums，设计一个算法在 nums 中查找目标值 target 的下标，没有找到时返回-1。在选择"C++语言"时要求设计如下函数：

```
class Solution {
public:
    int search(vector<int> & nums, int target) { }
};
```

例如，nums=[4,5,6,7,0,1,2]，target=0，结果是 4；target=3，结果是-1。

解法 1

【解题思路】

旋转数组是由一个递增有序数组按某个基准（元素）旋转而来的，例如由[0,1,2,4,5,6,7]旋转后得到旋转数组[4,5,6,7,0,1,2]，其基准是 0，基准位置是 4。找到基准后就可以恢

复为原来的递增有序数组,再在递增有序数组中二分查找 target。

那么如何在旋转数组 nums 中找到基准位置呢?显然基准是一定存在的,且它左边的元素都大于右边的元素。采用二分查找方法,假设至少有两个元素的查找区间为 [low, high](初始为 [0, n−1]),这样基准就是第一个小于 nums[high] 的元素(例如 [4,5,6,7,0, 1,2] 中基准就是第一个小于 2 的元素 0),现在求中间位置 mid = (low+high)/2:

(1) 若 nums[mid]<nums[high],继续向左逼近(因为要找第一个满足该条件的元素)查找基准位置,新查找区间为 [low, mid],如图 9.3(a) 所示。

(2) 若 nums[mid]≥nums[high],在右区间中查找基准位置,如图 9.3(b) 所示。

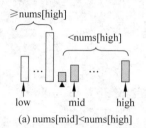 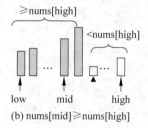

(a) nums[mid]<nums[high]　　　　(b) nums[mid]≥nums[high]

图 9.3　求基准位置的两种情况

循环结束时查找区间中只有一个元素,该位置 low 就是所求的基准位置。

当求出基准位置 base 后,就可以将旋转数组 nums 恢复为递增有序数组 a,实际上没有必要真正求出数组 a。假设 $a[mid]$ 的元素值等于 $nums[i]$,显然有 $i=(mid+base)\%n$(旋转数组 nums 就是 a 通过循环右移 base 次得到的),通过这样的序号转换就得到了递增有序数组 a,再在 a 中采用二分查找方法查找 target。

【设计代码】

```cpp
class Solution {
public:
    int search(vector < int > & nums, int target)    //基本二分查找算法
    {   int n=nums.size();
        int base=getBase(nums);                       //获取基准位置
        int low=0,high=n-1;
        while (low<=high)                             //查找区间非空时循环
        {   int mid=(low+high)/2;
            int i=(mid+base)%n;                      //a[mid]=nums[i]
            if (target==nums[i])
                return i;
            if (target>nums[i])
                low=mid+1;
            else
                high=mid-1;
        }
        return −1;
    }
    int getBase(vector < int > & nums)               //查找基准位置
    {   int low=0,high=nums.size()−1;
        while (low<high)
        {   int mid=(low+high)/2;
```

```
            if (nums[mid]<nums[high])
                high=mid;                            //向左区间逼近
            else
                low=mid+1;                           //在右区间中查找
        }
        return low;
    }
};
```

【提交结果】

执行结果：通过。执行用时 0ms，内存消耗 10.7MB（编程语言为 C++语言）。

视频讲解

解法2

【解题思路】

基准将旋转数组分为左、右两个有序段，不必先求出基准位置，直接从非空查找区间 $[\text{low},\text{high}]$（初始为 $[0,n-1]$）开始查找，求中间位置 $\text{mid}=(\text{low}+\text{high})/2$：

（1）若 nums[mid]==target，查找成功直接返回 mid。

（2）若 nums[mid]<nums[high]，说明 nums[mid]属于右有序段，分为以下两种子情况。

① 如果 nums[mid]<target && nums[high]>=target，说明 target 在右有序段的后面部分中，该部分是有序的，查找区间改为 $[\text{mid}+1,\text{high}]$ 即可，如图 9.4(a)所示。

② 否则说明 target 在 nums[mid]的前面部分，该部分不一定是有序的，但一定也是一个旋转数组，可以采用相同的查找方法查找 target，查找区间改为 $[\text{low},\text{mid}-1]$ 即可，如图 9.4(b)所示。

（3）若 nums[mid]>nums[high]，说明 nums[mid]属于左有序段，与（2）类似。

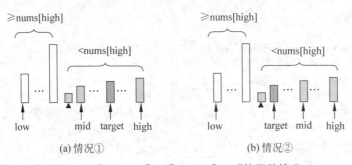

(a)情况①   (b)情况②

图 9.4　满足 nums[mid]<nums[high]的两种情况

【设计代码】

```
class Solution {
public:
    int search(vector<int> & nums, int target)        //基本二分查找算法
    {   int n=nums.size();
        int low=0, high=n-1;
        while(low<=high)                               //查找区间至少有一个元素时循环
        {   int mid=(low+high)/2;
            if (nums[mid]==target)                     //找到后直接返回 mid
```

```
            return mid;
        if (nums[mid] < nums[high])              //nums[mid]属于右有序段
        {   if (nums[mid] < target && nums[high] >= target)
                low = mid + 1;                    //在右有序段的后面部分(有序)中查找
            else
                high = mid - 1;                   //在 nums[low..mid-1]中查找
        }
        else                                      //nums[mid]属于左有序段
        {   if (nums[low] <= target && nums[mid] > target)
                high = mid - 1;                   //在左有序段的前面部分(有序)中查找
            else
                low = mid + 1;                    //在 nums[mid+1..high]中查找
        }
    }
    return -1;
    }
};
```

【提交结果】

执行结果:通过。执行用时 12ms,内存消耗 10.8MB(编程语言为 C++语言)。

9.1.6　LeetCode81——搜索旋转有序数组Ⅱ★★

视频讲解

【题目解读】

将一个递增有序数组循环右移若干次得到一个旋转有序数组 nums(元素值可能重复)。设计一个算法在 nums 中查找目标值 target,若找到返回 true,否则返回 false。在选择"C++语言"时要求设计如下函数:

```
class Solution {
public:
    bool search(vector < int > & nums, int target) { }
};
```

例如,nums=[2,5,6,0,0,1,2],target=0,结果为 true;target=3,结果为 false。

【解题思路】

利用 9.1.5 节中"LeetCode33——搜索旋转排序数组"解法 2 的思路,但这里元素值可以重复。从非空查找区间[low,high](初始为[0,$n-1$])开始查找,求中间位置 mid=(low+high)/2:

(1) 若 nums[mid]==target,查找成功直接返回 true。

(2) 若 nums[mid] < nums[high],说明 nums[mid]属于右有序段,分为以下两种子情况。

① 如果 nums[mid] < target && nums[high] ≥ target,说明 target 在右有序段的后面部分中,该部分是有序的,查找区间改为[mid+1,high]即可。

② 否则说明 target 在 nums[mid]的前面部分,该部分不一定是有序的,但一定也是一个旋转数组,可以采用相同的查找方法查找 target,查找区间改为[low,mid-1]即可。

(3) 若 nums[mid] > nums[high],说明 nums[mid]属于左有序段,与(2)类似。

（4）其他情况一定满足这样的条件，nums[mid]≠target 并且 nums[mid]==nums[high]（即 nums[mid..high]的所有元素值相同），可以推出 nums[high]≠target，此时将查找区间的右端缩小一个位置，即新查找区间变为[low，high−1]。

若查找区间为空，说明不存在 target 的元素，返回 false。

例如，nums=［3，3，2，2，2］，target=3，求解过程如图 9.5 所示。nums=［8，9，1，1，1］，target=6，求解过程如图 9.6 所示。从中看出当 nums 中的所有元素值相同时，查找失败的时间复杂度为 $O(n)$，但平均起来时间复杂度为 $O(\log_2 n)$。

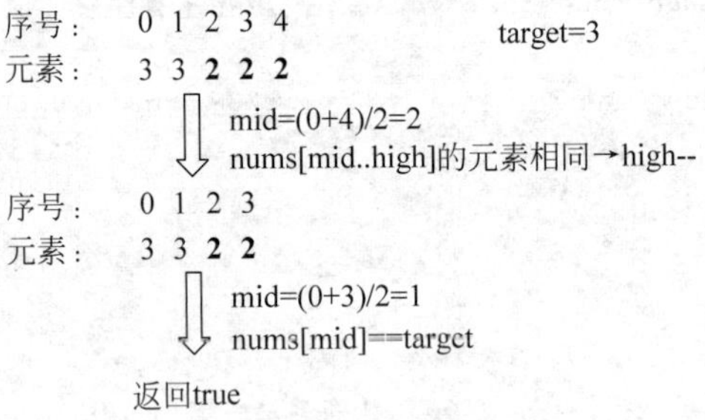

```
序号：  0 1 2 3 4        target=3
元素：  3 3 2 2 2
              ⇓  mid=(0+4)/2=2
                 nums[mid..high]的元素相同→high--
序号：  0 1 2 3
元素：  3 3 2 2
              ⇓  mid=(0+3)/2=1
                 nums[mid]==target
          返回true
```

图 9.5 nums=［3，3，2，2，2］，target=3 的求解过程

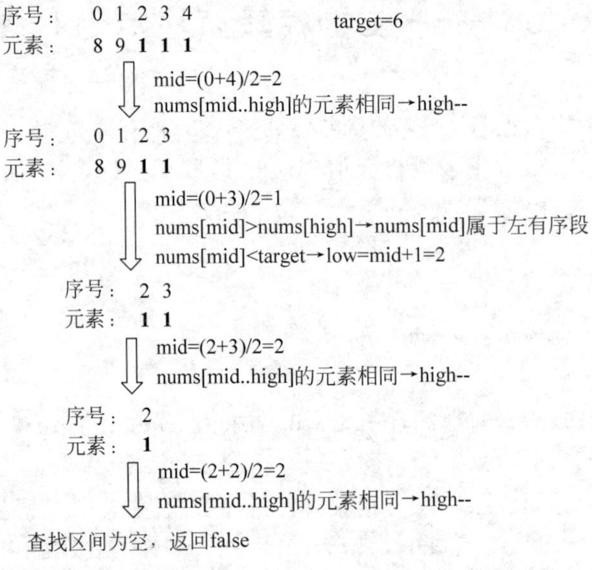

```
序号：  0 1 2 3 4        target=6
元素：  8 9 1 1 1
              ⇓  mid=(0+4)/2=2
                 nums[mid..high]的元素相同→high--
序号：  0 1 2 3
元素：  8 9 1 1
              ⇓  mid=(0+3)/2=1
                 nums[mid]>nums[high]→nums[mid]属于左有序段
                 nums[mid]<target→low=mid+1=2
     序号：  2 3
     元素：  1 1
              ⇓  mid=(2+3)/2=2
                 nums[mid..high]的元素相同→high--
     序号：  2
     元素：  1
              ⇓  mid=(2+2)/2=2
                 nums[mid..high]的元素相同→high--
       查找区间为空，返回false
```

图 9.6 nums=［8，9，1，1，1］，target=6 的求解过程

【设计代码】

```cpp
class Solution {
public:
    bool search(vector < int > & nums, int target)
    {   int n=nums.size();
        int low=0, high=n−1;
        while(low <=high)                        //查找区间至少有一个元素时循环
        {   int mid=(low+high)/2;
            if (nums[mid]==target)               //找到后直接返回 mid
```

```
        return true;
    if (nums[mid]< nums[high])          //nums[mid]属于右有序段
    {   if (nums[mid]< target && nums[high]>=target)
            low=mid+1;                   //在右有序段的后面部分(有序)中查找
        else
            high=mid-1;                  //在 nums[low..mid-1]中查找
    }
    else if (nums[mid]> nums[high])      //nums[mid]属于左有序段
    {   if (nums[low]<=target && nums[mid]>target)
            high=mid-1;                  //在左有序段的前面部分(有序)中查找
        else
            low=mid+1;                   //在 nums[mid+1..high]中查找
    }
    else                                 //其他情况
        high--;                          //将查找区间的右端缩小一个位置
    }
    return false;
    }
};
```

【提交结果】

执行结果：通过。执行用时 8ms,内存消耗 13.5MB(编程语言为 C++语言)。

9.1.7 LeetCode162——寻找峰值★★

视频讲解

【题目解读】

设计一个算法,在所有相邻元素值不相同的整数数组 nums 中(即对于所有有效的 i 都有 $nums[i] \neq nums[i+1]$)找峰值元素并返回其索引,峰值元素是指其值大于左、右相邻值的元素。可以假设 $nums[-1]=nums[n]=-\infty$,如果包含多个峰值,返回任何一个峰值的索引即可。在选择"C++语言"时要求设计如下函数:

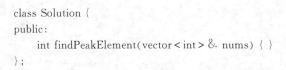

```
class Solution {
public:
    int findPeakElement(vector<int>& nums) {}
};
```

例如,nums=[1,2,1,3,5,6,4],结果是 1 或 5。

【解题思路】

对于无序数组 a(其中所有相邻元素均不相同),如果 $a[i]$ 是峰值,则满足条件 $a[i-1]<a[i]>a[i+1]$,实际上就是找到这样的区间 $[a[i-1],a[i],a[i+1]]$ 满足该条件。对于非空查找区间 $[low,high]$(初始为 $[0,n-1]$)采用二分查找方法,取 $mid=(low+high)/2$:

(1) 若查找区间只有一个元素(即 $low==high$),则该元素就是一个峰值(题目中假设 $a[-1]=a[n]=-\infty$)。

(2) 若 $a[mid]<a[mid+1]$(对应 $a[i-1]<a[i]$ 部分,这里看成 $mid=i-1$),峰值应该在右边,置 $low=mid+1$。

(3) 若 $a[mid]>a[mid+1]$(对应 $a[i]>a[i+1]$ 部分,这里看成 $mid=i$),峰值应该在左边($a[mid]$ 可能是一个峰值),置 $high=mid$。

那么上述过程对不对呢？如果峰值唯一，当查找区间[low,high]只有一个元素时显然正确，其他两种情况如图9.7所示。如果有多个峰值，若 $a[mid]$ 不是峰值，则在左边或者右边一定可以找到一个峰值。

$$a[low] < \cdots < a\,[mid] < a[mid+1] < \cdots < \boxed{峰值} > \cdots > a[high]$$

$$\Downarrow a[mid] < a[mid+1]$$

峰值在右边（不含mid）

(a) 情况②

$$a[low] < \cdots < \boxed{峰值} > \cdots > a\,[mid] > a[mid+1] > \cdots > a[high]$$

$$\Downarrow a[mid] > a[mid+1]$$

峰值在左边（可能含mid）

(b) 情况③

图9.7 查找峰值元素的两种情况

【设计代码】

```cpp
class Solution {
public:
    int findPeakElement(vector < int > & nums)
    {   int n=nums.size();
        int low=0,high=n-1;
        while (low <=high)                    //查找区间至少有一个元素时循环
        {   if (low==high)                    //查找区间只有一个元素时它就是峰值
                return low;
            int mid=(low+high)/2;
            if (nums[mid]< nums[mid+1])       //峰值在右边
                low=mid+1;
            else                              //峰值在左边
                high=mid;
        }
        return -1;
    }
};
```

【提交结果】

执行结果：通过。执行用时 4ms，内存消耗 8.7MB（编程语言为 C++ 语言）。

9.1.8　LeetCode4——寻找两个正序数组的中位数★★★

视频讲解

【题目解读】

给定两个分别含 m 和 n 个整数的递增有序数组（$0 \leqslant m, n \leqslant 1000$），若总整数个数 $m+n$ 为奇数，返回其中的唯一中位数；若 $m+n$ 为偶数，返回其中两个中位数的平均值。在选择"C语言"时要求设计如下函数：

double findMedianSortedArrays(int * nums1, int nums1Size,int * nums2,int nums2Size) { }

在选择"C++语言"时要求设计如下函数：

```
class Solution {
public:
    double findMedianSortedArrays(vector < int > & nums1, vector < int > & nums2) { }
};
```

例如,nums1＝[1,3],nums2＝[2],有序合并后数组＝[1,2,3],元素个数为 3,唯一中位数为 2,结果为 2.00000。若 nums1＝[1,2],nums2＝[3,4],有序合并后数组＝[1,2,3,4],元素个数为 4,两个中位数是 2 和 3,结果为(2＋3)/2＝2.50000。

解法 1

【解题思路】

选择"C 语言"。采用二分查找算法,先设计求两个递增有序序列 a 和 b(分别含 m 和 n 个整数)中第 $k(1 \leqslant k \leqslant m+n)$ 小整数(用 topk 表示)的算法 findk(a,m,b,n,k)。为了方便,总是让 a 中的元素个数较少,当 b 中的元素个数较少时,交换 a、b 的位置即可,该算法的基本过程如下:

(1) 当 a 为空时,topk 就是 $b[k-1]$。

(2) 当 $k=1$ 时 topk 为 $\min(a[0],b[0])$。

(3) 当 a 和 b 的元素个数都大于 $k/2$ 时,通过二分查找法将问题的规模缩小,将 a 的第 $k/2$ 个元素(即 $a[k/2-1]$)和 b 的第 $k/2$ 个元素(即 $b[k/2-1]$)进行比较,有以下 3 种情况(为了简化,这里先假设 k 为偶数,所得到的结论对于 k 是奇数也是成立的):

① 若 $a[k/2-1]=b[k/2-1]$,则 $a[0..k/2-2]$(a 的前 $k/2-1$ 个元素)和 $b[0..k/2-2]$(b 的前 $k/2-1$ 个元素)共 $k-2$ 个元素均小于或等于 topk,再加上 $a[k/2-1]$、$b[k/2-1]$ 两个元素,说明找到了 topk,即 topk 等于 $a[k/2-1]$ 或 $b[k/2-1]$。

② 若 $a[k/2-1]<b[k/2-1]$,这意味着 $a[0..k/2-1]$ 肯定均小于或等于 topk,换句话说,$a[k/2-1]$ 也一定小于或等于 topk(可以用反证法证明,假设 $a[k/2-1]>$topk,那么 $a[k/2-1]$ 后面的元素均大于 topk,topk 不会出现在 a 中,这样 topk 一定出现在 $b[k/2-1]$ 及后面的元素中,也就是说 $b[k/2-1] \leqslant$topk,与 $a[k/2-1]<b[k/2-1]$ 矛盾,即证)。这样 $a[0..k/2-1]$ 均小于或等于 topk 并且尚未找到第 k 个元素,因此可以舍弃 a 数组的这 $k/2$ 个元素,也就是在 $a[k/2..m-1]$ 和 b 中找第 $k-k/2$ 小的元素即为 topk。

③ 若 $a[k/2-1]>b[k/2-1]$,同上理,可以舍弃 b 数组的 $b[0..k/2-1]$ 共 $k/2$ 个元素,也就是在 a 和 $b[k/2..m-1]$ 中找第 $k-k/2$ 小的元素即为 topk。

从以上说明看出,在 a 和 b 中并不是必须取元素 $a[k/2-1]$ 和 $b[k/2-1]$ 进行比较,可以取任意有效元素 $a[p-1]$ 和 $b[q-1]$ 做比较,只要满足 $p+q==k$ 即可。为此,当 a 中的元素个数少于 $k/2$ 时,取其全部元素,即 $p=\min(k/2,m)$,$q=k-p$,改为将 $a[p-1]$ 和 $b[q-1]$ 进行比较。

① 若 $a[p-1]=b[q-1]$,topk 即为 $a[p-1]$ 或者 $b[q-1]$。

② 若 $a[p-1]<b[q-1]$,舍弃 a 数组的前面 p 个元素。

③ 若 $a[p-1]>b[q-1]$,舍弃 b 数组的前面 q 个元素。

当设计好 findk(a,m,b,n,k) 算法后,置 $k=(m+n)/2$,若总元素个数为偶数,求出第 k 小元素 mid1 和第 $k+1$ 小元素 mid2,返回(mid1＋mid2)/2;若总元素个数为奇数,求出第 $k+1$ 小元素 mid 直接返回。

【设计代码】

```
int findk(int * a,int m,int * b,int n,int k)          //在两个有序数组中找第 k 小的元素
{    if (m>n)                                          //用于保证数组 a 中的元素较少
         return findk(b,n,a,m,k);
     if (m==0) return b[k-1];
     if (k==1) return a[0]<b[0]?a[0]:b[0];
     int p=(m<k/2?m:k/2);                              //当数组 a 中的元素个数 m 少于 k/2 时取 m
     int q=k-p;
     if (a[p-1]==b[q-1])                               //找到 topk
         return a[p-1];
     else if (a[p-1]<b[q-1])                           //a[p-1]<b[q-1]
         return findk(a+p,m-p,b,n,k-p);               //舍弃 a 的前 p 个元素
     else                                              //a[p-1]>b[q-1]
         return findk(a,m,b+q,n-q,k-q);               //舍弃 b 的前 q 个元素
}
double findMedianSortedArrays(int *  nums1,int nums1Size,int *  nums2,int nums2Size)
{    int m=nums1Size;
     int n=nums2Size;
     int k=(m+n)/2;
     if ((m+n)%2==0)                                   //总元素个数为偶数，有两个中位数
     {   int mid1=findk(nums1,m,nums2,n,k);
         int mid2=findk(nums1,m,nums2,n,k+1);
         return (mid1+mid2)/2.0;
     }
     else                                              //总元素个数为奇数，只有一个中位数
         return findk(nums1,m,nums2,n,k+1);
}
```

【提交结果】

执行结果：通过。执行用时 20ms，内存消耗 6.5MB（编程语言为 C 语言）。

解法 2

【解题思路】

选择"C++语言"。与解法 1 的思路相同，只是这里采用 vector<int>容器 a 存放有序数组，不能执行形如" $a+p$ "的操作，为此用 $a[i..m-1]$ 表示有效序列，其中含 $m-i$ 个有效元素，这样 a 中第 p 小的元素就是 $a[i+p-1]$ 。

视频讲解

【设计代码】

```
class Solution {
public:
     double findMedianSortedArrays(vector < int > &  nums1,vector < int > &  nums2)
     {   int m=nums1.size();
         int n=nums2.size();
         int k=(m+n)/2;
         if ((m+n)%2==0)                               //总元素个数为偶数时
         {   int mid1=findk(nums1,0,nums2,0,k);
             int mid2=findk(nums1,0,nums2,0,k+1);
             return (mid1+mid2)/2.0;
         }
```

```
        else                                       //总元素个数为奇数时
            return findk(nums1,0,nums2,0,k+1);
    }
    int findk(vector < int > & a,int i,vector < int > & b,int j,int k)    //在a[i..m−1]和b[j..n−1]
                                                                         //中查找第k小的元素
    {   int m=a.size()−i;                          //a中的有效元素个数为m
        int n=b.size()−j;                          //b中的有效元素个数为n
        if(m>n) return findk(b,j,a,i,k);
        if(m==0) return b[j+k−1];                  //a为空时
        if(k==1) return min(a[i],b[j]);            //找到topk
        int p=min(m,k/2);                          //当a中的元素个数m少于k/2时取m
        int q=k−p;                                 //保证p+q==k
        if (a[i+p−1]==b[j+q−1])                     //找到topk
            return a[i+p−1];
        else if(a[i+p−1]<b[j+q−1])                  //若a[i+p−1]<b[j+q−1]
            return findk(a,i+p,b,j,k−p);            //舍弃a的前p个元素
        else                                        //若a[i+p−1]>b[j+q−1]
            return findk(a,i,b,j+q,k−q);            //舍弃b的前q个元素
    }
};
```

【提交结果】

执行结果：通过。执行用时 32ms,内存消耗 86.9MB(编程语言为 C++语言)。

解法 3

【解题思路】

选择"C++语言"。采用二分查找非递归方法,用 k 表示在 a 和 b 中查找第 k 小的元素,当 $k>1$ 时循环,取 a 中第 $k/2$ 小的元素 av(若不存在这样的元素置 av=∞,这里用 INT_MAX 表示∞),取 b 中第 $k/2$ 小的元素 bv(若不存在这样的元素置 bv=∞),舍弃较小者中前面的 $k/2$ 个元素,每次循环 k 递减 $k/2$。循环结束后若其中一个数组为空,则 topk 为另一个数组中第 k 小的元素;若两个数组都不空,则 topk 为 a、b 中首元素的较小者。

【设计代码】

```
class Solution {
public:
    double findMedianSortedArrays( vector < int > & nums1,vector < int > & nums2)
    {   int m=nums1.size();
        int n=nums2.size();
        int k=(m+n)/2;
        if ((m+n)%2==0)                            //总元素个数为偶数时
        {   int mid1=findk(nums1,nums2,k);
            int mid2=findk(nums1,nums2,k+1);
            return (mid1+mid2)/2.0;
        }
        else return findk(nums1,nums2,k+1);        //总元素个数为奇数时
    }
    int findk(vector < int > & a,vector < int > & b,int k)
    {   int i=0,j=0;                                //i和j分别为遍历a和b的指针
        while (k>1)                                 //循环,直到k递减为1
```

```
{       int av=(i+k/2-1<a.size())?a[i+k/2-1]:INT_MAX;
        int bv=(j+k/2-1<b.size())?b[j+k/2-1]:INT_MAX;
        if (av<bv) i+=k/2;
        else j+=k/2;
        k-=k/2;                                //每次循环k递减k/2
    }
    if(i>=a.size()) return b[j+k-1];           //若a空,直接返回b中第k小的元素
    if(j>=b.size()) return a[i+k-1];           //若b空,直接返回a中第k小的元素
    return min(a[i], b[j]);                    //两数组均不空(k==1),返回最小值
    }
};
```

【提交结果】

执行结果：通过。执行用时 36ms,内存消耗 86.8MB(编程语言为 C++语言)。

9.2 二叉排序树及其应用

视频讲解

9.2.1 LeetCode96——不同的二叉排序树★★

【题目解读】

设计一个算法求 n 个不同结点(结点值分别是 $1\sim n$)构成多少棵不同的二叉排序树。在选择"C++语言"时要求设计如下函数：

```
class Solution {
public:
    int numTrees(int n) { }
};
```

例如,$n=3$,一共有 5 种不同结构的二叉排序树,如图 9.8 所示。

(a) 二叉排序树A   (b) 二叉排序树B   (c) 二叉排序树C   (d) 二叉排序树D   (e) 二叉排序树E

图 9.8   5 棵二叉排序树

【解题思路】

假设用数组 $a[0..n-1]$ 存放 $1\sim n$,显然可以将该递增序列看成二叉排序树的中序序列,那么可以构造多少棵二叉排序树呢？ 以每个元素 $a[j]$($0\leqslant j<n$)为根,以 $a[0..j-1]$(含 j 个结点)构造左子树,以 $a[j+1..n-1]$(含 $n-j-1$ 个结点)构造右子树,可以得到所有二叉排序树。为此设 $f(j)$ 表示含 j 个结点的二叉排序树的个数,则有：

$$f(0)=1$$
$$f(1)=1$$

$$f(n) = \sum_{j=0}^{n-1} f(j) \times f(n-j-1)$$

【设计代码】

```cpp
class Solution {
public:
    int numTrees(int n)
    {   if(n==0 || n==1)
            return 1;
        int ans=0;
        for(int j=0;j<n;j++)
            ans+=numTrees(j) * numTrees(n-j-1);
        return ans;
    }
};
```

上述算法在执行时出现超时,因为存在大量的重复计算。设置一个数组 dp,dp[j]表示 $f(j)$的值,初始化时 dp 的所有元素为 0,一旦 dp[j]≠0,说明该子问题已经求出,直接返回即可。对应的算法如下:

```cpp
class Solution {
    int dp[10005];
public:
    int numTrees(int n)
    {   memset(dp,0,sizeof(dp));
        return f(n);
    }
    int f(int n)
    {   if(dp[n]!=0)
            return dp[n];
        if(n==0 || n==1)
        {   dp[n]=1;
            return 1;
        }
        for(int j=0;j<n;j++)
            dp[n]+=f(j) * f(n-j-1);
        return dp[n];
    }
};
```

【提交结果】

执行结果:通过。执行用时 0ms,内存消耗 5.9MB(编程语言为 C++语言)。

9.2.2　LeetCode95——不同的二叉排序树Ⅱ★★

视频讲解

【题目解读】

设计一个算法求 n 个不同结点(结点值分别是 1~n)构成的所有二叉排序树。在选择 "C++语言"时要求设计如下函数:

```cpp
class Solution {
```

```
public:
    vector < TreeNode * > generateTrees(int n) { }
};
```

例如, $n = 3$, 一共有 5 种不同结构的二叉排序树, 如图 9.8 所示。结果如下:

```
[
    [1, null, 3, 2],              //对应图 9.8(a)
    [3, 2, null, 1],             //对应图 9.8(b)
    [3, 1, null, null, 2],       //对应图 9.8(c)
    [2, 1, 3],                   //对应图 9.8(d)
    [1, null, 2, null, 3]        //对应图 9.8(e)
]
```

【解题思路】

设计 generateTrees(low, high) 函数返回整数序列 [low, high] 生成的所有可行的二叉排序树集合, 则 generateTrees(1, n) 就是题目要求的结果。

用 i 遍历 [low, high], 将 i 作为当前二叉排序树的根, 那么序列划分为 [low, $i-1$] 和 [$i+1$, high] 两部分, 递归调用这两部分, 即用 generateTrees(low, $i-1$) 和 generateTrees($i+1$, high) 分别得到所有可行的左子树和右子树, 那么最后一步只要从可行的左子树集合中选一棵, 再从可行的右子树集合中选一棵拼接到根结点上, 并将生成的二叉排序树放入答案数组即可。

【设计代码】

```
class Solution {
public:
    vector < TreeNode * > generateTrees(int n)
    {   if(n==0) return vector < TreeNode * >{};
        else return generate(1, n);
    }
    vector < TreeNode * > generate(int low, int high)
    {   vector < TreeNode * > ans;
        if (low > high)                                         //空区间
        {   ans.push_back(NULL);                                //构造空树
            return ans;
        }
        for (int i=low; i<=high; i++)                           //枚举可行的根结点
        {   vector < TreeNode * > leftbst=generate(low, i-1);   //构造左子树集合
            vector < TreeNode * > rightbst=generate(i+1, high); //构造右子树集合
            for (TreeNode * left:leftbst)                       //拼接
            {   for (TreeNode * right:rightbst)
                {   TreeNode * b=new TreeNode(i);               //构造根结点 b
                    b->left=left;
                    b->right=right;
                    ans.push_back(b);
                }
            }
        }
        return ans;
    }
};
```

【提交结果】

执行结果：通过。执行用时 24ms，内存消耗 15.7MB（编程语言为 C++语言）。

9.2.3 LeetCode700——二叉排序树中的搜索★

【题目解读】

设计一个算法在二叉排序树中按值查找，若找到指定结点值的结点，返回其地址，否则返回 NULL。在选择"C++语言"时要求设计如下函数：

视频讲解

```
class Solution {
public:
    TreeNode * searchBST(TreeNode * root, int val) { }
};
```

例如，给定如图 9.9(a)所示的二叉排序树和值 2，返回的子树如图 9.9(b)所示。如果要找的值是 5，因为没有结点值为 5，应该返回 NULL。

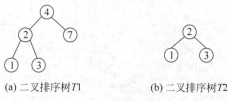

(a) 二叉排序树T1   (b) 二叉排序树T2

图 9.9 两棵二叉排序树

解法 1

【解题思路】

采用递归查找算法。设 $f(\text{root},\text{val})$ 返回在二叉排序树 root 中查找 val 的结果。

(1) 若 root==NULL，返回 NULL。

(2) 若 root->val==val，查找成功，返回 root。

(3) 若 val<root->val，对应的结点只能在左子树中，返回 $f(\text{root->left},\text{val})$ 的结果。

(4) 若 val>root->val，对应的结点只能在右子树中，返回 $f(\text{root->right},\text{val})$ 的结果。

【设计代码】

```
class Solution {
public:
    TreeNode * searchBST(TreeNode * root, int val)
    {   if(root==NULL)
            return root;
        if(val==root->val)
            return root;
        else if (val<root->val)
            return searchBST(root->left,val);
        else
            return searchBST(root->right,val);
    }
};
```

【提交结果】

执行结果：通过。执行用时 56ms,内存消耗 33.8MB(编程语言为 C++语言)。

解法2

【解题思路】

采用二叉排序树非递归查找算法。

【设计代码】

```
class Solution {
public:
    TreeNode *  searchBST(TreeNode *  root, int val)
    {   if(root==NULL) return root;
        while(root!=NULL)
        {   if(val==root->val)
                return root;
            else if (val<root->val)
                root=root->left;
            else
                root=root->right;
        }
        return NULL;
    }
};
```

【提交结果】

执行结果：通过。执行用时 52ms,内存消耗 32MB(编程语言为 C++语言)。

视频讲解

9.2.4 LeetCode450———删除二叉排序树中的结点★

【题目解读】

设计一个算法在二叉排序树 root 中删除关键字为 key 的结点,返回删除后的二叉排序树的根结点地址。由于删除方式有多种,得到的二叉排序树也有多种,这里只要返回任意一棵删除后的二叉排序树即可。在选择"C++语言"时要求设计如下函数:

```
class Solution {
public:
    TreeNode *  deleteNode(TreeNode *  root, int key) { }
};
```

例如,root=[5,3,6,2,4,null,7],key=3,删除前后的二叉排序树分别如图 9.10(a)和图 9.10(b)所示,删除后的结果是[5,4,6,2,null,null,7],另一个正确答案是如图 9.10(c)所示的二叉排序树。

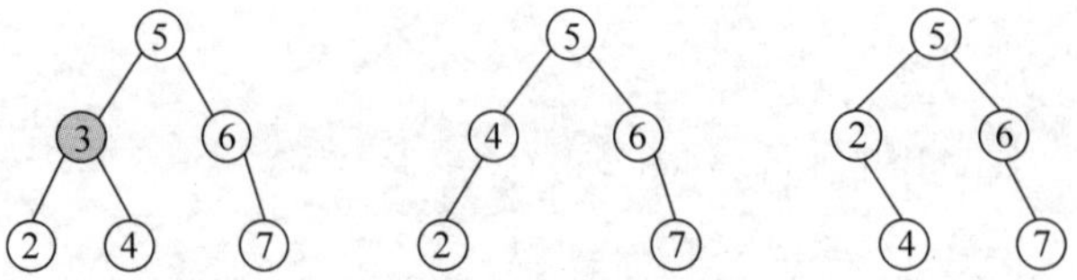

(a) 二叉排序树*T*1　　　　(b) 二叉排序树*T*2　　　　(c) 二叉排序树*T*3

图 9.10　3 棵二叉排序树

【解题思路】

采用《教程》中二叉排序树的删除算法。首先找到值为 key 的结点 p（用 f 指向被删除结点 p 的双亲结点），结点 p 分为叶子结点、左子树为空、右子树为空和存在左右子树 4 种情况实现删除。当存在左右子树时，先找到结点 p 的左孩子的最右下结点 q，结点 p 的值用结点 q 的值替换，再删除结点 q。

【设计代码】

```
class Solution {
public:
    TreeNode * deleteNode(TreeNode * root, int key)
    {  if(root==NULL) return root;
       TreeNode * p=root, * f=NULL;                   //f指向被删结点p的双亲结点
       while(p! =NULL)                                 //查找被删结点p
       {   if(p->val==key) break;                      //找到被删结点p时退出循环
           f=p;
           if(key<p->val) p=p->left;
           else p=p->right;
       }
       if(p==NULL) return root;                        //没有找到被删结点p,返回root
       if(p->left==NULL && p->right==NULL)             //结点p是叶子结点
       {   if(p==root)                                 //结点p是根结点
               root=NULL;
           else                                        //结点p不是根结点
           {   if(f->left==p) f->left=NULL;
               else f->right=NULL;
           }
           delete p;
       }
       else if (p->left==NULL)                         //结点p的左子树为空
       {   if(f==NULL)                                 //结点p是根结点
               root=root->right;
           else                                        //结点p不是根结点
           {   if(f->left==p) f->left=p->right;
               else f->right=p->right;
           }
           delete p;
       }
       else if(p->right==NULL)                         //结点p的右子树为空
       {   if(f==NULL)                                 //结点p是根结点
               root=root->left;
           else                                        //结点p不是根结点
           {   if(f->left==p) f->left=p->left;
               else f->right=p->left;
           }
           delete p;
       }
       else                                            //结点p有左、右孩子的情况
       {   TreeNode * q=p->left;                        //q指向结点p的左孩子结点
           f=p;                                        //f指向结点q的双亲结点
```

```
            while(q -> right! =NULL)                    //找到结点 p 的左孩子的最右下结点
            {   f=q;
                q=q -> right;
            }
            p -> val=q -> val;                          //将结点 p 的值用结点 q 的值替换
            if(q==f -> left) f -> left=q -> left;        //删除结点 q
            else f -> right=q -> left;
            delete q;
        }
        return root;
    }
};
```

【提交结果】

执行结果：通过。执行用时 36ms，内存消耗 31.7MB（编程语言为 C++语言）。

视频讲解

9.2.5 LeetCode235——二叉排序树的最近公共祖先★

【题目解读】

设计一个算法求一棵二叉排序树（所有结点值唯一）中两个指定结点的最近公共祖先（LCA）。在选择"C++语言"时要求设计如下函数：

```
class Solution {
public:
    TreeNode * lowestCommonAncestor(TreeNode * root,
        TreeNode * p, TreeNode * q) { }
};
```

例如，给定如图 9.11 所示的二叉排序树 root=[6,2,8,0,4,7,9,null,null,3,5]，$p=2$ 和 $q=8$ 的 LCA 是 6，$p=2$ 和 $q=4$ 的 LCA 是 2。

解法 1

【解题思路】

采用递归方法。若 root 为 NULL，返回 NULL。若 p、q 结点值均小于 root 结点值，在左子树中查找 LCA（最近公共祖先）；若 p、q 结点值均大于 root 结点值，在右子树中查找 LCA。否则，p、q 两个结点一个在 root 的左子树中，一个在 root 的右子树中，则 root 就是 p、q 的 LCA。

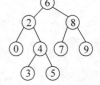

图 9.11　一棵二叉排序树

【设计代码】

```
class Solution {
public:
    TreeNode * lowestCommonAncestor(TreeNode * root, TreeNode * p, TreeNode * q)
    {   if (root==NULL) return NULL;
        if (root -> val < p -> val && root -> val < q -> val)
            return lowestCommonAncestor(root -> right,p,q);
        else if (root -> val > p -> val && root -> val > q -> val)
            return lowestCommonAncestor(root -> left,p,q);
        else
```

```
        return root;
    }
};
```

【提交结果】

执行结果:通过。执行用时 44ms,内存消耗 22.7MB(编程语言为 C++语言)。

解法2

【解题思路】

采用非递归方法。

【设计代码】

```
class Solution {
public:
    TreeNode * lowestCommonAncestor(TreeNode * root, TreeNode * p, TreeNode * q)
    {   if (root==NULL) return NULL;
        while(root!=NULL)
        {   if (root->val < p->val && root->val < q->val)
                root=root->right;
            else if (root->val > p->val && root->val > q->val)
                root=root->left;
            else
                return root;
        }
        return NULL;
    }
};
```

【提交结果】

执行结果:通过。执行用时 32ms,内存消耗 22.7MB(编程语言为 C++语言)。

9.2.6 LeetCode98——验证二叉排序树★★

视频讲解

【题目解读】

设计一个算法判断一棵二叉树是否为二叉排序树。在选择"C++语言"时要求设计如下函数:

```
class Solution {
public:
    bool isValidBST(TreeNode * root) { }
};
```

例如,如图 9.12(a)所示的二叉树是二叉排序树,如图 9.12(b)所示的二叉树不是二叉排序树。

【解题思路】

一棵非空二叉树的中序序列是一个递增有序序列,显然若一棵二叉树的中序序列不是一个有序序列,则它一定不是一棵二叉排序树。可以证明,中序序列是一个递增有序序列的二叉树是一棵二叉排序树,本题采用该规则进行判断。

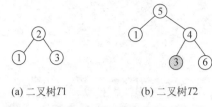

(a) 二叉树T1　　　　　　(b) 二叉树T2

图 9.12　两棵二叉树

通常在中序遍历时用 predt 存放前驱结点值，初始时设置为一个非常小的负整数，如 INT_MIN，但测试用例中恰好值为 INT_MIN 的结点，这样会导致错误。为此，设置布尔变量 first 表示当前访问的结点是否为中序开始结点，如果是便跳过并置 first 为 false，否则需要将当前结点值与 predt 进行比较。

【设计代码】

```
class Solution {
    int predt;
    bool first;                          //定义两个类变量
public:
    bool isValidBST(TreeNode *  root)
    {   if (!root) return true;          //空树的情况
        first=true;
        return JudgeBST(root);
    }
    bool JudgeBST(TreeNode *  b)          //判断是否为二叉排序树
    {   if (b==NULL)                      //空树是一棵二叉排序树
            return true;
        else
        {   bool lflag=JudgeBST(b->left);   //判断左子树
            if (!lflag)
                return false;            //若左子树不是二叉排序树,则返回 false
            if (first)                   //访问中序开始结点的情况
                first=false;
            else if (predt>=b->val)      //访问其他结点的情况
                return false;            //当前结点值不大于中序前驱结点返回假
            predt=b->val;                //保存当前结点值
            bool rflag=JudgeBST(b->right);   //判断右子树
            return rflag;
        }
    }
};
```

【提交结果】

执行结果：通过。执行用时 20ms，内存消耗 21MB（编程语言为 C++语言）。

9.2.7　LeetCode938——二叉排序树的范围和★

【题目解读】

设计一个算法求一棵二叉排序树中所有结点值位于[low,high]的结点值之和。在选择

视频讲解

"C++语言"时要求设计如下函数：

```
class Solution {
public:
    int rangeSumBST(TreeNode * root, int low, int high) { }
};
```

例如，root＝[10,5,15,3,7,null,18]，low＝7，high＝15，对应的二叉排序树如图 9.13(a)所示，满足条件的带阴影的结点值的和为 32。若 root＝[10,5,15,3,7,13,18,1,null,6]，low＝6，high＝10，对应的二叉排序树如图 9.13(b)所示，满足条件的带阴影的结点值的和为 23。

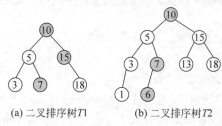

(a) 二叉排序树T1　　　(b) 二叉排序树T2

图 9.13　两棵二叉排序树

【解题思路】

采用递归方法求解，设 $f(b, \text{low}, \text{high})$ 的功能是返回二叉树 b 中值在[low, high]的结点的和，对应的递归模型如下：

$f(b, \text{low}, \text{high}) = 0$ 　　　　　　　当 $b == \text{NULL}$ 时

$f(b, \text{low}, \text{high}) = f(b -> \text{right}, \text{low}, \text{high})$ 　　当 $b -> \text{val} < \text{low}$ 时

$f(b, \text{low}, \text{high}) = f(b -> \text{left}, \text{low}, \text{high})$ 　　当 $b -> \text{val} > \text{high}$ 时

$f(b, \text{low}, \text{high}) = b -> \text{val} + \text{lsum} + \text{rsum};$ 　　其他情况(包含结点 b)

　　　　　　$\text{lsum} = f(b -> \text{left}, \text{low}, \text{high});$

　　　　　　$\text{rsum} = f(b -> \text{right}, \text{low}, \text{high})$

【设计代码】

```
class Solution {
public:
    int rangeSumBST(TreeNode * root, int low, int high)
    {
        return Sum(root, low, high);
    }
    int Sum(TreeNode * root, int low, int high)
    {   if(root == NULL)
            return 0;
        if(root -> val < low)                  //根结点值<low,所找结点都在右子树中
            return Sum(root -> right, low, high);
        else if(root -> val > high)            //根结点值>high,所找结点都在左子树中
            return Sum(root -> left, low, high);
        else
        {   int lsum = Sum(root -> left, low, high);
```

```
        int rsum＝Sum(root -> right, low, high);
        return root -> val＋lsum＋rsum;        //结果含 root 根结点
      }
    }
};
```

【提交结果】

执行结果：通过。执行用时 144ms，内存消耗 63.2MB(编程语言为 C++语言)。

9.3　平衡二叉树及其应用

9.3.1　STL 中的 map 和 set 容器

视频讲解

1. map 容器

map 是映射类模板，映射是指元素类型为(key,value)，其中 key 为关键字(一个 map 容器中所有的 key 是唯一的)，value 是对应的值，可以使用关键字 key 来访问相应的值 value。(key,value)是一个 pair 结构类型。pair 结构类型的声明如下：

```
struct pair
{   T1 first;
    T2 second;
}
```

也就是说，pair 中有两个分量(二元组)，first 为第一个分量(在 map 中对应 key)，second 为第二个分量(在 map 中对应 value)。例如，定义一个对象 p 表示一个平面坐标点并输入坐标：

```
pair < double, double > p;              //定义 pair 对象 p
cin ≫ p. first ≫ p. second;            //输入 p 的坐标
```

同时 pair 对==、!=、<、>、<=、>=共 6 个运算符进行重载，提供了按照字典序对元素对进行大小比较的比较运算符模板函数。

map 利用 pair 的"<"运算符将所有元素(即 key-value 对)按 key 升序排列，以一种平衡二叉树(即红黑树的形式)存储，可以根据 key 快速地找到与之对应的 value，查找时间复杂度为 $O(\log_2 n)$。map 的主要成员函数如表 9.1 所示。

表 9.1　map 的主要成员函数及其说明

成员函数	说　　明
empty()	判断容器是否为空
size()	返回容器中实际的元素个数
容器名[k]	返回关键字为 k 的元素的引用，如果不存在这样的关键字，则以 k 作为关键字插入一个元素
insert(e)	插入一个元素 e 并返回该元素的位置
erase(k)	从容器中删除关键字为 k 的元素

续表

成员函数	说　　明
erase(it)	从容器中删除迭代器 it 指向的元素
erase(beg,end)	从容器中删除[beg,end)迭代器范围的元素
clear()	删除所有元素
find(k)	在容器中查找关键字为 k 的元素
count(k)	返回容器中关键字为 k 的元素的个数(只有 1 或者 0)
begin()	用于正向迭代,返回容器中第一个元素的位置
end()	用于正向迭代,返回容器中最后一个元素后面的一个位置
rbegin()	用于反向迭代,返回容器中最后一个元素的位置
rend()	用于反向迭代,返回容器中第一个元素前面的一个位置

STL 为 map 提供了二分查找算法 lower_bound(k)和 upper_bound(k)等,前者返回一个迭代器指向第一个关键字大于或等于 k 的元素,后者返回一个迭代器指向第一个关键字大于 k 的元素,它们的时间性能与二分查找类似,时间复杂度都是 $O(\log_2 n)$。

2. set 容器

set 集合与 map 映射类似,也是采用红黑树的形式存储,只是在 set 中存放关键字 key 而不是映射,每个 key 是唯一的(具有除重功能),按 key 查找的时间复杂度为 $O(\log_2 n)$。

9.3.2 LeetCode110——平衡二叉树★

视频讲解

【题目解读】

设计一个算法判断一棵二叉树是否为高度平衡的二叉树。一棵高度平衡二叉树的定义为:一棵二叉树每个结点的左、右两个子树的高度差的绝对值不超过 1。在选择"C++语言"时要求设计如下函数:

```
class Solution {
public:
    bool isBalanced(TreeNode * root) { }
};
```

例如,如图 9.14(a)所示的二叉树是高度平衡的,而如图 9.14(b)所示的二叉树不是高度平衡的。

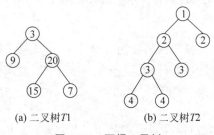

(a) 二叉树T1　　　　　(b) 二叉树T2

图 9.14　两棵二叉树

【解题思路】

设 $f(b,h)$ 的功能是求出二叉树 b 的高度 h 并返回其是否为平衡的(平衡时返回 true,

否则返回 false）。对应的递归模型如下：

$f(b,h)=\text{true}(h=0)$ 当 $b==\text{NULL}$ 时

$f(b,h)=\text{false}$ 当 $f(b->\text{left},\text{lefth})$ 返回 false 时

$f(b,h)=\text{false}$ 当 $f(b->\text{right},\text{righth})$ 返回 false 时

$f(b,h)=\text{false}$ 当 $|\text{lefth}-\text{righth}|>1$ 时

$f(b,h)=\text{true}(h=\max(\text{lefth},\text{righth})+1)$ 其他情况

【设计代码】

```cpp
class Solution {
public:
    bool isBalanced(TreeNode * root)
    {   int h;
        return isBal(root,h);
    }
    bool isBal(TreeNode * b,int &h)              //判断算法
    {   if (b==NULL)                             //空树返回 true
        {   h=0;
            return true;
        }
        int lefth,righth;
        bool lres=isBal(b->left,lefth);         //判断左子树
        if (lres==false)
            return false;
        bool rres=isBal(b->right,righth);       //判断右子树
        if (rres==false)
            return false;
        if (abs(lefth-righth)>1)                //判断根结点
            return false;
        h=max(lefth,righth)+1;                  //求 b 的高度
        return true;
    }
};
```

【提交结果】

执行结果：通过。执行用时 24ms,内存消耗 20.9MB（编程语言为 C++语言）。

9.3.3 LeetCode1382——将二叉排序树变平衡★★

视频讲解

【题目解读】

设计一个算法将一棵二叉排序树转换为一棵平衡二叉树,转换后的平衡二叉树可能有多种,返回任意一棵平衡二叉树即可。在选择"C++语言"时要求设计如下函数：

```cpp
class Solution {
public:
    TreeNode * balanceBST(TreeNode * root) { }
};
```

例如,root=[1,null,2,null,3,null,4,null,null],如图 9.15（a）所示,可以将其转换为如图 9.15（b）所示的平衡二叉树,结果为[2,1,3,null,null,null,4],也可以转换为[3,1,4,

null,2,null,null]。

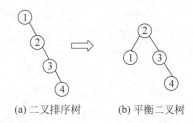

(a) 二叉排序树　　(b) 平衡二叉树

图 9.15　一棵二叉排序树变为平衡二叉树

解法 1

【解题思路】

先通过中序遍历得到有序数组 a，再由数组 a 构造一棵平衡二叉排序树。由 $a[\text{low}..\text{high}]$ 构造平衡二叉树的过程是，每次取数组 a 的中间元素 $a[\text{mid}]$（$\text{mid}=(\text{low}+\text{high})/2$）作为根结点，由 $a[\text{low}..\text{mid}-1]$ 构造其左子树，由 $a[\text{mid}+1..\text{high}]$ 构造其右子树。

【设计代码】

```
class Solution {
public:
    TreeNode * balanceBST(TreeNode * root)
    {   vector < int > a;
        inorder(root, a);
        return createbst(a, 0, a.size() - 1);
    }
    void inorder(TreeNode * root, vector < int > & a)       //中序遍历顶点有序序列a
    {   if (root! = NULL)
        {   inorder(root -> left, a);
            a.push_back(root -> val);
            inorder(root -> right, a);
        }
    }
    TreeNode * createbst(vector < int > & a, int low, int high)       //构造平衡二叉树
    {   if (low > high) return NULL;
        int mid = (low + high)/2;
        TreeNode * root = new TreeNode(a[mid]);
        root -> left = createbst(a, low, mid - 1);
        root -> right = createbst(a, mid + 1, high);
        return root;
    }
};
```

【提交结果】

执行结果：通过。执行用时 204ms，内存消耗 49.6MB（编程语言为 C++语言）。

解法 2

【解题思路】

与解法 1 的思路相同，改为直接利用二叉排序树的原来结点构建平衡二叉树。

【设计代码】

```
class Solution {
public:
    TreeNode *  balanceBST(TreeNode *  root)
    {   vector < TreeNode * > a;
        inorder(root, a);
        return createbst(a, 0, a. size() － 1);
    }
    void inorder(TreeNode *  root, vector < TreeNode * > & a)        //中序遍历顶点有序序列 a
    {   if (root! = NULL)
        {   inorder(root -> left, a);
            a. push_back(root);
            inorder(root -> right, a);
        }
    }
    TreeNode *  createbst(vector < TreeNode * > & a, int low, int high)     //构造平衡二叉树
    {   if (low > high) return NULL;
        int mid = (low + high) / 2;
        TreeNode *  root = a[mid];
        root -> left = createbst(a, low, mid － 1);
        root -> right = createbst(a, mid + 1, high);
        return root;
    }
};
```

【提交结果】

执行结果：通过。执行用时 104ms，内存消耗 33.9MB（编程语言为 C++ 语言）。

视频讲解

9.3.4　LeetCode826——安排工作以达到最大收益★★

【题目解读】

有若干个工作，用 difficulty[i] 表示第 i 个工作的难度，用 profit[i] 表示第 i 个工作的收益。有若干个工人，用 worker[i] 表示第 i 个工人的能力，该工人只能完成难度小于或等于 worker[i] 的工作，每一个工人最多只能安排一个工作，但是一个工作可以完成多次。设计一个算法求能得到的最大收益。在选择"C++语言"时要求设计如下函数：

```
class Solution {
public:
    int maxProfitAssignment(vector < int > & difficulty, vector < int > & profit, vector < int > &
        worker) { }
};
```

例如，有 5 个工作，4 个工人，difficulty = [2, 4, 6, 8, 10]，profit = [10, 20, 30, 40, 50]，worker = [4, 5, 6, 7]。最大收益的分配方案是 4 个工人分别分配 [4, 4, 6, 6] 的工作难度，分别获得 [20, 20, 30, 30] 的收益，最大收益是 100。

【解题思路】

设计 map < int, int > 容器 mymap 用于存放某个难度下可以完成的所有工作中的最大收益，通过遍历 difficulty 求出 mymap。再遍历 worker，在 mymap 中找到小于或等于

worker[i](即该工人只能完成难度小于或等于 worker[i]的工作)的最大收益,将其累计到 ans 中,最后返回 ans 即可。

例如,假设有 5 个工作和 5 个工人,difficulty＝[5,2,4,3,9],profit＝[40,30,10,50,20],worker＝[10,8,7,6,1]。

(1) 遍历 difficulty,求出该难度的收益,mymap 的结果如下:

mymap[2]＝30
mymap[3]＝50
mymap[4]＝10
mymap[5]＝40
mymap[9]＝20

(2) 遍历 mymap(按难度关键字递增排列),求出 mymap[x]＝max{mymap[y]|$y \leqslant x$},mymap 的结果如下:

mymap[2]＝30
mymap[3]＝50
mymap[4]＝50
mymap[5]＝50
mymap[9]＝50

(3) 用 i 遍历 worker,在 mymap 中找到小于或等于 worker[i]的最大收益,将其累计到 ans 中。例如,worker[0]＝10 时找到最大收益为 50,worker[1]＝8 时找到最大收益为 50,worker[2]＝7 时找到最大收益为 50,worker[3]＝6 时找到最大收益为 50,worker[4]＝1 时没有找到可以完成的工作,ans＝50＋50＋50＋50＝200。

【设计代码】

```cpp
class Solution {
public:
    int maxProfitAssignment(vector<int> & difficulty, vector<int> & profit, vector<int> & worker)
    {   map<int,int> mymap;
        for(int i=0;i<difficulty.size();i++)        //求同一难度的最大收益
            mymap[difficulty[i]]=max(mymap[difficulty[i]],profit[i]);
        int maxprofit=-1;                           //在 mymap 中按关键字(即难度)递增排列
        for(auto it=mymap.begin();it!=mymap.end();it++)   //求小于或等于该难度的最大
                                                          //收益
        {   maxprofit=max(maxprofit,it->second);
            it->second=maxprofit;
        }
        int ans=0;
        for(int i=0; i<worker.size();i++)
        {   auto it=mymap.upper_bound(worker[i]);   //在 mymap 中查找第一个大于
                                                    //worker[i]的结点 it
            if(it!=mymap.begin())
                ans+=(--it)->second;    //累计难度小于或等于 worker[i] 的最大收益
        }
        return ans;
    }
};
```

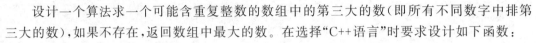

【提交结果】

执行结果：通过。执行用时116ms，内存消耗38.7MB（编程语言为C++语言）。

9.3.5　LeetCode414——第三大的数 ★

视频讲解

【题目解读】

设计一个算法求一个可能含重复整数的数组中的第三大的数（即所有不同数字中排第三大的数），如果不存在，返回数组中最大的数。在选择"C++语言"时要求设计如下函数：

```cpp
class Solution {
public:
    int thirdMax(vector < int > & nums) { }
};
```

例如，nums＝[3,1,2,1]，结果为1。若nums＝[1,1,2]，结果为2（没有第三大的数）。

解法1

【解题思路】

将nums中的所有元素插入set < int >容器myset中（用于除重），让it指向最后元素（最大元素），若myset中元素的个数小于3，直接返回 * it，否则将it前移两次指向第三大的数，再返回it。

【设计代码】

```cpp
class Solution {
public:
    int thirdMax(vector < int > & nums)
    {   set < int > myset;
        for(int i＝0;i < nums. size();i＋＋)
            myset. insert(nums[i]);
        auto it＝myset. end();
        it－－;
        if(myset. size()>＝3)
        {   for(int j＝0;j < 2;j＋＋)
                it－－;
        }
        return * it;
    }
};
```

【提交结果】

执行结果：通过。执行用时16ms，内存消耗10.3MB（编程语言为C++语言）。

解法2

【解题思路】

用3个变量max1、max2和max3表示前3个不同的最大元素，初始时均设置为最小值MIN，题目中规定$-2^{31} \leqslant$nums$[i] \leqslant 2^{31}-1$，如果采用int类型，MIN可以设置为INT_MIN（－2147483648），但测试数据中存在－2147483648的整数，因此将这些变量设计为long long类型，将MIN指定为－2147483649。

通过遍历 nums 求出 max1、max2 和 max3,若 max2 或者 max3 为 MIN,则说明没有第三大的数,返回 max1,否则返回 max3。

【设计代码】

```
#define MIN −2147483649
class Solution {
public:
    int thirdMax(vector < int > & nums)
    {   long long max1＝MIN;
        long long max2＝max1,max3＝max1;
        for(int i＝0;i < nums.size();i＋＋)
        {   if(nums[i]> max3 && nums[i]!＝max2 && nums[i]!＝max1)
            {   if(nums[i]> max1)
                {   max3＝max2;
                    max2＝max1;
                    max1＝nums[i];
                }
                else if(nums[i]> max2)
                {   max3＝max2;
                    max2＝nums[i];
                }
                else max3＝nums[i];
            }
        }
        if(max2＝＝MIN || max3＝＝MIN)      //没有第二大或第三大的数,返回第一大的数
            return max1;
        return max3;                      //存在第三大的数时返回它
    }
};
```

【提交结果】

执行结果:通过。执行用时 4ms,内存消耗 8.8MB(编程语言为 C++语言)。

9.4　哈希表及其应用 ※

9.4.1　STL 中的 unordered_map 容器

视频讲解

在 C++ 11 中新增了 unordered_map 容器,其主要成员函数与 map 的大致相同,使用方法也与 map 的类似,但 unordered_map 容器具有如下特点。

(1) 关联性:unordered_map 是一个关联容器,其中的元素根据关键字来引用,而不是根据索引来引用。

(2) 无序性:unordered_map 容器采用哈希表结构存储,元素不会按关键字值的特定顺序排序,而是根据哈希函数映射到相应的地址中,可以通过键值直接快速地访问各个元素(按关键字查找的平均时间复杂度大致为 $O(1)$)。因为 unordered_map 容器中的元素是无序的,所以不支持二分查找。

（3）唯一性：unordered_map 容器中元素的关键字是唯一的。

9.4.2 LeetCode705——设计哈希集合★

【题目解读】

设计和实现一个元素为整数的哈希集合，包含以下功能。

（1）add(value)：向哈希集合中插入一个值。

（2）contains(value)：返回哈希集合中是否存在这个值。

（3）remove(value)：将给定值从哈希集合中删除。如果哈希集合中没有这个值，什么也不做。

在选择"C 语言"时要求设计如下函数：

```
typedef struct { } MyHashSet;
MyHashSet * myHashSetCreate() { }
void myHashSetAdd(MyHashSet * obj, int key) { }
void myHashSetRemove(MyHashSet * obj, int key) { }
bool myHashSetContains(MyHashSet * obj, int key) { }
void myHashSetFree(MyHashSet * obj) { }
```

解法 1

【解题思路】

采用除留余数法＋线性探测法实现哈希表，将哈希表长度设置为 MAXM＝10005（题目中规定哈希表操作最多 10 000 次，插入的元素个数不可能超过 10 005，因此将哈希表长度设置为该值），哈希函数设置为 $h(k)＝k\%\mathrm{MAXM}$，线性探测函数是 $d_0＝h(k)$，$d_{i+1}＝(d_i＋1)\%\mathrm{MAXM}$，其原理参见《教程》中 9.4 节。

【设计代码】

```
# define MAXM 10005                              //哈希表长度
# define NULLKEY −1                              //空位置值
typedef struct                                   //哈希集合类型
{
    int ht[MAXM];                                //哈希表数组
} MyHashSet;
MyHashSet * myHashSetCreate()                     //初始化哈希表
{   MyHashSet * obj=(MyHashSet *)malloc(sizeof(MyHashSet));
    memset(obj -> ht,0xff,sizeof(obj -> ht));    //初始化为 NULLKEY
    return obj;
}
int search(MyHashSet * obj,int key)               //查找 key 成功时返回其位置,否则返回−1
{   int d=key%MAXM;                               //求哈希函数值
    while(obj -> ht[d] != NULLKEY && obj -> ht[d] !=key)
        d=(d+1)%MAXM;                             //用线性探测法查找空位置
    if(obj -> ht[d] ==key)                        //查找成功返回其位置 d
        return d;
    else                                          //查找失败返回−1
        return −1;
}
```

```
bool myHashSetContains(MyHashSet * obj, int key)    //判断是否包含 key
{    int i＝search(obj, key);                        //查找 key
     if(i! ＝－1)                                      //查找成功
         return true;
     else                                           //查找失败
         return false;
}

void myHashSetAdd(MyHashSet * obj, int key)         //插入 key
{    int i＝search(obj, key);                        //查找 key
     if(i! ＝－1) return;                              //查找成功时返回
     int d＝key％MAXM;                               //计算哈希函数值
     while(obj－>ht[d]! ＝NULLKEY)
         d＝(d+1)％MAXM;                             //用线性探测法查找空位置
     obj－>ht[d]＝key;                                //放置 key
}

void myHashSetRemove(MyHashSet * obj, int key)      //删除 key
{    int i＝search(obj, key);
     if(i! ＝－1)                                      //存在 key
     {    obj－>ht[i]＝NULLKEY;
          int d＝key％MAXM;
          int j＝(i+1)％MAXM;
          while(obj－>ht[j]! ＝NULLKEY && obj－>ht[j]％MAXM＝＝d)
          {    obj－>ht[(j-1+MAXM)％MAXM]＝obj－>ht[j]; //将删除位置后面的同义词前移
               obj－>ht[j]＝NULLKEY;
               j＝(j+1)％MAXM;
          }
     }
}

void myHashSetFree(MyHashSet * obj)                 //释放哈希集合
{
     free(obj);
}
```

【提交结果】

执行结果：通过。执行用时 88ms,内存消耗 25.8MB(编程语言为 C 语言)。

解法 2

【解题思路】

采用拉链法实现哈希表,将哈希表长度设置为 MAXM＝997,哈希函数设置为 $h(k)=k％MAXM$,其原理参见《教程》中的 9.4 节。

【设计代码】

视频讲解

```
＃define MAXM 997                                   //哈希表长度
typedef struct node                                //单链表结点类型
{    int key;                                       //关键字
     struct node * next;                            //下一个结点指针
} SNode;                                            //单链表结点类型
typedef struct                                      //哈希表的头部
{
     SNode * ht[MAXM];                              //哈希表的表头数组
```

```
}  MyHashSet;
MyHashSet *  myHashSetCreate( )                          //初始化哈希集合
{    MyHashSet *  obj＝(MyHashSet * )malloc(sizeof(MyHashSet));
     for(int i＝0;i＜MAXM;i＋＋)                          //将表头数组元素置为空
          obj－> ht[i]＝NULL;
     return obj;
}

bool myHashSetContains(MyHashSet *  obj,int key)         //判断是否存在 key
{    int d＝key ％ MAXM;                                  //计算哈希函数值
     SNode  *  p＝obj－> ht[d];                            //p 指向 ht[d]单链表的首结点
     while(p!＝NULL &&. p－> key!＝key)                    //遍历 ht[d]单链表
          p＝p－> next;
     if(p!＝NULL)                                          //找到为 key 的结点
          return true;
     else                                                 //没有找到为 key 的结点
          return false;
}

void myHashSetAdd(MyHashSet *  obj,int key)              //插入 key
{    if(myHashSetContains(obj,key))                       //哈希集合中存在 key 时返回
          return;
     int d＝key ％ MAXM;                                  //计算哈希函数值
     SNode  *  q＝(SNode * )malloc(sizeof(SNode));        //新建结点 q 存放 key
     q－> key＝key;
     q－> next＝NULL;
     if (obj－> ht[d]＝＝NULL)                              //若单链表 ht[d]为空
          obj－> ht[d]＝q;
     else                                                 //若单链表 ht[d]不空
     {    q－> next＝obj－> ht[d];                          //采用头插法插入 ha[adr]的单链表中
          obj－> ht[d]＝q;
     }
}

void myHashSetRemove(MyHashSet *  obj,int key)           //删除 key
{    SNode  * pre, * p;
     int d＝key ％ MAXM;                                  //计算哈希函数值
     pre＝obj－> ht[d];                                    //pre 指向 ht[d]单链表的首结点
     if(pre＝＝NULL) return;
     if(pre－> key＝＝key)                                  //结点 pre 是要删除的结点
     {    obj－> ht[d]＝pre－> next;
          free(pre);
     }
     else                                                 //查找 key 结点 p
     {    p＝pre－> next;
          while(p!＝NULL &&. p－> key!＝key)
          {    pre＝p;
               p＝p－> next;
          }
          if(p!＝NULL)
          {    pre－> next＝p－> next;
               free(p);
          }
     }
}
```

```
                                                    }
void myHashSetFree(MyHashSet * obj)              //释放哈希集合
{   SNode * pre, * p;
    for (int i=0;i<MAXM;i++)
    {   pre=obj->ht[i];
        if(pre!=NULL)
        {   p=pre->next;
            while(p!=NULL)
            {   free(pre);
                pre=p;
                p=p->next;
            }
            free(pre);
        }
    }
    free(obj);
}
```

【提交结果】

执行结果：通过。执行用时 120ms，内存消耗 26.2MB(编程语言为 C 语言)。

9.4.3　LeetCode146——LRU 缓存机制★★

视频讲解

【题目解读】

设计和实现一个 LRU(最近最少使用)缓存机制数据结构，包含如下功能。

(1) LRUCache(int capacity)：以正整数作为容量 capacity 初始化 LRU 缓存。

(2) int get(int key)：如果关键字 key 存在于缓存中，则返回关键字的值，否则返回−1。

(3) void put(int key,int value)：如果关键字已经存在，则变更其数据值；如果关键字不存在，则插入该组<关键字,值>。当缓存容量达到上限时，它应该在写入新数据之前删除最久未使用的数据值，从而为新的数据值留出空间。

在选择"C++语言"时要求设计如下函数：

```
class LRUCache {
public:
    LRUCache(int capacity) { }
    int get(int key) { }
    void put(int key, int value) { }
};
```

【解题思路】

LRU 存储结构设计如下，用首尾结点分别为 head 和 tail 的双链表存放所有的< key,value>，并且按最近使用时间排列，最前面的 key 最近使用，最后面的 key 最远使用。为了提高查找性能，设置一个 unordered_map < int,Node * >哈希映射 hmap，存放每个 key 对应的结点地址。

设计两个私有成员函数。

(1) remove(Node * p)：从双链表中删除结点 p。

(2) insert(Node * p)：将结点 p 插入首部。

在此基础上设计 get 和 put 算法：

（1）get(key)的执行过程是，先在 hmap 中查找关键字 key 的结点地址 p，没有找到时返回-1，若找到结点 p，先调用 remove(p)删除结点 p，再调用 insert(p)将结点 p 插入首部，最后返回 p 结点值。

（2）put(key,value)的执行过程是，先在 hmap 中查找关键字 key 的结点地址 p，若找到结点 p，将结点 p 的值修改为 value，调用 remove(p)删除结点 p，再调用 insert(p)将结点 p 插入首部；若没有找到结点 p，如果容器满了，删除尾结点，再新建结点 p 存放[key, value]，将地址 p 插入 hmap，同时调用 insert(p)将结点 p 插入首部。

例如，首先初始化 LRU 存储结构的容量为 2，此时只有 head 和 tail 首尾结点的空表。执行 put(1,1)，再执行 put(2,2)，结果如图 9.16 所示（新结点在首部插入），用{[2,2]，[1,1]}表示。执行 get(1)返回 1，结果为{[1,1]，[2,2]}。执行 put(3,3)时容器满了，删除[2,2]，再插入[3,3]，结果是{[3,3]，[1,1]}。

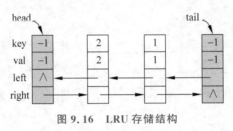

图 9.16　LRU 存储结构

【设计代码】

```cpp
class LRUCache {
public:
    struct Node                              //双链表结点类型
    {   int key,val;
        Node * left, * right;                //结点的前后指针
        Node(int k,int v): key(k),val(v),left(NULL),right(NULL) {}
    } * head, * tail;                        //双链表的首尾结点
    unordered_map < int, Node * > hmap;      //存放关键字对应的结点地址
    int n;                                   //LRU 的容量
    LRUCache(int capacity)                   //初始化
    {   n=capacity;
        head=new Node(-1, -1); tail=new Node(-1, -1);
        head-> right=tail; tail-> left=head; //创建空的双链表
    }
    int get(int key)                         //返回关键字 key 的值
    {   if (hmap.count(key)==0)              //没有找到 key 返回-1
            return -1;
        Node * p=hmap[key];                  //找到 key 的结点 p
        remove(p);                           //删除结点 p
        insert(p);                           //将结点 p 插入首部
        return p-> val;                      //返回结点值
    }
    void put(int key, int value)             //插入<关键字,值>
    {   if (hmap.count(key))                 //找到 key 的情况
```

```
    {   Node *  p=hmap[key];                //找到 key 的结点 p
        p->val=value;                       //设置为新值
        remove(p);                          //删除结点 p
        insert(p);                          //将结点 p 插入首部
    }
    else                                    //没有找到 key 的情况
    {   if (hmap.size()==n)                 //上溢出
        {   Node *  p=tail->left;           //找到末尾结点 p
            remove(p);                      //删除结点 p
            hmap.erase(p->key);             //从 hmap 中删除 p->key
            delete p;                       //释放结点 p 的空间
        }
        Node *  p=new Node(key, value);     //新建为<key,value>的结点 p
        hmap[key]=p;                        //将 key 插入 hmap
        insert(p);                          //将结点 p 插入首部
    }
}
private:
    void remove(Node *  p)                  //从双链表中删除结点 p
    {   p->right->left = p->left;
        p->left->right = p->right;
    }
    void insert(Node *  p)                  //将结点 p 插入首部
    {   p->right = head->right;
        p->left = head;
        head->right->left = p;
        head->right = p;
    }
};
```

【提交结果】

执行结果：通过。执行用时 104ms，内存消耗 39MB(编程语言为 C++语言)。

9.4.4　LeetCode215——数组中的第 k 个最大元素★★

视频讲解

【题目解读】

设计一个算法在长度为 n 的无序数组中查找第 $k(1{\leqslant}k{\leqslant}n)$ 个最大元素，而不是第 k 个不同的元素。在选择"C++语言"时要求设计如下函数：

```
class Solution {
public:
    int findKthLargest(vector<int>& nums, int k) { }
};
```

例如，nums=[3,2,1,5,6,4]，$k=2$，结果是 5。nums=[3,2,3,2,1]，$k=2$，结果是 3。

解法 1

【解题思路】

本题要求在 n 个元素中求第 k 大的元素，实际上就是求第 $n-k+1$ 小的元素。重点设计求第 k 小的元素的算法。对于整数数组 nums，遍历一次求最小元素 mind 和最大元素

maxd,在[mind,maxd]区间通过二分查找求第 k 小的元素。对于长度至少为2的查找区间[low,high]（初始为[mind,maxd]），求 mid＝(low＋high)/2,同时求出 nums 中小于或等于 mid 的元素的个数 cnt:

（1）若 cnt≥k,说明 mid 作为第 k 小的元素大了,置 high＝mid(可能含 mid)。

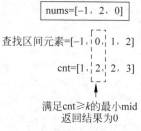

（2）否则说明 mid 作为第 k 小的元素小了,置 low＝mid＋1。

实际上就是求满足 cnt≥k 的最小 mid。例如 nums＝[−1,2,0],mind＝−1,max＝2,为了求第二大的元素,转为求第 k＝3−2＋1＝2 小的元素,求解过程如图 9.17 所示。

图 9.17　查找第 k＝2 小的元素的过程

【设计代码】

```
class Solution {
public:
    int findKthLargest(vector < int > & nums, int k)
    {   int mind＝nums[0],maxd＝nums[0];
        for(int i＝0;i < nums.size();i++)          //求最大、最小元素
        {   if(nums[i] > maxd)
                maxd＝nums[i];
            else if(nums[i] < mind)
                mind＝nums[i];
        }
        if(maxd＝＝mind)                            //所有元素相同时
            return maxd;
        return smallk(nums,mind,maxd,nums.size()−k+1);   //求第 n−k+1 小的元素
    }
    int smallk(vector < int > & nums, int low, int high, int k)   //求第 k 小的元素
    {   while (low < high)                          //查找区间长度至少为 2 时循环
        {   int mid＝(low＋high)/2;
            int cnt＝0;
            for (int i＝0;i < nums.size();i++)       //求 nums 中小于或等于 mid 的元素的个数 cnt
                if (nums[i] <= mid) cnt++;
            if(cnt >= k) high＝mid;                  //查找第一个大于或等于 k 的值
            else low＝mid+1;
        }
        return low;
    }
};
```

上述代码在提交时出现超时。因为在 smallk() 函数中查找区间[low,high]可能为负整数区间（在常规的二分查找中查找区间为数组下标,不可能出现这样的情况）,当其长度为2并且向左逼近时,mid 应该取 low 而不是 high,例如对于[−1,0]区间应该取 mid＝−1 而不是0,但采用 mid＝(low＋high)/2 时,求出的结果是 mid＝−1,为此改为 mid＝low＋(high−low)/2,这样就正确了,对应的代码如下:

```
class Solution {
```

```
public:
    int findKthLargest(vector < int > & nums,int k)
    {   int mind=nums[0],maxd=nums[0];
        for(int i=1;i<nums.size();i++)            //求最大、最小元素
        {   if(nums[i]>maxd)
                maxd=nums[i];
            else if(nums[i]<mind)
                mind=nums[i];
        }
        if(maxd==mind)                            //所有元素相同时
            return maxd;
        return smallk(nums,mind,maxd,nums.size()-k+1); //求第 n-k+1 小的元素
    }
    int smallk(vector < int > & nums,int low,int high,int k)    //求第 k 小的元素
    {   while (low<high)                          //查找区间长度至少为 2 时循环
        {   int mid=low+(high-low)/2;
            int cnt=0;
            for (int i=0;i<nums.size();i++)       //求 nums 中≤mid 的元素个数 cnt
                if (nums[i]<=mid) cnt++;
            if(cnt>=k) high=mid;                  //查找第一个大于或等于 k 的元素
            else low=mid+1;
        }
        return low;
    }
};
```

【提交结果】

执行结果：通过。执行用时 16ms，内存消耗 10MB(编程语言为 C++语言)。

解法 2

【解题思路】

采用 map < int,int >容器 mymap 求解，mymap[key]记录 key 整数出现的次数，由于 mymap 默认是递增的，从后向前累计较大元素的序号，当累计到 k 时，对应的整数即为所求。

视频讲解

【设计代码】

```
class Solution {
public:
    int findKthLargest(vector < int > & nums,int k)
    {   map < int,int > mymap;                    //定义一个 map 容器 mymap
        for(int i=0;i<nums.size();i++)            //累计 nums[i]出现的次数
            mymap[nums[i]]++;
        int cnt=0;
        auto it=mymap.end();
        it--;
        while (true)
        {   cnt+=it->second;
            if(cnt>=k) break;
            it--;
        }
        return it->first;
    }
};
```

【提交结果】

执行结果：通过。执行用时 40ms，内存消耗 12.1MB（编程语言为 C++语言）。

解法 3

【解题思路】

求出 nums 中的最大元素 maxd，再通过哈希映射 hmap 累计每个整数出现的次数，从 maxd 递减求第 k 大的元素 ans，最后返回 ans。

【设计代码】

```cpp
class Solution {
public:
    int findKthLargest(vector < int > & nums, int k)
    {   int maxd=nums[0];
        for(int i=1;i<nums.size();i++)
            if(nums[i]>maxd)
                maxd=nums[i];
        unordered_map < int,int > hmap;      //定义一个 unordered_map 容器 hmap
        for(int i=0;i<nums.size();i++)       //累计 nums[i]出现的次数
            hmap[nums[i]]++;
        int cnt=0;
        int key=maxd;                        //从 maxd 开始递减求第 k 大的元素
        int ans=0;
        while (true)
        {   cnt+=hmap[key];
            if(cnt>=k)
            {   ans=key;
                break;
            }
            key--;
        }
        return ans;
    }
};
```

【提交结果】

执行结果：通过。执行用时 28ms，内存消耗 11.6MB（编程语言为 C++语言）。

思考： 解法 2 中能否用 unordered_map 容器替代 map 容器？在解法 3 中能否用 map 容器替代 unordered_map 容器？

9.4.5 LeetCode380——以常数时间插入、删除和获取随机元素★★

视频讲解

【题目解读】

设计一个好的数据结构以支持插入、删除和获取随机元素，要求这些操作的时间复杂度为 $O(1)$。

（1）insert(val)：当元素 val 不存在时向集合中插入该项。

（2）remove(val)：当元素 val 存在时从集合中移除该项。

（3）getRandom()：随机返回现有集合中的一项。每个元素应该有相同的概率被返回。

在选择"C++语言"时要求设计如下函数：

```cpp
class RandomizedSet {
public:
    RandomizedSet() { }
    bool insert(int val) { }
    bool remove(int val) { }
    int getRandom() { }
};
```

【解题思路】

如果直接用一个 unordered_map 哈希表来实现,由于哈希表不支持随机查找,无法满足题目的要求。

为此用 vector < int >容器 nums 存放全部元素(若总有 n 个元素,每个唯一的元素的索引为 $0 \sim n-1$),另外建立一个哈希表 keyht,将插入的整数作为关键字,其中存放<关键字,索引>映射。插入运算十分简单,每次将 val 插入在 nums 的末尾,将其索引存放到 keyht 中,即 keyht[val]＝nums.size()－1。在删除 val 时,已有的元素的索引为 $0 \sim$ nums.size()－1,先通过 keyht 求出 val 的索引 i,将末尾关键字(其索引为 nums.size()－1)lastk 移到 i 索引处,置 lastk 的地址为 i,再从 keyht 中删除 val,从 nums 中删除末尾的元素。

例如,插入整数 2、5、3 后的结果如图 9.18(a)所示。现在删除 2,先在 keyht 中找到 2 对应的地址 0,将 nums 末尾的 3 移到地址 0 处,修改 keyht[3]＝0,从 keyht 中删除 2,从 nums 中删除末尾元素,结果如图 9.18(b)所示。

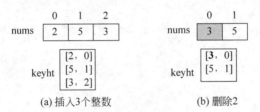

(a) 插入3个整数　　　　　　　　(b) 删除2

图 9.18　插入和删除操作的结果

由于哈希表的查找、插入和删除操作的时间复杂度为 $O(1)$,所以所有运算算法的时间复杂度也为 $O(1)$,满足题目的要求。

【设计代码】

```cpp
class RandomizedSet
{   vector < int > nums;                      //存放全部元素
    unordered_map < int, int > keyht;         //<关键字,索引>哈希表
public:
    RandomizedSet()                          //构造函数
    { }
    bool insert(int val)                     //插入 val
    {   if(keyht.find(val)==keyht.end())     //元素不存在时插入
        {   nums.push_back(val);             //在 nums 末尾插入 val
            keyht[val]=nums.size()-1;        //val 的索引为 nums.size()-1
            return true;
```

```
            }
            return false;
        }
        bool remove(int val)                        //删除 val
        {   if(keyht.find(val)!=keyht.end())         //找到 key
            {   int i=keyht[val];                    //找到 val 的索引 i
                int lasti=nums.size()-1;             //求出末尾索引 lasti
                int lastk=nums[lasti];               //求 lasti 索引对应的关键字 lastk
                nums[i]=lastk;                       //将末尾关键字移到 i 索引处
                keyht[lastk]=i;                      //置 lastk 的地址为 i
                keyht.erase(val);                    //删除 val 关键字
                nums.pop_back();                     //将 nums 末尾元素删除
                return true;
            }
            return false;
        }
        int getRandom()                             //随机返回一个 key
        {   int j=rand()%nums.size();                //返回 0～n-1 的随机数
            return nums[j];
        }
};
```

【提交结果】

执行结果：通过。执行用时 72ms，内存消耗 22.8MB（编程语言为 C++语言）。

第10章 内排序

10.1 基本排序方法

10.1.1 LeetCode1528——重新排列字符串★

视频讲解

【题目解读】

设计一个算法按 indices 数组（其值是 $0\sim n-1$ 的一个排列）位置重排字符串 s 的顺序，即第 i 个字符需要移动到 indices$[i]$ 指示的位置，返回重新排列后的字符串。在选择"C++语言"时要求设计如下函数：

```
class Solution {
public:
    string restoreString(string s, vector < int > & indices) {}
};
```

例如 $s=$ "codeleet"，indices$=[4,5,6,7,0,2,1,3]$，结果为"leetcode"，其过程如图 10.1 所示。

图 10.1 重排字符串 s 的过程

【解题思路】

定义一个与 s 长度相同的字符串 ans，按题目要求产生所有的字符即可。

【设计代码】

```
class Solution {
public:
    string restoreString(string s, vector < int > & indices)
    {   int n = s.size();
        string ans(n, 0);
        for(int i = 0; i < n; i++)
            ans[indices[i]] = s[i];            //将 s[i]存放到 ans[indices[i]]处
        return ans;
    }
};
```

【提交结果】

执行结果：通过。执行用时 12ms，内存消耗 15.2MB（编程语言为 C++语言）。

10.1.2 LeetCode912——排序数组★★

【题目解读】

设计一个算法对整数数组 nums 递增排序。在选择"C++语言"时要求设计如下函数：

```
class Solution {
public:
    vector < int > sortArray(vector < int > & nums) { }
};
```

视频讲解

例如，nums＝[5,2,3,1]，结果为[1,2,3,5]。

解法 1

【解题思路】

采用直接插入排序方法。

【设计代码】

```
class Solution {
public:
    vector < int > sortArray( vector < int > & nums)
    {   for (int i＝1;i < nums. size();i＋＋)
        {   if (nums[i] < nums[i－1])               //反序时
            {   int tmp＝nums[i];                   //将 nums[i]插入有序区
                int j＝i－1;
                do                                 //找 nums[i]的插入位置
                {   nums[j+1]＝nums[j];            //将大于 nums[i]的元素后移
                    j－－;
                } while (j >＝0 && nums[j] > tmp);
                nums[j+1]＝tmp;                     //在 j+1 处插入 nums[i]
            }
        }
        return nums;
    }
};
```

【提交结果】

执行结果：超时，通过了 11 个测试用例中的 10 个(编程语言为 C++语言)。

解法 2

【解题思路】

采用折半插入排序方法。

【设计代码】

```
class Solution {
public:
    vector < int > sortArray( vector < int > & nums)
    {   for (int i＝1;i < nums. size();i＋＋)
        {   if (nums[i] < nums[i－1])               //反序时
            {   int tmp＝nums[i];                   //将 nums[i]保存到 tmp 中
```

```
            int low=0,high=i-1;
            while (low<=high)                    //在 nums[low..high]中查找插入的位置
            {    int mid=(low+high)/2;           //取中间位置
                if (tmp<=nums[mid])
                    high=mid-1;                  //插入点在左半区
                else
                    low=mid+1;                   //插入点在右半区
            }                                    //找位置 high+1
            for (int j=i-1;j>=high+1;j--)        //集中进行元素的后移
                nums[j+1]=nums[j];
            nums[high+1]=tmp;                    //插入 tmp
        }
    }
    return nums;
    }
};
```

【提交结果】

执行结果：超时，通过了 11 个测试用例中的 11 个（编程语言为 C++语言）。

解法 3

【解题思路】

采用希尔排序方法（增量折半）。

【设计代码】

```
class Solution {
public:
    vector < int > sortArray(vector < int > & nums)
    {    int d=nums.size()/2;                    //增量置初值
        while (d>0)
        {    for(int i=d;i<nums.size();i++)      //对所有组采用直接插入排序
            {    int tmp=nums[i];                //对相隔 d 个位置一组采用直接插入排序
                int j=i-d;
                while (j>=0 && tmp<nums[j])
                {    nums[j+d]=nums[j];
                    j=j-d;
                }
                nums[j+d]=tmp;
            }
            d=d/2;                               //减小增量
        }
        return nums;
    }
};
```

【提交结果】

执行结果：通过。执行用时 48ms，内存消耗 15.3MB（编程语言为 C++语言）。

解法 4

【解题思路】

采用冒泡排序方法（较小的元素向前冒）。

【设计代码】

```cpp
class Solution {
public:
    vector < int > sortArray( vector < int > & nums)
    {   bool exchange;
        for (int i=0;i<nums.size()-1;i++)
        {   exchange=false;                          //一趟前 exchange 置为 false
            for (int j=nums.size()-1;j>i;j--)        //归位 nums[i],循环 n-i-1 次
                if (nums[j]<nums[j-1])               //相邻两个元素反序时
                {   int tmp=nums[j];                 //交换 nums[j]和 nums[j-1]
                    nums[j]=nums[j-1]; nums[j-1]=tmp;
                    exchange=true;                   //一旦有交换,exchange 置为 true
                }
            if (!exchange)                           //本趟没有发生交换,退出循环
                break;
        }
        return nums;
    }
};
```

【提交结果】

执行结果：超时,通过了 11 个测试用例中的 10 个(编程语言为 C++语言)。

解法 5

【解题思路】

采用快速排序方法(划分时以排序区间中的首元素为基准)。

【设计代码】

```cpp
class Solution {
public:
    vector < int > sortArray( vector < int > & nums)
    {   QuickSort(nums,0,nums.size()-1);
        return nums;
    }
    int Partition( vector < int > & nums, int s, int t)   //划分算法
    {   int i=s,j=t;
        int base=nums[s];                              //以表首元素为基准
        while (i<j)                                     //从表两端交替向中间遍历,直到 i=j 为止
        {   while (j>i && nums[j]>=base)
                j--;                                   //从后向前遍历,找一个小于基准的 nums[j]
            if (j>i)
            {   nums[i]=nums[j];                       //nums[j]前移覆盖 nums[i]
                i++;
            }
            while (i<j && nums[i]<=base)
                i++;                                   //从前向后遍历,找一个大于基准的 nums[i]
            if (i<j)
            {   nums[j]=nums[i];                       //nums[i]后移覆盖 nums[j]
                j--;
```

```
        }
    }
    nums[i]=base;                              //基准归位
    return i;                                  //返回归位的位置
}

void QuickSort(vector<int> & nums,int s,int t)  //对 nums[s..t]的元素进行快速排序
{   if (s<t)                                   //表中至少存在两个元素的情况
    {   int i=Partition(nums,s,t);
        QuickSort(nums,s,i-1);                 //对左子表递归排序
        QuickSort(nums,i+1,t);                 //对右子表递归排序
    }
}
};
```

【提交结果】

执行结果：通过。执行用时 24ms，内存消耗 15.3MB（编程语言为 C++语言）。

◢ 解 法 6 ◣

【解题思路】

采用快速排序方法（划分时随机选择排序区间中的一个元素为基准）。

【设计代码】

```
class Solution {
public:
    vector<int> sortArray(vector<int> & nums)
    {   QuickSort(nums,0,nums.size()-1);
        return nums;
    }
    int Partition(vector<int> & nums,int s,int t)  //划分算法
    {   int i=s,j=t;
        int base=nums[s];                      //以表首元素为基准
        while (i<j)                            //从表两端交替向中间遍历,直到i=j为止
        {   while (j>i && nums[j]>=base)
                j--;                           //从后向前遍历,找一个小于基准的 nums[j]
            if (j>i)
            {   nums[i]=nums[j];               //nums[j]前移覆盖 nums[i]
                i++;
            }
            while (i<j && nums[i]<=base)
                i++;                           //从前向后遍历,找一个大于基准的 nums[i]
            if (i<j)
            {   nums[j]=nums[i];               //nums[i]后移覆盖 nums[j]
                j--;
            }
        }
        nums[i]=base;                          //基准归位
        return i;                              //返回归位的位置
    }
    void QuickSort(vector<int> & nums,int s,int t)  //对 nums[s..t]的元素进行快速排序
    {   if (s<t)                               //表中至少存在两个元素的情况
```

```
        {   if (s−t>1)                         //nums[s..t]中至少有 3 个元素
            {   int j＝RAND(s,t);              //随机产生[s,t]中的整数 j
                swap(nums[s],nums[j]);          //交换 nums[s]和 nums[j]
            }
            int i＝Partition(nums,s,t);
            QuickSort(nums,s,i−1);              //对左子表递归排序
            QuickSort(nums,i+1,t);              //对右子表递归排序
        }
    }
    int RAND(int a,int b)                      //产生一个[a,b]的随机整数
    {   int n＝b−a+1;
        return a+rand()%n;
    }
};
```

【提交结果】

执行结果：通过。执行用时 24ms，内存消耗 15.1MB（编程语言为 C++语言）。

解法 7

【解题思路】

采用简单选择排序方法（每趟选择较小元素移动到前面）。

【设计代码】

```
class Solution {
public:
    vector < int > sortArray(vector < int > & nums)
    {   for (int i＝0;i<nums.size()−1;i++)     //做第 i 趟排序
        {   int k＝i;
            for (int j＝i+1;j<nums.size();j++)//在当前无序区 nums[i..n−1]中选最小元素
                                                //nums[k]
                if (nums[j]<nums[k])
                    k＝j;                       //k 记下目前找到的最小元素的位置
            if (k!＝i)                          //若 k 不等于 i
                swap(nums[i],nums[k]);          //交换 nums[i]和 nums[k]
        }
        return nums;
    }
};
```

【提交结果】

执行结果：超时，通过了 11 个测试用例中的 10 个（编程语言为 C++语言）。

解法 8

【解题思路】

采用堆排序方法（大根堆，每趟选择较大元素交换到后面）。

【设计代码】

```
class Solution {
public:
```

```
vector < int > sortArray(vector < int > & nums)
{   int n＝nums.size();
    for (int i＝n/2-1;i>=0;i－－)          //循环建立初始堆,调用 sift 算⌊n/2⌋次
        sift(nums,i,n-1);
    for (int i＝n-1;i>=1;i－－)            //进行 n-1 趟完成堆排序,每一趟堆中的元素个数减 1
    {   swap(nums[0],nums[i]);            //交换 nums[0]与 nums[i]
        sift(nums,0,i-1);                 //对 nums[0..i-1]继续筛选
    }
    return nums;
}
void sift(vector < int > & nums,int low,int high)
{   int i＝low,j＝2 * i+1;              //nums[j]是 nums[i]的左孩子
    int tmp＝nums[i];
    while (j <= high)
    {   if (j < high && nums[j]< nums[j+1])
            j++;                          //若右孩子较大,把 j 指向右孩子
        if (tmp < nums[j])               //若根结点小于最大孩子
        {   nums[i]＝nums[j];            //将 nums[j]调整到双亲结点位置上
            i＝j;                         //修改 i 和 j 值,以便继续向下筛选
            j＝2 * i+1;
        }
        else break;                       //若根结点大于或等于最大孩子,筛选结束
    }
    nums[i]＝tmp;                         //被筛选结点放入最终位置上
}
};
```

【提交结果】

执行结果：通过。执行用时 64ms,内存消耗 15.1MB(编程语言为 C++语言)。

解法9

【解题思路】

采用非递归二路归并排序方法(自底向上)。

【设计代码】

```
class Solution {
public:
    vector < int > sortArray(vector < int > & nums)
    {   for (int length＝1;length < nums.size();length＝2 * length)   //进行 log2n 趟归并
            MergePass(nums,length,nums.size());
        return nums;
    }
    void MergePass(vector < int > & nums,int length,int n)       //对整个排序序列进行一趟归并
    {   int i＝0;
        for (;i+2 * length-1 < n;i＝i+2 * length)      //归并 length 长的两个相邻子表
            Merge(nums,i,i+length-1,i+2 * length-1);
        if (i+length-1 < n-1)                          //余下两个子表,后者的长度小于 length
            Merge(nums,i,i+length-1,n-1);              //归并这两个子表
    }
    void Merge(vector < int > & nums,int low,int mid,int high)    //归并 nums[low..high]
```

```
        vector < int > tmp(high－low＋1);
        int i＝low,j＝mid＋1,k＝0;                    // i,j 分别为第 1、2 段的下标
        while (i <= mid && j <= high)               //在第 1 段和第 2 段均未扫描完时循环
        {   if (nums[i]<=nums[j])                    //将第 1 段中的元素归并到 tmp
            {   tmp[k]＝nums[i];
                i++;k++;
            }
            else                                     //将第 2 段中的元素归并到 tmp
            {   tmp[k]＝nums[j];
                j++;k++;
            }
        }
        while (i <= mid)                             //将第 1 段余下的部分复制到 tmp
        {   tmp[k]＝nums[i];
            i++;k++;
        }
        while (j <= high)                            //将第 2 段余下的部分复制到 tmp
        {   tmp[k]＝nums[j];
            j++;k++;
        }
        for (k＝0,i＝low;i<=high;k++,i++)            //将 tmp 复制到 nums[low..high]中
            nums[i]＝tmp[k];
    }
};
```

【提交结果】

执行结果：通过。执行用时 56ms,内存消耗 21.7MB(编程语言为 C++语言)。

解法 10

【解题思路】

采用递归二路归并排序方法(自顶向下)。

【设计代码】

```
class Solution {
public:
    vector < int > sortArray(vector < int > & nums)
    {   MergeSort(nums,0,nums.size()－1);
        return nums;
    }
    void MergeSort(vector < int > & nums,int low,int high)     //递归二路归并排序
    {   if (low < high)                           //排序区间中至少有两个元素时循环
        {   int mid＝(low＋high)/2;
            MergeSort(nums,low,mid);
            MergeSort(nums,mid＋1,high);
            Merge(nums,low,mid,high);
        }
    }
    void Merge(vector < int > & nums,int low,int mid,int high)     //归并 nums[low..high]
    {   vector < int > tmp(high－low＋1);
        int i＝low,j＝mid＋1,k＝0;                    // i,j 分别为第 1、2 段的下标
```

```
        while (i<=mid && j<=high)        //在第1段和第2段均未扫描完时循环
        {   if (nums[i]<=nums[j])        //将第1段中的元素归并到 tmp
            {   tmp[k]=nums[i];
                i++;k++;
            }
            else                         //将第2段中的元素归并到 tmp
            {   tmp[k]=nums[j];
                j++;k++;
            }
        }
        while (i<=mid)                   //将第1段余下的部分复制到 tmp
        {   tmp[k]=nums[i];
            i++;k++;
        }
        while (j<=high)                  //将第2段余下的部分复制到 tmp
        {   tmp[k]=nums[j];
            j++;k++;
        }
        for (k=0,i=low;i<=high;k++,i++)   //将 tmp 复制到 nums[low..high]中
            nums[i]=tmp[k];
    }
};
```

【提交结果】

执行结果：通过。执行用时 80ms，内存消耗 46.9MB(编程语言为 C++语言)。

10.2 快速排序的应用

视频讲解

10.2.1　STL 中的 sort()排序算法

　　STL 提供了 sort()排序算法用于对顺序存储结构的序列进行排序,其实现原理是：当元素个数 n 较小时采用直接插入排序算法排序,否则采用快速排序算法排序。所以 sort()是不稳定的,为此 STL 还提供了 stable_sort()算法,它是稳定的。

　　sort()是通过使用"<"比较运算符进行排序的,可以通过重载该运算符来定制排序方式。

视频讲解

10.2.2　LeetCode148──排序链表★★

【题目解读】

　　设计一个算法实现一个不带头结点的整数单链表 head 的递增排序。在选择"C++语言"时要求设计如下函数：

```
class Solution {
public:
    ListNode * sortList(ListNode * head) { }
};
```

例如,head=[4,2,1,3],排序结果是 head=[1,2,3,4]。

【解题思路】

采用快速排序方法。用(head,end)表示首结点为 head、尾结点之后的结点地址为 end 的单链表。为了方便,给单链表 head 添加一个头结点 h。

首先以 head 为基准 base,通过遍历 head 一次将所有小于 base 的结点 p 移动到表头(即删除结点 p,再将结点 p 插入头结点 h 之后),这样得到两个单链表,($h->$ next,base)为结点值均小于 base 结点的单链表,(base $->$ next,end)为结点值均大于或等于 base 结点的单链表,这样的过程就是单链表划分。然后两次递归调用分别排序单链表($h->$ next,base)和(base $->$ next,end),再合并,即将($h->$ next,base)、base 结点和(base $->$ next,end)依次连接起来得到递增有序单链表 h,最后返回 $h->$ next。

【设计代码】

```
class Solution {
public:
    ListNode *  sortList( ListNode *  head)
    {   head=quicksort(head,NULL);
        return head;
    }
    ListNode  *  quicksort( ListNode  *  head, ListNode  *  end)
    {   if (head==end || head->next==end)        //空表或者只有一个结点时返回 head
            return head;
        ListNode *  h= new ListNode(-1);          //为了方便,增加一个头结点
        h->next=head;
        ListNode *  base=head;                     //base 指向基准结点
        ListNode *  pre=head, * p=pre->next;
        while (p!=end)
        {   if(p->val < base->val)               //找到比基准值小的结点 p
            {   pre->next=p->next;               //通过 pre 结点删除结点 p
                p->next=h->next;                  //将结点 p 插入头结点 h 之后
                h->next=p;
                p=pre->next;                      //重置 p 指向结点 pre 的后继结点
            }
            else
            {   pre=p;                            //pre、p 同步后移
                p=pre->next;
            }
        }
        h->next=quicksort(h->next,base);          //前半段排序
        base->next=quicksort(base->next,end);     //后半段排序
        return h->next;
    }
};
```

【提交结果】

执行结果:超时(编程语言为 C++语言)。

【结果分析】

尽管是链表排序,上述快速排序算法的时间复杂度仍然是 $O(n\log_2 n)$,为什么会出现超时呢?而采用二路归并算法为什么不会出现超时呢?这是因为测试数据中有一个这样的数

据，$n=50\,000$，前面49\,999个整数是2～50\,000，最后一个整数是1，也就是说该数据基本正序，在这样的情况下快速排序呈现最坏的时间性能。

10.2.3 LeetCode922——按奇偶排序数组Ⅱ ★

视频讲解

【题目解读】

设计一个算法将整数数组 $a[0..n-1]$（n 为偶数，a 中的一半整数是奇数，另一半整数是偶数）排列成这样的序列：当 $a[i]$ 为奇数时，i 也是奇数；当 $a[i]$ 为偶数时，i 也是偶数，如果有多个满足条件的序列，求其中的任意一个。在选择"C++语言"时要求设计如下函数：

```cpp
class Solution {
public:
    vector < int > sortArrayByParityII(vector < int > & a) { }
};
```

例如，$a=[4,2,5,7]$，结果为$[4,5,2,7]$、$[4,7,2,5]$、$[2,5,4,7]$或$[2,7,4,5]$。

解法1

【解题思路】

采用整体建立顺序表的方法。相当于建立两个顺序表，遍历一遍数组把所有的偶数放到 $a[0]$、$a[2]$、$a[4]$等偶数序号中，再遍历一遍数组把所有的奇数依次放到 $a[1]$、$a[3]$、$a[5]$等奇数序号中。实际上可以将两次遍历数组合并起来，以提高性能。

【设计代码】

```cpp
class Solution {
public:
    vector < int > sortArrayByParityII(vector < int > & a)
    {   int n = a.size();
        vector < int > ans(n);
        int k0 = 0, k1 = 1;
        for(int i = 0; i < n; i++)
        {   if (a[i] % 2 == 0)                  //a[i]为偶数
            {   ans[k0] = a[i];                 //放在偶数索引处
                k0 += 2;
            }
            else                                //a[i]为奇数
            {   ans[k1] = a[i];                 //放在奇数索引处
                k1 += 2;
            }
        }
        return ans;
    }
};
```

【提交结果】

执行结果：通过。执行用时 28ms，内存消耗 21MB（编程语言为 C++语言）。

解法2

【解题思路】

采用类似快速排序中划分算法的思路。用 i 遍历所有偶数索引（从 0 开始），用 j 遍历

所有奇数索引(从 1 开始),当 $a[i]$ 为奇数元素并且 $a[j]$ 为偶数元素时将两者交换。

【设计代码】

```
class Solution {
public:
    vector < int > sortArrayByParityII(vector < int > & a)
    {   int n=a.size();;
        int i=0,j=1;
        while (i < n && j < n)
        {   if (a[i]%2==0)
                i+=2;                      //a[i]为偶数时跳过
            else if (a[j]%2==1)
                j+=2;                      //a[j]为奇数时跳过
            else
                swap(a[i],a[j]);           //a[i]和 a[j]两者交换
        }
        return a;
    }
};
```

【提交结果】

执行结果:通过。执行用时 32ms,内存消耗 20.9MB(编程语言为 C++语言)。

10.3 二路归并排序的应用 ※

10.3.1 LeetCode148——排序链表★★

题目解读参见 10.2.2 节。

视频讲解

【解题思路】

采用递归二路归并排序方法。用(head,end)表示首结点为 head、尾结点之后的结点地址为 end 的单链表。为了方便,给单链表 head 添加一个头结点 h。

先采用快慢指针法求出单链表(head,tail)的中间位置结点 slow(初始时 tail=NULL),将其分割为(head,slow)和(slow,tail)两个单链表。例如,head=[1,2,3]时,slow 指向结点 3,分割为[1,2]和[3]两个单链表;若 head=[1,2,3,4],slow 指向结点 3,分割为[1,2]和[3,4]两个单链表。对两个子单链表分别递归排序,再合并起来得到最终的排序单链表。

【设计代码】

```
class Solution {
public:
    ListNode * sortList(ListNode * head)
    {
        return sortList(head,NULL);
    }
    ListNode * sortList(ListNode * head, ListNode * tail)
    {   if (head==tail)                    //空表直接返回
            return head;
```

```
        else if (head -> next = = tail)              //只有一个结点时置 next 为 NULL 后返回
        {   head -> next = NULL;
            return head;
        }
        ListNode *  fast = head;                     //用快慢指针法求中间位置结点 slow
        ListNode *  slow = head;
        while (fast! = tail)
        {   fast = fast -> next;
            slow = slow -> next;                     //慢指针移动一次
            if (fast ! = tail)                       //快指针移动两次
                fast = fast -> next;
        }
        ListNode *  left = sortList(head, slow);     //递归排序(head, slow)
        ListNode *  right = sortList(slow, tail);    //递归排序(slow, tail)
        ListNode *  ans = Merge(left, right);        //合并
        return ans;
    }
    ListNode *  Merge(ListNode *  h1, ListNode *  h2)  //合并两个单链表 h1 和 h2
    {   ListNode *  h = new ListNode(0);
        ListNode *  p = h1, * q = h2, * r = h;
        while (p! = NULL && q! = NULL)
        {   if (p -> val <= q -> val)
            {   r -> next = p;
                p = p -> next;
            }
            else
            {   r -> next = q;
                q = q -> next;
            }
            r = r -> next;
        }
        if (p = = NULL)
            r -> next = q;
        if (q = = NULL)
            r -> next = p;
        return h -> next;
    }
};
```

【提交结果】

执行结果：通过。执行用时 128ms，内存消耗 47.6MB（编程语言为 C++语言）。

10.3.2　剑指 Offer51——数组中的逆序对★★★

视频讲解

【题目解读】

设计一个算法求一个数组 nums 的逆序数，数组中的一个元素与其后面每个小于它的元素构成一个逆序对，逆序对的总个数称为逆序数。在选择"C++语言"时要求设计如下函数：

```
class Solution {
```

```
public:
    int reversePairs(vector < int > & nums) {
    }
};
```

例如，nums＝[7,5,6,4]，逆序对有<7,5>、<7,6>、<7,4>、<5,4>、<6,4>，结果是 5。

解法 1

【解题思路】

采用递归二路归并排序方法求逆序数。在对 $a[low..high]$ 二路归并排序时，先产生两个有序段 $a[low..mid]$ 和 $a[mid+1..high]$，再进行合并，在合并过程中（设 $low \leqslant i \leqslant mid$，$mid+1 \leqslant j \leqslant high$）求逆序数如下：

(1) 当 $a[i] \leqslant a[j]$ 时不产生逆序对，归并 $a[i]$。

(2) 当 $a[i] > a[j]$ 时说明前半部分中 $a[i..mid]$ 都比 $a[j]$ 大，则 $<a[i], a[j]>$、……、$<a[mid], a[j]>$ 均为逆序对，对应的逆序对个数为 $mid-i+1$，如图 10.2 所示，归并 $a[j]$。也就是说，在归并有序段 2 中的元素时求逆序数。

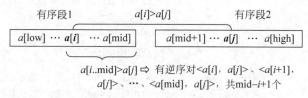

图 10.2　在两个有序段归并中求逆序数

用 ans 存放整数序列 a 的逆序数（初始为 0），对 a 进行递归二路归并排序，在合并中采用上述方法累计逆序数，最后输出 ans 即可。

【设计代码】

```
class Solution {
    int ans;                                    //存放逆序数
public:
    int reversePairs(vector < int > & nums)
    {    ans＝0;
        MergeSort2(nums,0,nums.size()−1);
        return ans;
    }
    void Merge(vector < int > & nums, int low, int mid, int high)
    //两个有序段二路归并为一个有序段 nums[low..high]
    {    vector < int > tmp;
        tmp.resize(high−low+1);                 //设置 tmp 的长度为 high−low+1
        int i＝low,j＝mid+1,k＝0;                 //k 是 tmp 的下标,i,j 分别为第 1、2 段的下标
        while (i<=mid && j<=high)               //在第 1 段和第 2 段均未扫描完时循环
        {    if (nums[i]>nums[j])               //将第 2 段中的元素放入 tmp 中
            {    tmp[k]＝nums[j];
                ans+＝mid−i+1;                    //累计逆序数
                j++; k++;
            }
            else                                //将第 1 段中的元素放入 tmp 中
            {    tmp[k]＝nums[i];
```

```
                    i++; k++;
                }
            }
            while (i<=mid)                  //将第 1 段余下的部分复制到 tmp
            {   tmp[k]=nums[i];
                i++; k++;
            }
            while (j<=high)                 //将第 2 段余下的部分复制到 tmp
            {   tmp[k]=nums[j];
                j++; k++;
            }
            for (k=0,i=low;i<=high;k++,i++)     //将 tmp 复制回 nums 中
                nums[i]=tmp[k];
        }
        void MergeSort2(vector<int> &nums, int s, int t)
        {   if (s>=t) return;               //nums[s..t]的长度为 0 或者 1 时返回
            int m=(s+t)/2;                  //取中间位置 m
            MergeSort2(nums,s,m);           //对前子表排序
            MergeSort2(nums,m+1,t);         //对后子表排序
            Merge(nums,s,m,t);              //将两个有序子表合并成一个有序表
        }
};
```

【提交结果】

执行结果：通过。执行用时 448ms，内存消耗 106.6MB（编程语言为 C++语言）。

解法 2

【解题思路】

仍然采用递归二路归并排序方法求逆序数，考虑每个元素排序中后面较小的并已经移动到其前面的元素个数。在对 $a[low..high]$ 二路归并排序时，先产生两个有序段 $a[low..mid]$ 和 $a[mid+1..high]$，再进行合并，在合并过程中（设 $low \leqslant i \leqslant mid, mid+1 \leqslant j \leqslant high$）求逆序数如下：

（1）当 $a[i] > a[j]$ 时归并 $a[j]$，不求逆序数。

（2）当 $a[i] \leqslant a[j]$ 时归并 $a[i]$，有序段 2 中 $a[mid+1..j-1]$ 均已经归并，说明它们都小于 $a[i]$，但都移动到 $a[i]$ 的前面，每个这样的元素与 $a[i]$ 构成一个逆序对，对应的逆序数为 $j-1-(mid+1)+1=j-mid-1$，如图 10.3 所示。

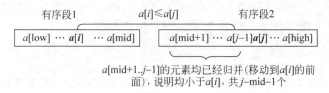

图 10.3　在两个有序段归并中求逆序数

当有序段 2 归并完毕而有序段 1 没有归并完，则对于有序段 1 中的剩余元素 $a[i]$，有序段 2 中的所有元素与 $a[i]$ 构成一个逆序对，对应的逆序数为 $high-(mid+1)+1=high-mid$。

用 ans 存放整数序列 a 的逆序数（初始为 0），对 a 进行递归二路归并排序，在合并中采用上述方法累计逆序数，最后输出 ans 即可。

【设计代码】

```
class Solution {
    int ans;                            //存放逆序数
public:
    int reversePairs(vector < int > & nums)
    {   ans=0;
        MergeSort2(nums,0,nums.size()-1);
        return ans;
    }
    void Merge(vector < int > & nums,int low,int mid,int high)
    //两个有序段二路归并为一个有序段 nums[low..high]
    {   vector < int > tmp;
        tmp.resize(high-low+1);         //设置 tmp 的长度为 high-low+1
        int i=low,j=mid+1,k=0;          //k 是 tmp 的下标,i、j 分别为第1、2 段的下标
        while (i<=mid && j<=high)        //在第1段和第2 段均未扫描完时循环
        {   if (nums[i]> nums[j])        //将第2 段中的元素放入 tmp 中
            {   tmp[k]=nums[j];
                j++; k++;
            }
            else                        //将第1段中的元素放入 tmp 中
            {   ans+=j-mid-1;           //累加 nums[i]位置前移的元素个数
                tmp[k]=nums[i];
                i++; k++;
            }
        }
        while (i<=mid)                   //将第1段余下的部分复制到 tmp
        {   ans+=high-mid;
            tmp[k]=nums[i];
            i++; k++;
        }
        while (j<=high)                  //将第2 段余下的部分复制到 tmp
        {   tmp[k]=nums[j];
            j++; k++;
        }
        for (k=0,i=low;i<=high;k++,i++)   //将 tmp 复制回 nums 中
            nums[i]=tmp[k];
    }
    void MergeSort2(vector < int > & nums,int s,int t)
    {   if (s>=t) return;               //nums[s..t]的长度为 0 或者 1 时返回
        int m=(s+t)/2;                  //取中间位置 m
        MergeSort2(nums,s,m);           //对前子表排序
        MergeSort2(nums,m+1,t);         //对后子表排序
        Merge(nums,s,m,t);              //将两个有序子表合并成一个有序表
    }
};
```

【提交结果】

执行结果:通过。执行用时 456ms,内存消耗 106.6MB(编程语言为 C++语言)。

【解法比较】

解法 1 与解法 2 的区别是：解法 1 是在归并有序段 2 中的元素 $a[j]$ 时求逆序数，解法 2 是在归并有序段 1 中的元素 $a[i]$ 时求逆序数；解法 2 中求出的逆序数同时也是相对 $a[i]$ 的逆序数，而解法 1 并非如此。

10.3.3　LeetCode315——计算右侧小于当前元素的个数★★★

视频讲解

【题目解读】

设计一个算法求整数数组 nums 中每个元素右侧小于该元素的个数，用新数组 counts 存放，即 counts[i] 的值是 nums[i] 右侧小于 nums[i] 的元素的数量。在选择"C++语言"时要求设计如下函数：

```
class Solution {
public:
    vector < int > countSmaller(vector < int > & nums) { }
};
```

例如，nums＝[5,2,6,1]，5 的右侧有两个更小的元素(2 和 1)，2 的右侧仅有一个更小的元素(1)，6 的右侧有一个更小的元素(1)，1 的右侧有 0 个更小的元素，结果 counts＝[2,1,1,0]。

【解题思路】

计算每个元素右侧小于它的个数就是求该元素的逆序数，采用 10.3.2 节中"剑指 Offer51——数组中的逆序对"的解法 2 的思路，由于递归二路归并排序会改变元素的次数位置，所以设置一个 R 向量保存每个元素值及其初始下标。

【设计代码】

```
struct IDX
{    int val;                                    //整数
     int idx;                                    //整数在 nums 中的下标
     IDX() {}                                    //构造函数
     IDX(int v, int i) : val(v), idx(i) {}       //重载构造函数
};
class Solution {
     vector < int > counts;                       //存放结果的数组
public:
     vector < int > countSmaller(vector < int > & nums)
{    int n＝nums.size();
     vector < IDX > R;                            //R 存放每个元素及其索引
     for (int i＝0;i < n;i＋＋)
{    R.push_back(IDX(nums[i],i));             //R 保存每个元素及其下标
     counts.push_back(0);                     //初始化 counts 的所有元素为 0
}
     MergeSort(R,0,n－1);
     return counts;
}
     void MergeSort(vector < IDX > & R, int low, int high)
```

```
{   if (low>=high) return;
    int mid=(low+high)/2;
    MergeSort(R,low,mid);
    MergeSort(R,mid+1,high);
    int i=low,j=mid+1;                      //二路归并
    vector<IDX> R1;                         //分配临时归并空间 R1
    while (i<=mid and j<=high)
    {   if (R[i].val<=R[j].val)             //R[i]元素较小
        {   R1.push_back(R[i]);             //归并 R[i]
            counts[R[i].idx]+=j-mid-1;      //累加 R[i]位置前移的元素个数
            i++;
        }
        else                                //R[j]元素较小
        {   R1.push_back(R[j]);             //归并 R[j]
            j++;
        }
    }
    while (i<=mid)                          //第 1 段没有遍历完
    {   R1.push_back(R[i]);
        counts[R[i].idx]+=high-mid;
        i++;
    }
    while (j<=high)                         //第 2 段没有遍历完
    {   R1.push_back(R[j]);
        j++;
    }
    for (int k=0,i=low;i<=high;k++,i++) //将 R1 复制回 R 中
        R[i]=R1[k];
}
};
```

【提交结果】

执行结果：通过。执行用时 1532ms，内存消耗 463.7MB(编程语言为 C++语言)。

10.3.4　LeetCode493——翻转对★★★

视频讲解

【题目解读】

设计一个算法求数组 nums 中重要翻转对的个数。在数组 nums 中如果 $i<j$ 且 nums$[i]>$ $2*$nums$[j]$，就将 (i,j) 称作一个重要翻转对，请返回给定数组中的重要翻转对的数量。
在选择"C++语言"时要求设计如下函数：

```
class Solution {
public:
    int reversePairs(vector<int>& nums) { }
};
```

例如，nums=[1,3,2,3,1]，重要翻转对有[3,1]、[3,1]，结果为 2。

【解题思路】

采用递归二路归并排序的思路，在对 a[low..high]二路归并排序时，先产生两个有序段

$a[\text{low..mid}]$和$a[\text{mid}+1\text{..high}]$,再进行合并,合并过程如下:

(1) 求翻转对的个数 ans,对于有序段 1 中的每个元素 $a[i]$,在 $a[\text{mid}+1\text{..high}]$中找到第一个满足 $a[i] \leqslant 2 * a[j]$ 的位置 j,则 $a[\text{mid}+1..j-1]$中的每个元素 $a[k]$均满足 $a[i] > 2 * a[k]$,对应的翻转对的个数 ans 增加 $j-\text{mid}-1$。

(2) 基本的二路归并合并过程。

最后返回 ans 即可。需要注意的是,在测试数据中会出现整数元素为 2147483647 的情况,若采用 int 类型,$2 \times 2\,147\,483\,647$ 超出了 int 类型的表示范围,为此采用 long long 类型的数组 arr 替代 nums 数组。

【设计代码】

```cpp
class Solution {
    int ans=0;
public:
    int reversePairs(vector < int > & nums)
    {   int n=nums.size();
        if(n==0)return 0;
        MergeSort(nums,0,n-1);
        return ans;
    }
    void MergeSort(vector < int > & nums,int low,int high)    //递归二路归并排序
    {   if(low==high) return;
        int mid=(low+high)/2;
        MergeSort(nums,low,mid);                              //nums[low..mid]排序
        MergeSort(nums,mid+1,high);                           //nums[mid+1..high]排序
        int j=mid+1;                                         //在合并之前求翻转对
        for(int i=low;i<=mid;i++)
        {   for(;j<=high && ((long long)nums[i]>2*(long long)nums[j]);j++);
            ans+=(j-mid-1);
        }
        Merge(nums,low,high);                                //真正的二路归并中的合并操作
    }
    void Merge(vector < int > & nums,int low,int high)        //nums[low..mid]和 nums[mid+1..high]
                                                             //归并
    {   int mid=(low+high)/2;
        int tmp[high-low+1];                                 //存放临时归并结果
        int k=0;
        int i=low,j=mid+1;
        for(;i<=mid && j<=high;)
        {   if(nums[i]<nums[j])
            {   tmp[k++]=nums[i];
                i++;
            }
            else
            {   tmp[k++]=nums[j];
                j++;
            }
        }
        for(;i<=mid;i++)
            tmp[k++]=nums[i];
        for(;j<=high;j++)
            tmp[k++]=nums[j];
```

```
            k=0;
            for(;low<=high;low++)
                nums[low]=tmp[k++];
        }
};
```

【提交结果】

执行结果：通过。执行用时 176ms，内存消耗 42.3MB（编程语言为 C++语言）。

10.4　　　　　堆（优先队列）的应用 ※

10.4.1　STL 中的 priority_queue 容器

priority_queue 是一个优先队列类模板。优先队列是一种具有受限访问操作的存储结构，元素可以以任意顺序进入优先队列。一旦元素进到优先队列中，出队操作将出队最高优先级的元素，元素值越大越优先的优先队列就是大根堆，元素值越小越优先的优先队列就是小根堆。

视频讲解

priority_queue 容器的主要成员函数及其功能说明如表 10.1 所示。

表 10.1　priority_queue 容器的主要成员函数及其功能说明

成员函数	功能说明
empty()	判断优先队列容器是否为空
size()	返回优先队列容器中的实际元素个数
push(e)	元素 e 进队
top()	获取队头元素
pop()	元素出队

优先队列中优先级的高低由队列中数据元素的关系函数（＜比较运算符）确定，用户可以使用默认的关系函数（对于内置数据类型，默认关系函数是值越大越优先），也可以重载自己编写的关系函数。

10.4.2　LeetCode973——最接近原点的 k 个点★★

【题目解读】

points 数组给出了二维空间中的若干点，设计一个算法求 k 个距离原点(0,0)最近的点（这里平面上两点之间的距离是欧几里得距离），可以按任何顺序返回答案。在选择"C++语言"时要求设计如下函数：

视频讲解

```
class Solution {
public:
    vector<vector<int>> kClosest(vector<vector<int>>& points, int k) { }
};
```

例如，points=[[1,3],[−2,2]]，k=1，这里点(1,3)和原点之间的距离为 sqrt(10)，点(−2,2)和原点之间的距离为 sqrt(8)，结果是[[−2,2]]。

解法1

【解题思路】

使用 STL 的 sort() 算法，将 points 中的所有点按到(0,0)原点的欧几里得距离递增排序，返回前面的 k 个点即可。

【设计代码】

```
struct Cmp                                    //定义关系函数()
{   bool operator()(vector < int > & u, const vector < int > & v) const
    {
        return u[0] * u[0]+u[1] * u[1]< v[0] * v[0]+v[1] * v[1]; //按欧几里得距离递增排序
    }
};
class Solution {
public:
    vector < vector < int >> kClosest( vector < vector < int >> & points, int k)
    {   sort(points.begin(), points.end(),Cmp());
        return {points.begin(), points.begin()+k};
    }
};
```

【提交结果】

执行结果：通过。执行用时 196ms，内存消耗 48.1MB（编程语言为 C++语言）。

解法2

【解题思路】

采用大根堆求解。大根堆 maxpq 的元素类型是[点到原点的距离,点编号]，先将 points 中的前 k 个点进队，再用 i 遍历 points 的剩余点，将小于堆顶距离的 points[i] 替换为该堆顶元素（即出队后将其进队），始终保持堆中恰好有 k 个元素。最后出队所有元素并将点坐标存放在 ans 中，这样 ans 中包含 k 个距离原点(0,0)最近的点，返回 ans 即可。

【设计代码】

```
class Solution {
public:
    vector < vector < int >> kClosest( vector < vector < int >> & points, int k)
    {   int n=points.size();
        priority_queue< pair < int, int >> maxpq;
        for (int i=0;i<k;i++)
            maxpq.push(pair < int,int >(dist(points[i]),i));
        for (int i=k;i<n;i++)
        {   int d=dist(points[i]);
            if (d< maxpq.top().first)
            {   maxpq.pop();
                maxpq.push(pair < int,int >(d, i));
            }
        }
        vector < vector < int >> ans;
        while (!maxpq.empty())
        {   ans.push_back(points[maxpq.top().second]);
```

```
            maxpq.pop();
        }
        return ans;
    }
    int dist(vector < int > & p)          //求点 p 到原点(0,0)的欧几里得距离
    {
        return p[0] * p[0] + p[1] * p[1];
    }
};
```

【提交结果】

执行结果：通过。执行用时 160ms，内存消耗 52MB(编程语言为 C++语言)。

10.4.3 LeetCode295——数据流的中位数★★★

视频讲解

【题目解读】

中位数是有序列表中间的数。如果列表长度是偶数，中位数则是中间两个数的平均值。设计一个支持以下两种操作的数据结构。

(1) void addNum(int num)：从数据流中添加一个整数到数据结构中。

(2) double findMedian()：返回目前所有元素的中位数。

在选择"C++语言"时要求设计如下函数：

```
class MedianFinder {
public:
    MedianFinder() { }
    void addNum(int num) { }
    double findMedian() { }
};
```

例如：

```
addNum(1);
addNum(2);
findMedian()          //列表是[1,2]，返回(1+2)/2=1.5
addNum(3);
findMedian()          //列表是[1,2,3]，返回 2
```

【解题思路】

用两个堆(即小根堆 minpq 和大根堆 maxpq)来实现。

当两个堆中共有偶数个整数时，保证两个堆中的整数个数相同；当两个堆中共有奇数个整数时，保证小根堆中多一个整数(堆顶整数就是中位数)。简单地说，用 minpq 存放最大的一半整数，用 maxpq 存放最小的一半整数。addNum(int num)的操作过程如下：

(1) 若小根堆 minpq 为空，将 num 插入 minpq 中，然后返回。

(2) 若 num 大于 minpq 堆顶元素，将 num 插入其中，否则将 num 插入 maxpq 中。

(3) 调整两个堆的整数个数，若 minpq 中的元素个数较少，取出 maxpq 的堆顶元素插入 minpq 中；若 minpq 比 maxpq 至少多两个元素，取出 minpq 的堆顶元素插入 maxpq 中(保证 minpq 比 maxpq 最多多一个整数)。

findMedian()的操作过程如下：

（1）若 minpq 和 maxpq 中的元素个数不相同，说明总元素个数为奇数，返回 minpq 堆顶元素即可。

（2）否则说明总元素个数为偶数，返回两个堆顶元素的平均值即可。

【设计代码】

```cpp
class MedianFinder {
    priority_queue<int, vector<int>, greater<int>> minpq;    //定义一个小根堆
    priority_queue<int> maxpq;                               //定义一个大根堆
public:
    MedianFinder()                                          //初始化
    { }
    void addNum(int num)                                    //插入 num
    {   if(minpq.empty())                                   //若小根堆空
        {   minpq.push(num);
            return;
        }
        if(num > minpq.top())                               //若 num 大于小根堆的堆顶元素
            minpq.push(num);                                //将 num 插入小根堆中
        else
            maxpq.push(num);                                //否则将 num 插入大根堆中
        while(minpq.size() < maxpq.size())                 //若小根堆的元素个数较少
        {   minpq.push(maxpq.top());
            maxpq.pop();                                    //取出大根堆的堆顶元素插入小根堆中
        }
        while(minpq.size() > maxpq.size()+1)               //若小根堆比大根堆至少多两个元素
        {   maxpq.push(minpq.top());
            minpq.pop();                                    //取出小根堆的堆顶元素插入大根堆中
        }
    }
    double findMedian()                                    //求中位数
    {   if (minpq.size() != maxpq.size())                  //总元素个数为奇数
            return minpq.top();
        else                                               //总元素个数为偶数
            return (minpq.top()+maxpq.top())/2.0;
    }
};
```

【提交结果】

执行结果：通过。执行用时 128ms，内存消耗 45.6MB（编程语言为 C++语言）。

10.4.4 LeetCode239——滑动窗口中的最大值★★★

视频讲解

【题目解读】

求整数数组 nums 中每个大小为 k（假设 k 是有效值）的滑动窗口中的最大值。在选择"C++语言"时要求设计如下函数：

```cpp
class Solution {
public:
    vector<int> maxSlidingWindow(vector<int>& nums, int k) { }
};
```

例如，nums＝[1,3,－1,－3,5,3,6,7],k＝3,第一个滑动窗口是[1,3,－1],最大值是3；第二个滑动窗口是[3,－1,－3],最大值是3,以此类推,结果是[3,3,5,5,6,7]。

【解题思路】

建立一个元素类型为$[i, nums[i]]$的大根堆(按 $nums[i]$ 值越大越优先)。用 i 遍历 nums 数组,处理 $nums[i]$ 的步骤是,将堆顶最大的已经过期的元素出队(堆中的元素个数可能大于 k,但始终保证堆顶是当前窗口中的最大值),将当前元素$[i, nums[i]]$进队,如果 $i \geq k-1$,则产生一个窗口最大值,即当前堆顶元素,将其添加到 ans 中。最后返回 ans。

【设计代码】

```cpp
struct QNode                                    //优先队列中的元素类型
{   int i;                                      //元素在 nums 中的下标
    int val;                                    //元素值
    QNode(int i1,int v1):i(i1),val(v1) { }      //重载构造函数
    bool operator <(const QNode &s) const       //重载<关系函数
    {
        return val < s.val;                     //val 越大越优先
    }
};
class Solution {
public:
    vector < int > maxSlidingWindow(vector < int > & nums, int k)
    {   int n＝nums.size();
        priority_queue < QNode > maxpq;
        vector < int > ans;
        for (int i＝0;i < n;i++)
        {   while (!maxpq.empty() && i－maxpq.top().i >＝k)
                maxpq.pop();                     //堆顶最大的过期的元素出队
            maxpq.push(QNode(i,nums[i]));        //当前元素进队
            if (i >＝k－1)                         //产生一个窗口最大值
                ans.push_back(maxpq.top().val);
        }
        return ans;
    }
};
```

【提交结果】

执行结果：通过。执行用时 340ms,内存消耗 142.1MB(编程语言为 C++语言)。

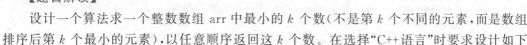

10.5 topk 问题

10.5.1 剑指 Offer40——最小的 k 个数★

视频讲解

【题目解读】

设计一个算法求一个整数数组 arr 中最小的 k 个数(不是第 k 个不同的元素,而是数组排序后第 k 个最小的元素),以任意顺序返回这 k 个数。在选择"C++语言"时要求设计如下

函数：

```
class Solution {
public:
    vector < int > getLeastNumbers(vector < int > & arr, int k) { }
};
```

例如，arr=[3,2,1]，k=2，结果是[1,2]或者[2,1]。若 arr=[0,1,2,1]，k=1，结果是[0]。

解法 1

【解题思路】

利用 STL 的 sort() 排序算法对 arr 递增排序，将前面 k 个较小的整数添加到 ans 中，最后返回 ans 即可。

【设计代码】

```
class Solution {
public:
    vector < int > getLeastNumbers(vector < int > & arr,int k)
    {   vector < int > ans;
        sort(arr.begin(),arr.end());
        for(int i=0;i < k;i++)
            ans.push_back(arr[i]);
        return ans;
    }
};
```

【提交结果】

执行结果：通过。执行用时 44ms，内存消耗 18.6MB(编程语言为 C++语言)。

解法 2

【解题思路】

采用快速排序的思路。按递增方式排序，若对 arr[s..t] 一次划分的基准归位的位置为 i，如果 k-1==i，则 arr[0..k-1] 即为所求；如果 k-1<i，则在左区间 arr[s..i-1] 中递归查找；如果 k-1>i，则在右区间 arr[i+1..t] 中递归查找。

【设计代码】

```
class Solution {
public:
    vector < int > getLeastNumbers(vector < int > & arr,int k)
    {   QuickSearch(arr,0,arr.size()-1,k);
        vector < int > ans;
        for(int i=0;i < k;i++)
            ans.push_back(arr[i]);
        return ans;
    }
    int Partition(vector < int > & arr,int s,int t)      //划分算法
    {   int i=s,j=t;
        int base=arr[s];                                 //以表首元素为基准
```

```
        while (i<j)                                  //从表两端交替向中间遍历,直到i=j为止
        {   while (j>i && arr[j]>=base)
                j--;                                 //从后向前遍历,找一个小于基准的arr[j]
            if (j>i)
            {   arr[i]=arr[j];                       //arr[j]前移覆盖arr[i]
                i++;
            }
            while (i<j && arr[i]<=base)
                i++;                                 //从前向后遍历,找一个大于基准的arr[i]
            if (i<j)
            {   arr[j]=arr[i];                       //arr[i]后移覆盖arr[j]
                j--;
            }
        }
        arr[i]=base;                                 //基准归位
        return i;                                    //返回归位的位置
    }
    void QuickSearch(vector<int> & arr,int s,int t,int k)    //在arr[s..t]中快速查找
    {   if(s>=t) return;
        int i=Partition(arr,s,t);
        if(k-1==i)                                   //找到后返回
            return;
        else if(k-1<i)                               //k-1<i的情况
            QuickSearch(arr,s,i-1,k);                //在左区间中递归查找
        else                                         //k-1>i的情况
            QuickSearch(arr,i+1,t,k);                //在右区间中递归查找
    }
};
```

【提交结果】

执行结果:通过。执行用时 20ms,内存消耗 18.6MB(编程语言为 C++语言)。

◁ 解法3 ▷

【解题思路】

采用小根堆 minpq 求解。先将 arr 中的全部元素进队,再出队 k 次并将出队元素存放
在 ans 中,这样 ans 中包含最小的 k 个整数,最后返回 ans 即可。

【设计代码】

视频讲解

```
class Solution {
public:
    vector<int> getLeastNumbers(vector<int> & arr,int k)
    {   priority_queue<int,vector<int>,greater<int>> minpq;    //小根堆
        for(int i=0;i<arr.size();i++)                         //所有元素进队
            minpq.push(arr[i]);
        vector<int> ans;
        for(int i=0;i<k;i++)                                  //出队k次得到最小的k个整数
        {   ans.push_back(minpq.top());
            minpq.pop();
        }
        return ans;
    }
};
```

【提交结果】

执行结果：通过。执行用时 40ms，内存消耗 20.1MB（编程语言为 C++语言）。

解法 4

【解题思路】

采用大根堆 maxpq 求解。先将 arr 中的前 k 个元素进队，再用 i 遍历 arr 的剩余元素，将小于堆顶元素的 $arr[i]$ 替换为该堆顶元素（即出队后将 $arr[i]$ 进队），始终保持堆中恰好有 k 个元素。接着出队所有元素并存放在 ans 中，这样 ans 中包含最小的 k 个整数，最后返回 ans 即可。

【设计代码】

```cpp
class Solution {
public:
    vector < int > getLeastNumbers(vector < int > & arr, int k)
    {   vector < int > ans;
        if(k==0) return ans;                      //k=0 时返回空
        priority_queue < int > maxpq;             //大根堆
        for(int i=0;i<k;i++)                      //进队 k 个整数
            maxpq.push(arr[i]);
        for(int i=k;i<arr.size();i++)            //处理其他整数
        {   if(arr[i]<maxpq.top())
            {   maxpq.pop();
                maxpq.push(arr[i]);
            }
        }
        while(!maxpq.empty())                     //出队所有整数得到 ans
        {   ans.push_back(maxpq.top());
            maxpq.pop();
        }
        return ans;
    }
};
```

【提交结果】

执行结果：通过。执行用时 40ms，内存消耗 19.2MB（编程语言为 C++语言）。

10.5.2 LeetCode215——数组中的第 k 个最大元素★★

视频讲解

【题目解读】

设计一个算法求无序数组 nums 中第 k（$1 \leq k \leq$ 数组的长度）大的整数。注意，不是第 k 个不同的元素，而是数组排序后第 k 最大的元素。在选择"C++语言"时要求设计如下函数：

```cpp
class Solution {
public:
    int findKthLargest(vector < int > & nums, int k) { }
};
```

例如，nums=[3,2,1,5,6,4]，k=2，nums 递减排序后是[6,5,4,3,2,1]，结果是 5，若

$k=5$,结果是 2。

解法 1

【解题思路】

利用 STL 的 sort() 排序算法对 nums 进行递减排序,最后返回 nums[$k-1$] 即可。

【设计代码】

```
class Solution {
public:
    int findKthLargest(vector < int > & nums, int k)
    {   sort(nums.begin(),nums.end(),greater<int>());        //递减排序
        return nums[k-1];
    }
};
```

【提交结果】

执行结果:通过。执行用时 8ms,内存消耗 9.7MB(编程语言为 C++语言)。

解法 2

【解题思路】

采用冒泡排序方法(递减排序,将较大的元素向前冒),在做了 k 趟排序后,nums[$k-1$] 就是第 k 大的元素。

【设计代码】

```
class Solution {
public:
    int findKthLargest(vector < int > & nums,int k)
    {   int n=nums.size();
        bool exchange;
        for (int i=0;i<k;i++)                    //做 k 趟递减排序
        {   exchange=false;                      //一趟排序前将 exchange 置为 false
            for (int j=n-1;j>i;j--)              //归位 nums[i],循环 n-i-1 次
                if (nums[j]>nums[j-1])           //相邻两个元素反序时
                {   swap(nums[j],nums[j-1]);     //交换 nums[j] 和 nums[j-1]
                    exchange=true;               //一旦有交换,将 exchange 置为 true
                }
            if (!exchange)                       //本趟没有发生交换,退出循环
                break;
        }
        return nums[k-1];
    }
};
```

【提交结果】

执行结果:通过。执行用时 288ms,内存消耗 9.8MB(编程语言为 C++语言)。

解法 3

【解题思路】

采用简单选择排序方法(递减排序,每趟选择一个较大的元素),在做了 k 趟排序后,nums[$k-1$] 就是第 k 大的元素。

【设计代码】

```cpp
class Solution {
public:
    int findKthLargest(vector < int > & nums, int k)
    {   int n=nums.size();
        for (int i=0;i<k;i++)                    //做 k 趟递减排序
        {   int maxi=i;
            for (int j=i+1;j<n;j++)              //在无序区 nums[i..n-1]中选最大元素
                if (nums[j]>nums[maxi])
                    maxi=j;                      //maxi 记下目前找到的最大元素的位置
            if (maxi!=i)                         //若 maxi 不等于 i
                swap(nums[i],nums[maxi]);        //交换 nums[i]和 nums[maxi]
        }
        return nums[k-1];
    }
};
```

【提交结果】

执行结果：通过。执行用时 224ms，内存消耗 9.7MB（编程语言为 C++语言）。

解法 4

【解题思路】

采用快速排序的思路。按递减方式排序，若对 nums[$s..t$]一次划分的基准归位的位置为 i，如果 $k-1==i$，则 nums[$k-1$]即为所求；如果 $k-1<i$，则在左区间 nums[$s..i-1$]中递归查找，如果 $k-1>i$，则在右区间 nums[$i+1..t$]中递归查找。

【设计代码】

```cpp
class Solution {
public:
    int findKthLargest(vector < int > & nums, int k)
    {   QuickSearch(nums,0,nums.size()-1,k);
        return nums[k-1];
    }
    int Partition(vector < int > & nums,int s,int t)  //一次划分:递减排序
    {   int i=s,j=t;
        int base=nums[i];                    //以 nums[i]为基准
        while (i<j)                          //从两端交替向中间扫描,直到 i=j 为止
        {   while (j>i && nums[j]<=base)
                j--;                         //从右向左扫描,找一个大于 base 的 nums[j]
            if(i<j)
            {   nums[i]=nums[j];             //找到 nums[j],放到 nums[i]处
                i++;
            }
            while (i<j && nums[i]>=base)
                i++;                         //从左向右扫描,找一个小于 base 的 nums[i]
            if(i<j)
            {   nums[j]=nums[i];             //找到 nums[i],放到 nums[j]处
                j--;
            }
```

```
        }
        nums[i]=base;
        return i;
    }
    void QuickSearch(vector<int>& nums,int s,int t,int k)    //在nums[s..t]中快速查找
    {   if(s>=t) return;
        int i=Partition(nums,s,t);
        if(k-1==i)                          //找到后返回
            return;
        else if(k-1<i)                      //k-1<i的情况
            QuickSearch(nums,s,i-1,k);      //在左区间中递归查找
        else                                //k-1>i的情况
            QuickSearch(nums,i+1,t,k);      //在右区间中递归查找
    }
};
```

【提交结果】

执行结果：通过。执行用时 44ms,内存消耗 9.7MB(编程语言为 C++语言)。

解法 5

【解题思路】

采用大根堆的优先队列 maxpq 求解。先将 nums 中的全部元素进队,再出队 k 次,最后出队的那个元素就是第 k 个最大的元素。

【设计代码】

视频讲解

```
class Solution {
public:
    int findKthLargest(vector<int>& nums,int k)
    {   priority_queue<int> maxpq;          //大根堆
        for(int i=0;i<nums.size();i++)      //全部元素进队
            maxpq.push(nums[i]);
        int ans;
        for(int i=0;i<k;i++)                //出队 k 次
        {   ans=maxpq.top();
            maxpq.pop();
        }
        return ans;
    }
};
```

【提交结果】

执行结果：通过。执行用时 8ms,内存消耗 10.2MB(编程语言为 C++语言)。

解法 6

【解题思路】

采用小根堆的优先队列 minpq。先将 nums 中的前 k 个元素进队,再用 i 遍历 nums 的剩余元素,将大于堆顶元素的 nums[i]替换为该堆顶元素(即出队后将 nums[i]进队),始终保持堆中恰好有 k 个元素。最后返回的堆顶元素就是第 k 个最大的元素。

【设计代码】

```
class Solution {
public:
    int findKthLargest(vector < int > & nums, int k)
    {   priority_queue < int, vector < int >, greater < int >> minpq;    //小根堆
        for(int i=0;i<k;i++)                                              //进队前 k 个整数
            minpq.push(nums[i]);
        for(int i=k;i<nums.size();i++)                                    //处理其他的整数
        {   if(nums[i]>minpq.top())
            {   minpq.pop();
                minpq.push(nums[i]);
            }
        }
        return minpq.top();                                               //返回堆顶整数
    }
};
```

【提交结果】

执行结果：通过。执行用时 12ms，内存消耗 9.9MB（编程语言为 C++语言）。

10.5.3　LeetCode703——数据流中的第 k 大元素★

【题目解读】

设计一个找到数据流中第 k 大元素的类。注意是排序后的第 k 大元素，而不是第 k 个不同的元素。请实现 KthLargest 类。

① KthLargest(int k,int[ ] nums)：使用整数 k 和整数流 nums 初始化对象。

② int add(int val)：将 val 插入数据流 nums 后返回当前数据流中第 k 大的元素。

在选择"C++语言"时要求设计如下函数：

```
class KthLargest {
public:
    KthLargest(int k, vector < int > & nums) { }
    int add(int val) { }
};
```

【解题思路】

维护一个大小为 K 的小根堆（存放最大的 K 个整数），那么堆顶元素就是第 K 大的元素。使用 STL 的优先队列构建堆。

【设计代码】

```
class KthLargest {
    priority_queue < int, vector < int >, greater < int >> minpq;
    int K;
public:
    KthLargest(int k, vector < int > & nums)                             //初始化
    {   int n=nums.size();
        K=k;
        if(n<k)
```

```
    {   for(int i=0;i<n;i++)
            minpq.push(nums[i]);
    }
    else
    {   for(int i=0;i<k;i++)
            minpq.push(nums[i]);
        for(int i=k;i<n;i++)
        {   if(minpq.top()<nums[i])
            {   minpq.pop();
                minpq.push(nums[i]);
            }
        }
    }
}

int add(int val)                                    //添加一个元素 val
{   if(minpq.size()<K)
        minpq.push(val);
    else
    {   if(minpq.size()==K)
        {   if(minpq.top()<val)
            {   minpq.pop();
                minpq.push(val);
            }
        }
    }
    return minpq.top();
}
};
```

【提交结果】

执行结果：通过。执行用时 44ms，内存消耗 19.4MB(编程语言为 C++语言)。

10.5.4　LeetCode347——前 k 个高频元素★★

【题目解读】

非空整数数组 nums 中的元素可能重复出现，设计一个算法求其中出现频率前 k(假设 k 值是有效的)高的元素。在选择"C++语言"时要求设计如下函数：

```
class Solution {
public:
    vector<int> topKFrequent(vector<int>& nums, int k) { }
};
```

例如，nums=[1,1,1,2,2,3]，$k=2$，1 出现 3 次，2 出现两次，3 出现一次，出现频率前 2 高的元素是 1 和 2，结果是[1,2]。

解法1

【解题思路】

使用 unordered_map 容器 hmap 累计每个不同元素出现的次数。建立一个小根堆优先队列 minpq(按出现次数越小越优先出队)，先将 hmap 中的前 k 个元素进队，再遍历 hmap

的剩余元素 it，将出现次数大于堆顶元素的 it 替换为该堆顶元素（即出队后将 it 进队），始终保持堆中恰好有 k 个元素。最后出队的所有元素就是前 k 个高频元素。

【设计代码】

```cpp
struct PNode                                    //优先队列元素类型:可以用 pair 代替
{   int key;                                    //关键字
    int cnt;                                    //出现的次数
    PNode(int k,int c):key(k),cnt(c) {}
    bool operator <(const PNode &s) const        //重载<关系函数
    {
        return cnt > s.cnt;                      //按 cnt 越小越优先
    }
};
class Solution {
public:
    vector < int > topKFrequent( vector < int > & nums, int k)
    {   unordered_map < int, int > hmap;
        vector < int > ans;
        priority_queue < PNode > minpq;
        for(int i=0;i<nums.size();i++)          //用 hmap 累计每个整数出现的次数
            hmap[nums[i]]++;
        for(auto it=hmap.begin();it!=hmap.end();it++)  //遍历 hmap
        {   if(minpq.size()< k)                 //进队 k 个整数
                minpq.push(PNode(it-> first,it-> second));
            else                                //处理剩余的整数
            {   if(minpq.top().cnt < it-> second)
                {   minpq.pop();
                    minpq.push(PNode(it-> first,it-> second));
                }
            }
        }
        while(!minpq.empty())                   //出队所有整数
        {   ans.push_back(minpq.top().key);
            minpq.pop();
        }
        return ans;
    }
};
```

【提交结果】

执行结果：通过。执行用时 16ms，内存消耗 13.3MB（编程语言为 C++语言）。

解法 2

【解题思路】

使用 unordered_map 容器 hmap 累计每个不同元素出现的次数。将 hmap 的所有元素插入 vector 容器 tmpv 中，再对 tmpv 按出现次数递减排序，然后返回前 k 个元素即可。

【设计代码】

```
struct PNode                                    //向量中的元素类型:可以用 pair 代替
{    int key;                                   //整数关键字
     int cnt;                                   //出现次数
     PNode(int k,int c):key(k),cnt(c) {}
     bool operator <(const PNode &s) const       //重载<关系函数,用于排序
     {
          return cnt > s.cnt;                    //用于按 cnt 递减排序
     }
};
class Solution {
public:
     vector < int > topKFrequent(vector < int > & nums, int k)
     {    unordered_map < int, int > hmap;
          vector < int > ans;
          for(int i=0;i < nums.size();++i)
               hmap[nums[i]]++;
          vector < PNode > tmpv;
          for(auto it=hmap.begin();it!=hmap.end();it++)
               tmpv.push_back(PNode(it -> first,it -> second));
          sort(tmpv.begin(),tmpv.end());
          for(int i=0;i < k;++i)
               ans.push_back(tmpv[i].key);
          return ans;
     }
};
```

【提交结果】

执行结果:通过。执行用时 20ms,内存消耗 13.3MB(编程语言为 C++ 语言)。

思考:在上述两个算法中是否可以将 unordered_map 容器改为 map 容器?

10.6   基数排序及其应用 ※

10.6.1   LeetCode75——颜色分类★★

视频讲解

【题目解读】

设计一个空间复杂度为 $O(1)$ 的算法,对一个仅含 0、1 或者 2 元素(分别代表红色、白色和蓝色)的数组 nums 递增排序。在选择"C++语言"时要求设计如下函数:

```
class Solution {
public:
     void sortColors(vector < int > & nums) { }
};
```

例如,nums=[2,0,2,1,1,0],结果为[0,0,1,1,2,2]。

【解题思路】

采用基数排序方法。nums 中的每个元素为 0、1 或者 2，只需要一趟基数排序和 3 个队列，队列用 qu[0..2] 表示，由于同一个队列中的所有元素相同，只需要计数即可。

先进行分配，即通过遍历 nums 数组累计 0、1 或者 2 的元素个数。再进行收集，即按 qu[0]、qu[1] 和 qu[2] 的值重置 nums 数组中的元素。

【设计代码】

```cpp
class Solution {
public:
    void sortColors(vector < int > & nums)
    {   int qu[3];
        memset(qu, 0, sizeof(qu));          //初始化元素为 0
        for(int j=0; j<nums.size(); j++)    //分配
            qu[nums[j]]++;
        int k=0;
        for(int i=0; i<3; i++)              //收集
            for(int j=0; j<qu[i]; j++)
                nums[k++]=i;
    }
};
```

【提交结果】

执行结果：通过。执行用时 4ms，内存消耗 7.9MB（编程语言为 C++语言）。

解法2

【解题思路】

采用区间划分法。对于数组 $a[0..n-1]$，j 从 0 开始遍历其元素，$a[0..i]$ 表示"0 元素区间"（初始时该区间为空，即 $i=-1$），$a[i+1..j-1]$ 表示"1 元素区间"（初始 $j=0$ 时该区间为空），$a[k..n-1]$ 表示"2 元素区间"（初始时该区间为空，即 $k=n$），如图 10.4 所示。处理 $a[j]$ 的方式如下：

(1) 若 $a[j]==0$，将其移动到"0 元素区间"的末尾，通过 $a[++i]$ 与 $a[j]$ 交换实现，再执行 $j++$。

(2) 若 $a[j]==1$，直接将 $a[j]$ 放置到"1 元素区间"的末尾，再执行 $j++$。

(3) 若 $a[j]==2$，将其移动到"2 元素区间"的开头，通过 $a[--k]$ 与 $a[j]$ 交换实现，此时新的 $a[j]$ 可能是 0～2，需要继续处理 $a[j]$，这里不能执行 $j++$。

数组 a 遍历完毕得到满足要求的排序结果。

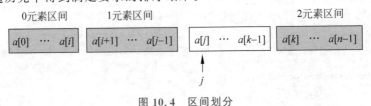

图 10.4　区间划分

【设计代码】

```cpp
class Solution {
public:
    void sortColors(vector < int > & nums)
    {   int i=-1, j=0, k=nums.size();
        while (j < k)
        {   if (nums[j]==0)                    //nums[j]=0 的情况
            {   i++;
                swap(nums[i], nums[j]);
                j++;
            }
            else if (nums[j]==2)               //nums[j]=2 的情况
            {   k--;
                swap(nums[k], nums[j]);
            }
            else j++;                          //nums[j]=1 的情况
        }
    }
};
```

【提交结果】

执行结果：通过。执行用时 4ms,内存消耗 7.9MB(编程语言为 C++语言)。

10.6.2 LeetCode164——最大间距★★★

视频讲解

【题目解读】

给定一个无序数组(元素均为非负整数),设计一个算法求在排序之后相邻元素之间最大的差值,如果数组元素的个数小于 2,则返回 0。在选择"C++语言"时要求设计如下函数:

```cpp
class Solution {
public:
    int maximumGap(vector < int > & nums) {}
};
```

例如,nums=[3,6,9,1],结果为 3,具有最大差值的两个元素是[3,6]或者[6,9]。

解 法 1

【解题思路】

将 nums 数组递增排序后,通过遍历求相邻元素的差值,再比较求出最大差值即可。直接调用 STL 的 sort()算法求解。

【设计代码】

```cpp
class Solution {
public:
    int maximumGap(vector < int > & nums)
    {   int n=nums.size();
        if(n < 2) return 0;
        sort(nums.begin(), nums.end());
        int ans=0;
```

```
        for (int i=1;i<n;i++)                          //求最大的差值
            ans=max(ans,nums[i]-nums[i-1]);
        return ans;
    }
};
```

【提交结果】

执行结果：通过。执行用时 12ms，内存消耗 8.4MB（编程语言为 C++语言）。

解法 2

【解题思路】

解题思路与解法 1 相同，但解法 1 中使用的 sort()算法的时间复杂度为 $O(n\log_2 n)$，能不能降低为 $O(n)$ 呢？基数排序可以达到这个目的。一般教科书讨论的是链表的基数排序，这里讨论数组的基数排序算法，其基本过程是：首先求出 nums 数组中的最大数 maxv，假设有 d 位，循环 d 趟，设置 10 个队列 qu[10]，qu[k]表示排序位的数为 k 的元素的个数，将每趟排序结果存放在 tmp 中，再复制到 nums 数组做下一趟排序。

【设计代码】

```
class Solution {
public:
    int maximumGap(vector<int> & nums)
    {   int n=nums.size();
        if(n<2) return 0;
        vector<int> tmp(n);                         //tmp 存放每一趟基数排序后的结果
        int maxv=nums[0];
        for(int i=1;i<n;i++)
            if (nums[i]>maxv) maxv=nums[i];
        int base=1;                                 //从个位开始,个位的十进制基是 1
        while(maxv>0)                               //从个位到高位基数排序
        {   vector<int> qu(10);                     //定义 10 个队
            for(int j=0;j<n;j++)
            {   int k=(nums[j]/base) % 10;          //k 为 nums[j]对应位的数
                qu[k]++;
            }
            for(int j=1;j<10;j++)      //求前缀和,将每个队元素个数变为在数组中的下标
                qu[j]+=qu[j-1];
            for(int j=n-1;j>=0; j--)
            {   int k=(nums[j]/base) % 10;          //k 为 nums[j]对应位的数
                tmp[qu[k]-1]=nums[j];               //nums[j]排序后的位置是 qu[k]-1
                qu[k]--;                            //每排序一个元素,位置前移
            }
            for(int j=0;j<n;j++)                    //将临时数组复制给 nums
                nums[j]=tmp[j];
            base *= 10;                             //十进制基递增
            maxv/=10;                               //maxv 的位数递减
        }
        int ans=0;
        for (int i=1;i<n;i++)                       //求最大的差值
            ans=max(ans,nums[i]-nums[i-1]);
```

```
        return ans;
    }
};
```

【提交结果】

执行结果：通过。执行用时 8ms,内存消耗 8.5MB(编程语言为 C++语言)。

附录 A 所有在线编程题目列表

题 号	题 名	难度	章节	说 明
LeetCode1	两数之和	★	1.2.3	
LeetCode4	寻找两个正序数组的中位数	★★★	2.2.4	二路归并
			9.1.8	用 C 和 C++语言采用递归和非递归方法求解
LeetCode7	整数反转	★	1.2.1	
LeetCode14	最长公共前缀	★	4.1.2	
LeetCode20	有效的括号	★	3.2.2	分别用 C 和 C++语言求解
LeetCode21	合并两个有序链表	★	2.5.3	
LeetCode23	合并 k 个升序链表	★★★	2.5.4	分别采用二路归并方法和 k 路归并方法求解
LeetCode24	两两交换链表中的结点	★★	2.4.7	分别采用整体建表法、删除插入法和三指针法求解
			5.1.5	递归求解
LeetCode25	k 个一组翻转链表	★★★	2.4.12	
LeetCode26	删除有序数组中的重复项	★	2.2.1	分别采用整体建表法和前移法求解
LeetCode27	移除元素	★	2.1.3	分别采用整体建表法和前移法求解
LeetCode28	实现 strStr()	★	4.2.1	分别采用 BF 算法和 KMP 算法求解
LeetCode33	搜索旋转有序数组	★★	9.1.5	采用查找基准位置的二分查找和直接二分查找求解
LeetCode34	在有序数组中查找元素的第一个和最后一个位置	★★	9.1.4	利用 STL 的通用二分查找算法和采用二分查找求解
LeetCode35	搜索插入位置	★	9.1.3	采用二分查找和利用 STL 的通用二分查找算求解
LeetCode50	Pow(x,n)	★★	5.1.2	
LeetCode51	n 皇后	★★★	5.2.2	分别采用递归和非递归算法求解
LeetCode59	螺旋矩阵Ⅱ	★★	5.2.1	
LeetCode66	加一	★	1.2.2	
LeetCode67	二进制求和	★	2.1.2	
LeetCode75	颜色的分类	★★	10.6.1	分别采用基数排序法和区间划分法求解
LeetCode80	删除有序数组中的重复项	★★	2.2.2	分别采用整体建表法和前移法求解

题　号	题　　名	难度	章节	说　　明
LeetCode81	搜索旋转有序数组Ⅱ	★★	9.1.6	
LeetCode82	删除有序链表中的重复元素Ⅱ	★★	2.5.2	
LeetCode83	删除有序链表中的重复元素	★	2.5.1	
LeetCode86	分隔链表	★★	2.4.6	
LeetCode88	合并两个有序数组	★	2.2.3	
LeetCode92	翻转链表Ⅱ	★★	2.4.4	
LeetCode94	二叉树的中序遍历	★★	7.1.3	分别采用递归和非递归中序遍历算法求解
LeetCode95	不同的二叉排序树Ⅱ	★★	9.2.2	
LeetCode96	不同的二叉排序树	★★	9.2.1	
LeetCode98	验证二叉排序树	★★	9.2.6	
LeetCode100	相同的树	★	7.4.5	分别采用递归先序遍历和先序序列化方法求解
LeetCode101	对称二叉树	★	7.3.11	分别采用递归先序遍历和基本层次遍历算法求解
LeetCode102	二叉树的层次遍历	★★	7.2.1	分别采用基本层次遍历和分层次的层次遍历算法求解
LeetCode104	二叉树的最大深度	★	7.3.6	分别采用后序遍历递归算法和分层次的层次遍历算法求解
LeetCode105	从先序与中序遍历序列构造二叉树	★★	7.4.1	
LeetCode106	从中序与后序遍历序列构造二叉树	★★	7.4.2	
LeetCode107	二叉树的层次遍历Ⅱ	★★	7.2.2	
LeetCode110	平衡二叉树	★	9.3.2	
LeetCode111	二叉树的最小深度	★	7.3.7	分别采用后序遍历递归算法和分层次的层次遍历算法求解
LeetCode112	路径总和	★	7.3.13	分别采用递归先序遍历和基本层次遍历算法求解
LeetCode113	路径总和Ⅱ	★★	7.3.15	分别采用递归先序遍历和基本层次遍历算法求解
LeetCode114	二叉树展开为链表	★★	7.3.5	分别采用递归后序遍历和递归先序遍历＋尾插法求解
LeetCode125	验证回文串	★	4.1.1	分别用 C 和 C++语言求解
LeetCode130	被围绕的区域	★★	8.2.4	分别采用基本深度优先遍历、基本广度优先遍历和多起点广度优先遍历求解
LeetCode143	重排链表	★★	2.4.10	
LeetCode144	二叉树的先序遍历	★★	7.1.2	分别采用递归先序遍历和两种非递归先序遍历求解

续表

题　号	题　　名	难度	章节	说　　明
LeetCode145	二叉树的后序遍历	★★	7.1.4	分别采用递归后序遍历和非递归后序遍历求解
LeetCode146	LRU 缓存机制	★★	9.4.3	
LeetCode147	对链表进行插入排序	★★	2.4.11	
LeetCode148	排序链表	★★	10.2.2	采用快速排序求解
			10.3.1	采用二路归并排序求解
LeetCode150	逆波兰表达式求值	★★	3.3.1	
LeetCode155	最小栈	★	3.1.2	分别采用链栈和顺序栈实现
LeetCode162	寻找峰值	★★	9.1.7	
LeetCode164	最大间距	★★★	10.6.2	分别使用 STL 的 sort() 算法和基数排序求解
LeetCode169	多数元素	★	6.1.2	分别采用排序和遍历方法求解
LeetCode200	岛屿数量	★★	8.2.1	分别采用基本深度优先遍历和基本广度优先遍历求解
LeetCode203	移除链表元素	★	2.4.1	分别采用遍历删除方法和尾插法建表求解
LeetCode206	翻转链表	★	2.4.3	采用迭代方法求解
			5.1.3	采用递归方法求解
LeetCode207	课程表	★★	8.5.1	分别采用深度优先遍历和拓扑排序求解
LeetCode210	课程表 Ⅱ	★★	8.5.2	
LeetCode215	数组中的第 k 个最大元素	★★	9.4.4	分别采用二分查找、map 容器、哈希表容器
			10.5.2	分别使用 STL 的 sort() 排序算法、冒泡排序、简单选择排序、快速排序、大根堆和小根堆求解
LeetCode224	基本计算器	★★★	3.3.3	分别采用中缀转后缀表达式再求值和特定求值法求解
LeetCode225	用队列实现栈	★	3.5.2	
LeetCode226	翻转二叉树	★	7.3.4	分别采用递归先序遍历和递归后序遍历求解
LeetCode227	基本计算器 Ⅱ	★★	3.3.2	分别采用中缀转后缀表达式再求值、两个步骤合并和特定求值法求解
LeetCode232	用栈实现队列	★	3.5.3	
LeetCode234	回文链表	★	2.4.9	分别采用转换为数组判断法和分割链表判断法求解
			5.1.4	采用递归法求解
LeetCode235	二叉排序树的最近公共祖先	★	9.2.5	分别采用递归方法和非递归方法求解

题　号	题　　名	难度	章节	说　　明
LeetCode236	二叉树的最近公共祖先	★★	7.3.3	分别采用递归后序遍历和非递归后序遍历求解
LeetCode237	删除链表中的结点	★	2.4.2	
LeetCode239	滑动窗口中的最大值	★★★	10.4.4	
LeetCode240	搜索二维矩阵 Ⅱ	★★	9.1.1	
LeetCode257	二叉树的所有路径	★	7.3.14	分别采用递归先序遍历和基本层次遍历求解
LeetCode283	移动零	★	6.1.3	分别采用整体建表法和前移法求解
LeetCode295	数据流的中位数	★★★	10.4.3	
LeetCode315	计算右侧小于当前元素的个数	★★★	10.3.3	
LeetCode328	奇偶链表	★★	2.4.5	分别采用删除合并法和拆分合并法求解
LeetCode347	前 k 个高频元素	★★	10.5.4	分别采用小根堆和使用 STL 中的 sort() 算法求解
LeetCode380	常数时间插入、删除和获取随机元素	★★	9.4.5	
LeetCode382	链表随机结点	★★	2.3.2	
LeetCode414	第三大的数	★	9.3.5	分别利用 set 容器和简单比较法求解
LeetCode429	N 叉树的层次遍历	★★	7.5.3	
LeetCode443	压缩字符串	★★	4.1.3	分别用 C 和 C++ 语言求解
LeetCode450	删除二叉排序树中的结点	★	9.2.4	
LeetCode459	重复的子字符串	★	4.2.2	分别用枚举法和求 next 数组法求解
LeetCode485	最大连续 1 的个数	★	6.1.1	
LeetCode493	翻转对	★★★	10.3.4	
LeetCode509	斐波那契数	★	5.1.1	分别采用直接递归、用数组存放中间结果和迭代方法求解
LeetCode513	找树左下角的值	★	7.3.10	分别采用递归先序遍历和分层次的层次遍历求解
LeetCode515	在每个树行中找最大值	★	7.3.9	分别采用递归先序遍历和分层次的层次遍历求解
LeetCode542	01 矩阵	★★	8.2.7	
LeetCode547	省份数量	★★	8.2.2	分别采用基本深度优先遍历和基本广度优先遍历求解
LeetCode566	重塑矩阵	★	6.2.3	
LeetCode572	另一棵树的子树	★	7.4.6	分别采用递归先序遍历和先序序列化方法求解
LeetCode589	N 叉树的先根遍历	★	7.5.2	
LeetCode617	合并二叉树	★	7.3.2	
LeetCode622	设计循环队列	★★	3.4.1	

续表

题　号	题　　名	难度	章节	说　　明
LeetCode641	设计循环双端队列	★★	3.4.2	
LeetCode654	最大二叉树	★★	7.4.4	
LeetCode662	二叉树的最大宽度	★★	7.3.12	分别采用基本层次遍历和递归先序遍历求解
LeetCode684	冗余连接	★★	8.3.2	
LeetCode700	二叉排序树中的搜索	★	9.2.3	分别采用递归查找和非递归查找算法求解
LeetCode703	数据流中的第 k 大元素	★	10.5.3	
LeetCode704	二分查找	★	9.1.2	
LeetCode705	设计哈希集合	★	9.4.2	分别采用除留余数法＋线性探测法和拉链法实现哈希表
LeetCode707	设计链表	★★	2.3.1	分别用单链表和双链表实现链表
LeetCode725	分隔链表	★★	2.4.13	
LeetCode743	网络延迟时间	★★	8.4.1	分别采用邻接矩阵和邻接表存储图＋基本 Dijkstra 算法求解
LeetCode766	托普利茨矩阵	★	6.2.4	
LeetCode785	判断二分图	★★	8.2.3	分别采用基本深度优先遍历和基本广度优先遍历求解
LeetCode797	所有可能的路径	★★	8.2.9	
LeetCode826	安排工作以达到最大收益	★★	9.3.4	
LeetCode867	转置矩阵	★	6.2.1	
LeetCode872	叶子相似的树	★	7.3.1	分别采用递归先序遍历、递归中序遍历和递归后序遍历求解
LeetCode876	链表的中间结点	★	2.4.8	分别采用遍历法和快慢指针法求解
LeetCode889	根据先序和后序遍历序列构造二叉树	★★	7.4.3	
LeetCode912	排序数组	★★	10.1.2	分别采用直接插入排序、折半插入排序、希尔排序、冒泡排序、快速排序、简单选择排序、堆排序和二路归并排序方法求解
LeetCode922	按奇偶排序数组Ⅱ	★	10.2.3	分别采用整体建立顺序表和快速排序中的划分方法求解
LeetCode934	最短的桥	★★	8.2.8	
LeetCode938	二叉排序树的范围和	★	9.2.7	
LeetCode946	验证栈序列	★★	3.2.4	分别采用 C 和 C++ 语言求解
LeetCode973	最接近原点的 k 个点	★★	10.4.2	分别使用 STL 的 sort() 算法和大根堆求解
LeetCode993	二叉树的堂兄弟结点	★	7.3.8	分别采用递归先序遍历和层次遍历求解

题 号	题 名	难度	章节	说 明
LeetCode994	腐烂的橘子	★★	8.2.6	分别采用多起点广度优先遍历和多起点＋分层的广度优先遍历求解
LeetCode997	找到小镇的法官	★	8.1.2	
LeetCode1091	二进制矩阵中的最短路径	★★	8.2.5	分别利用基本广度优先遍历和分层次的广度优先遍历求解
LeetCode1249	移除无效的括号	★★	3.2.3	分别采用 C 和 C++语言求解
LeetCode1334	阈值距离内邻居最少的城市	★★	8.4.2	分别利用 Floyd 算法和基本 Dijkstra 算法求解
LeetCode1381	设计一个支持增量操作的栈	★★	3.1.1	
LeetCode1382	将二叉排序树变平衡	★★	9.3.3	分别采用新构造一棵平衡二叉树和利用原结点构造一棵平衡二叉树求解
LeetCode1408	数组中的字符串匹配	★	4.2.3	
LeetCode1441	用栈操作构建数组	★	3.2.5	分别采用 C 和 C++语言求解
LeetCode1462	课程表Ⅳ	★★	8.5.3	分别采用基本广度优先遍历、基本深度优先遍历、Floyd 算法和拓扑排序算法求解
LeetCode1528	重新排列字符串	★	10.1.1	
LeetCode1572	矩阵对角线元素的和	★	6.2.2	
LeetCode1584	连接所有点的最小费用	★★	8.3.1	分别采用 Prim 算法、改进的 Kruskal 算法求解
LeetCode1588	所有奇数长度的子数组的和	★	1.2.4	
LeetCode1615	最大网络秩	★★	8.1.3	
LeetCode1631	最小体力消耗路径	★★	8.3.3	
剑指 Offer40	最小的 k 个数	★	10.5.1	分别使用 STL 的 sort()排序算法、快速排序、小根堆和大根堆求解
剑指 Offer51	数组中的逆序对	★★★	10.3.2	采用两种递归二路归并方法求解

附录 B　在线编程实验报告示例

1. 设计人员相关信息

设计人员相关信息包括学生学号、姓名、班号、课程、指导教师、分数、评语等。

2. 实验题及其问题描述

实验题：设计链表（LeetCode707★★）

问题描述：参见 2.3.1 节。

3. 实验目的

考查学生对链表知识点的全面掌握程度，提高学生利用各种链表解决复杂问题的能力。

4. 数据结构设计

采用带头结点的循环双链表作为本题的链表，如图 B.1 所示。其中，链表的结点类型 Node 声明如下：

```
typedef struct node
{    int val;
     struct node * prev;
     struct node * next;
} Node;                                    //循环双链表的结点类型
```

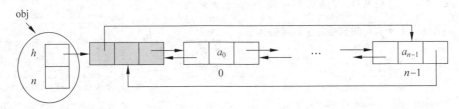

图 B.1　带头结点的循环双链表

另外设计一个循环双链表结点，其结点类型 MyLinkedList 声明如下：

```
typedef struct
{    Node * h;                             //循环双链表头结点
     int n;                               //循环双链表结点个数
} MyLinkedList;                            //循环双链表类型
```

整个循环双链表通过地址为 obj 的结点标识，其 h 域指向循环双链表的头结点，n 域表示循环双链表中数据结点的个数。

说明：循环双链表每个数据结点有一个序号，本题目规定序号从 0 开始即首结点的序号为 0，后面结点的序号依次为 1、2、……、$n-1$。

5. 程序结构

LeetCode 网站的在线编程题不需要设计输入和删除模块，这些功能由平台提供的在线编程测试模块提供。实验中主要实现题目要求的如下算法。

(1) myLinkedListCreate()：返回初始化的链表。

(2) myLinkedListGet(MyLinkedList * obj，int index)：用于实现 get(index)的功能。

(3) myLinkedListAddAtHead(MyLinkedList * obj，int val)：用于实现 addAtHead(val)的功能。

(4) myLinkedListAddAtTail(MyLinkedList * obj，int val)：用于实现 addAtTail(val)的功能。

(5) myLinkedListAddAtIndex(MyLinkedList * obj，int index，int val)：用于实现 addAtIndex(index,val)的功能。

(6) myLinkedListDeleteAtIndex(MyLinkedList * obj，int index)：用于实现 deleteAtIndex(index)的功能。

(7) myLinkedListFree(MyLinkedList * obj)：用于释放链表的空间。

在(2)、(5)、(6)中都需要查找序号为 i 的结点，为此设计 geti(obj,i)算法实现这样的功能，当 i 有效($0 \leqslant i < n$)时返回序号为 i 的结点的地址，否则返回 NULL。本实验程序的程序结构如图 B.2 所示。

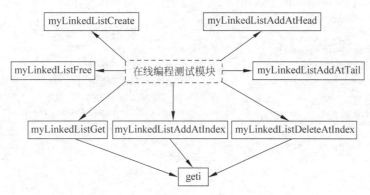

图 B.2　实验程序的程序结构

6. 主要的算法描述

图 B.2 的各种算法中主要涉及循环双链表的结点插入和删除等基本操作，这里主要讨论 geti(obj,i)算法设计。该算法用于查找序号为 i 的结点的地址，采用伪码描述如下：

当 i 错误(i 小于 0 或者大于等于结点个数 n)时返回 NULL；
当 obj 为空表(结点个数＝0)时返回 NULL；
当 $i=0$ 时返回首结点的地址；
如果序号为 i 的结点在前半部分($i < n/2-1$)，则从首结点开始沿着 next 域移动 i 个结点找到结点 p；
否则从尾结点开始沿着 prev 域移动 $n-i-1$ 个结点找到结点 p；
返回 p；

7. 实验源程序

本实验的程序代码如下：

```
typedef struct node
```

```
{   int val;
    struct node * prev;
    struct node * next;
} Node;                                          //循环双链表中的结点类型
typedef struct
{   Node * h;                                    //循环双链表头结点
    int n;                                       //循环双链表结点个数
} MyLinkedList;                                  //循环双链表类型
/* 初始化链表 */
MyLinkedList * myLinkedListCreate()
{   MyLinkedList * obj=(MyLinkedList *)malloc(sizeof(MyLinkedList)); //创建链表结点
    obj->h=(Node *)malloc(sizeof(Node));         //分配头结点空间
    obj->h->prev=obj->h;                         //置为空循环双链表
    obj->h->next=obj->h;
    obj->n=0;                                    //结点个数置为0
    return obj;
}
Node * geti(MyLinkedList * obj,int i)            //返回序号i的结点,i无效时返回NULL
{   if(i<=-1 || i>=obj->n) return NULL;          //i错误时返回NULL
    if(obj->n==0) return NULL;                    //空表返回NULL
    Node * head=obj->h;
    if(i==0)                                     //i=0时返回首结点
        return head->next;
    if(i<obj->n/2-1)                             //结点p在前半部分
    {   Node * p=head->next;                     //首先p指向首结点
        int j=0;                                 //j置为0
        while (j<i)                              //指针p移动i个结点
        {   j++;
            p=p->next;
        }
        return p;                                //返回p
    }
    else                                         //结点p在后半部分
    {   Node * p=head->prev;                     //首先p指向尾结点
        int j=0;                                 //j置为0
        while (j<obj->n-i-1)                     //指针p移动n-i-1个结点
        {   j++;
            p=p->prev;
        }
        return p;                                //返回p
    }
}
/* 如果index有效返回序号为index结点的值,否则返回-1 */
int myLinkedListGet(MyLinkedList * obj, int index)
{   Node * p=geti(obj,index);
    if(p==NULL)
        return -1;
    else
        return p->val;
}
/* 在链表首结点之前插入一个值为val的新结点 */
```

```
void myLinkedListAddAtHead(MyLinkedList * obj,int val)
{    Node * s=(Node * )malloc(sizeof(Node));
     s -> val=val;                              //创建存放 val 的结点 s
     Node * head=obj -> h;
     s -> next=head -> next;                    //在首部插入结点 s
     head -> next -> prev=s;
     head -> next=s;
     s -> prev=head;
     obj -> n++;
}
/ * 在链表的木尾添加一个新的值为 val 的尾结点 * /
void myLinkedListAddAtTail(MyLinkedList * obj, int val)
{    Node * s=(Node * )malloc(sizeof(Node));
     s -> val=val;                              //创建存放 val 的结点 s
     Node * head=obj -> h;
     s -> prev=head -> prev;                    //在尾部插入结点 s
     head -> prev -> next=s;
     head -> prev=s;
     s -> next=head;
     obj -> n++;
}
/ * 建立值为 val 的结点 s,如果 index<0,则在头部插入结点 s;
如果 index=链表长度,则结点 s 添加到链表末尾;
如果 index>链表长度,则不插入结点 s;
其他情况插入结点 s 作为序号为 index 的结点 * /
void myLinkedListAddAtIndex(MyLinkedList * obj,int index,int val)
{    if(index<=0)                               //i<=0 时在头部插入
     {    myLinkedListAddAtHead(obj,val);
          return;
     }
     if(index==obj -> n)                        //index=长度时在尾部插入
     {    myLinkedListAddAtTail(obj,val);
          return;
     }
     if(index>obj -> n)                         //index>链表长度时不插入结点
          return;
     Node * p=geti(obj,index-1);               //查找序号为 index-1 的结点 p
     Node * s=(Node * )malloc(sizeof(Node));
     s -> val=val;                              //创建存放 val 的结点 s
     s -> next=p -> next;                       //在结点 p 之后插入结点 s
     p -> next -> prev=s;
     p -> next=s;
     s -> prev=p;
     obj -> n++;
}
/ * 如果序号 index 有效,删除序号为 index 的结点 * /
void myLinkedListDeleteAtIndex(MyLinkedList * obj,int index)
{    if(index<0 || index>=obj -> n)             //i 无效时返回
     return;
     Node * p=geti(obj,index);                 //查找序号为 index 的结点 p
     Node * pre=p -> prev;                      //删除结点 p
```

```
        pre -> next = p -> next;
        p -> next -> prev = pre;
        free(p);
        obj -> n - - ;
    }
    / * 释放链表的空间 * /
    void myLinkedListFree(MyLinkedList *  obj)
    {   Node  * head = obj -> h;
        Node  * pre = head, * p = pre -> next;
        while (p! = head)                      //用 p 遍历结点并释放其前驱结点
        {   free(pre);                          //释放 pre 结点
            pre = p; p = p -> next;            //pre 和 p 同步后移一个结点
        }
        free(pre);                             //p 为空时 pre 指向尾结点,此时释放尾结点
        free(obj);
    }
```

8. 实验结果

本实验程序的提交结果如图 B.3 所示。

```
执行结果：通过
执行用时：36ms，在所有C提交中击败了96.48%的用户
内存消耗：13.9MB，在所有C提交中击败了5.14%的用户
通过测试用例：64/64
```

图 B.3　程序提交结果

9. 实验体会

本实验的几点体会如下：

（1）由于链表需要在尾部插入新结点,采用循环双链表可以快速找到尾结点,这样可以快速实现该功能。从执行时间看出比 2.3.1 节采用单链表和双链表的时间性能更好。

（2）通过增加一个表示结点个数的 n 域,并且在插入和删除结点时保持 n 的正确性,这样不仅简化了算法设计过程,而且提高了算法的健壮性。

（3）由于循环双链表有两个查找环,在 $geti(obj, i)$ 算法中通过比较以最优方式找到序号为 i 的结点,提高了查找性能。

（4）由于循环双链表中每个结点含两个指针域,跟单链表相比需要占用更多的空间。

图书资源支持

感谢您一直以来对清华版图书的支持和爱护。为了配合本书的使用，本书提供配套的资源，有需求的读者请扫描下方的"书圈"微信公众号二维码，在图书专区下载，也可以拨打电话或发送电子邮件咨询。

如果您在使用本书的过程中遇到了什么问题，或者有相关图书出版计划，也请您发邮件告诉我们，以便我们更好地为您服务。

我们的联系方式：

地　　址：北京市海淀区双清路学研大厦 A 座 714

邮　　编：100084

电　　话：010-83470236　　010-83470237

客服邮箱：2301891038@qq.com

QQ：2301891038（请写明您的单位和姓名）

资源下载：关注公众号"书圈"下载配套资源。

资源下载、样书申请

书圈

图书案例

清华计算机学堂

观看课程直播